城市自然灾害风险综合评价及防治规划

周姝天　著

中国建筑工业出版社

图书在版编目（CIP）数据

城市自然灾害风险综合评价及防治规划／周姝天著
．—北京：中国建筑工业出版社，2023.8
ISBN 978-7-112-28821-2

Ⅰ．①城… Ⅱ．①周… Ⅲ．①城市-自然灾害-风险
评价-研究②城市-自然灾害-风险管理-研究 Ⅳ.
①X432

中国国家版本馆 CIP 数据核字（2023）第 112567 号

本书的出版受南通大学出版基金资助

责任编辑：刘文昕 吴 尘
责任校对：姜小莲

城市自然灾害风险综合评价及防治规划
周姝天 著

*

中国建筑工业出版社出版、发行（北京海淀三里河路9号）
各地新华书店、建筑书店经销
北京科地亚盟排版公司制版
建工社（河北）印刷有限公司印刷

*

开本：880 毫米×1230 毫米 1/32 印张：8 字数：227 千字
2023 年 8 月第一版 2023 年 8 月第一次印刷
定价：**50.00** 元
ISBN 978-7-112-28821-2
（41071）

序

我国是全世界自然灾害最严重的国家之一，具有灾种多、分布广、频率高和损失大的特点。随着城市人口和经济活动密度的不断增加，城市往往是各种自然灾害影响最严重的地区。灾害风险评估工作是通过一定的风险分析的手段，对尚未发生的灾害的可能性及其可能造成的后果进行分析和评估。然而，在当前多灾害风险环境和城市韧性目标下的城市风险管理中，一个相对完善或普遍接受并通用的灾害风险评估框架和方法体系尚不多见。研究和开展城市自然灾害风险综合评估，对进一步落实国家总体安全观、编制和实施城市灾害防御规划，提高城市灾害抵御和应对能力，推进新时代公共安全体系建设，都是重要的基础性工作。

该书是周姝天博士在其博士学位论文的基础上改写而成。该书梳理了风险管理、财产评估、统计生命价值和灾害系统理论等领域有关自然灾害风险评估的相关定义、方法和经验，从灾害损失货币化视角建立一个能够兼顾人员伤亡和经济损失的新理论框架和综合评估模型，分析城市自然灾害风险，能为城市综合防灾策略的制定和效能评估提供技术支撑。

该书具有比较鲜明的特色，主要体现在：1）通过"年期望直接损失"对城市自然灾害风险水平重新定义，可以更好地识别、对比和叠加分析风险；2）在城市自然灾害综合风险测度与分析的方法中融入风险评价、资产评估、环境评估等相关学科的理论与方法，使城市自然灾害综合风险评估方法得到了一定程度的改进；3）创新性地将生命价值理论应用到风险评估领域，构建了一个整合人员伤亡和经济损失的城市自然灾害风险评估框架。

该书聚焦城市自然灾害风险评估方向，涉及灾害学、经济学、城市规划与治理及建筑防灾等多个领域，该成果对我国正在进行中的自然灾害综合风险普查和城市综合防灾规划实践均有一定的借鉴意义。诚然，该书提出的研究框架和方法尚存在一些不足与有待完善之处，期待能在未来的研究中不断补充和完善。也希望该书的出版，能为我国城市自然灾害风险的评估和治理实践起到技术支撑作用，为我国灾害风险研究和城市防灾规划体系完善添砖加瓦。

为此，我欣然作序。

翟国方

南京大学建筑与城市规划学院教授

2022 年 11 月

前　言

党的二十大报告中明确指出要提高公共安全治理水平，要"坚持安全第一、预防为主，建立大安全大应急框架，完善公共安全体系，推动公共安全治理模式向事前预防型转型。"面对各种频发的自然灾害，人口与经济高度集中的城市往往成为灾害损失最为严重的地方。随着城镇化建设的不断推进，城市作为巨大承灾体，是我国城市提高公共安全治理水平、优化风险管理和灾害防御工作的重点所在。城市自然灾害风险研究是城市风险管理与城市综合防灾规划的重要基础，但目前城市规划领域仍缺乏定量化、系统化的城市自然灾害风险研究范式以及科学、普适的城市灾害风险综合评价模型。此外，在多学科研究方法与城市灾害风险领域不断交叉深入的研究背景下，灾害中生命损失与经济损失始终在两个不同的评价维度中被讨论，经济学中的生命价值理论与灾害风险评价领域仍尚未得到有效衔接。

基于这些事实，本书从灾害造成的人口死亡与经济损失等灾害损失视角出发，首先基于风险评价理论、资产评估理论、生命价值理论和灾害系统理论中的基本观点与方法模型，提出了灾害损失视角下的城市自然灾害综合风险研究理论框架，并以地震和暴雨洪涝灾害为例，在集成、改进与优化传统方法模型的基础上，相对系统地构建了一套灾害损失视角下的城市自然灾害风险定量测度与综合分析方法。最后，以厦门市为例收集数据展开了实证，给出城市综合防灾规划应对策略。

本书研究包括 4 个部分内容：

1. 第 1 章和第 2 章：提出城市灾害风险综合评估研究的背景，介绍本书的研究目标、研究意义、内容和主要方法等；分别对自然灾害风险评价研究和自然灾害损失评估研究的理论、方法和国内外研究进展等方面进行回顾性梳理和总结，包括自然灾害风险评价研究的相关理论、研究进展与方法应用，风险评价理论和灾害系统理论的主要观点和基本方法，国内外单灾种风险评价和多灾种风险评价的在理论研究、方法模型与系统应用方面的进展；以及国内外自然灾害损失评估研究的相关理论、评估系统、灾害损失评价方法与应用现状，资产评估理论和生命价值理论的主要观点与基本方法，地震与洪涝灾害损失评估的研究进展，现有的自然灾害损失评估系统，直接经济损失和非经济损失的评价方法与应用现状等内容。在此基础上，总结自然灾害风险评估和灾损评估领域的研究趋势，并针对现有研究中的不足进行讨论，进而引出本书研究问题的切入点与意义所在；

2. 第3章和第4章：梳理、总结与提炼了风险评价理论、资产评估理论、生命价值理论和灾害系统理论中的核心观点与方法论，在此基础上明确本书的主要研究框架；进一步构建灾害损失视角下的城市自然灾害和风险研究理论框架，包括灾害风险的定量测度、灾害风险的综合分析两部分，并具体阐述研究理论内容、辨析主要概念；根据本书构建的理论框架，对一系列城市自然灾害风险测度模型与综合分析方法分别进行了研究；以地震和暴雨洪涝灾害为例，集成、优化或构建了包括直接经济损失的测度与统计学生命价值损失的定量测度两部分在内的一系列灾害直接后果的测度方法与模型。在此基础上，提出了一套多元化的城市自然灾害风险分析方法，并提出城市灾害风险应对能力评价模型和城市相对综合风险指数概念及评价方法；

3. 第5章：基于第二部分提出的理论框架与方法进行实证研究。在灾害风险测度模型实证的具体运算中，成本重置法、现行市价法和改进人力资本法等方法被用于测算厦门市不同地震烈度的风险值（年期望直接损失）及其在空间上的分布；SCS水文模型和灾损曲线法等方法被用于测算厦门市不同重现期降雨的洪涝风险值（年期望直接损失）及其在空间上的分布。此外，该部分内容还会根据本书研究中构建的自然灾害风险分析方法，以及厦门市不同强度的地震、洪涝的风险评价结果，进一步进行厦门市城市灾害综合风险的定量测度和厦门市四种自然灾害风险情景下的灾害综合风险分析；而后会根据第 4 章中构建的城市灾害风险应对能力评价指标体系，评价厦门市灾害风险应对能力及其分布，进一步计算厦门市各评价单元的城市相对综合风险指数及其分布；

4. 第 6 章：总结本书主要结论；根据前面实证评价与分析结果，结合城市综合防灾规划背景和国土空间规划需求，针对提升城市综合防灾水平与完善城市综合防灾规划编制两方面提出优化方案和策略；梳理本书研究在理论、方法与实践层面上的贡献和可能的创新点；并根据本书研究的不足对下一步研究推进和深化方向作出展望。

本书是以笔者博士论文的主要内容为基础改写完成的。从博士论文的选题、撰写到本书初稿的改写过程，都要特别感谢我的博士导师翟国方教授。从 2016 年拜入师门以来，翟老师用他诚朴的治学态度、严谨的科研精神、开放先进的国际视野和儒雅谦和的人格魅力，深深地影响着我。至此书稿付梓之际，谨向我的导师致以最衷心的感谢。

感谢中国建筑出版传媒有限公司的刘文昕老师、吴尘老师在本书出版过程中的耐心付出。在本书初稿整理和校对过程中，也得到了几位好友的鼎力相助，他们是鲁钰雯、施益军；更要感谢我的家人在我科研、工作道路上给予的最大支持和鼓励；感谢我的儿子吴昱周，你的活泼可爱给了我最大的精神动力！

目　　录

第1章

绪　　论

近几十年来，不断频发的自然灾害已经成为全球性问题。随着人口密度和经济活动的不断增加，城市往往成为受自然灾害影响最严重的地区。城市灾害风险综合评估是城市风险管理和防灾减灾建设的基础性工作，有助于推进以人为核心的城镇化，实现健康、安全、宜居和高品质的城市生活空间。

1.1　研究背景

1.1.1　灾害频发，制约人类的生存与发展

自然灾害伴随着人类历史的演进。其发生既存在于自然现象中，也存在于人类对自然的利用过程中，自古以来一直是制约人类社会和经济发展的重要因素。在中国共产党第十九次全国代表大会的报告中指出"同自然灾害抗争是人类生存发展的永恒课题。"世界经济论坛（World Economic Forum，WEF）和风险咨询公司 Marsh & McLennan Companies 联合发布的《2019 年全球风险报告》（*The Global Risks Report 2019*）提出，极端天气事件、自然灾害以及应对气候变化的合作失败的问题，将是人类未来发生可能性高和产生影响大的三大高危风险（WEF，2019）。近年来各类灾难在全球范围内频繁出现。2004 年的印度洋海啸、2005 年美国新奥尔良市的卡特里娜飓风、2011 年日本大地震引发海啸和核泄漏事故等自然灾害都给当地居民的生产和生活造成了毁灭性的打击。根据全球保险业领导企业慕尼黑再保险公司的估计，2000-2010 年，全球因自然灾害导致的年平均经济损失总额为 1100

亿美元,超过 1980-2009 年的年平均经济损失总额 15.8%,其中,地震、地震引发的海啸以及大规模洪水是最具破坏性的灾害(Munich Re.,2011)。半个多世纪以来,随着人类财富的加速积累,地震、洪涝、风暴潮、干旱等自然灾害造成的经济损失也呈现出明显的上升趋势(图 1-1)。据全球紧急灾害数据库 EM-DAT 统计,仅 2016 年,全球遭受自然灾害的经济损失就超过了 1200 亿美元。

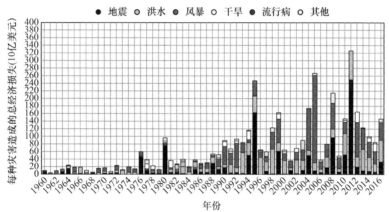

来源: EM-DAT: The Emergency Events Database–Universite catholique de Louvain (UCL)–CRED. D. Guha-Sapir-www.emdat.be, Brussels, Belaium

图 1-1 1960-2016 年全球自然灾害造成的经济损失统计

(注:根据 EM-DAT 数据进行整理统计,各年份总经济损失根据 2016 年美元进行调整)

我国人口众多,自然环境复杂,是世界上灾害频率发生最高、灾害种类最多、灾害破坏最严重的国家之一。城市作为空间地域的复杂系统,内部经济、社会、环境等子系统之间连锁复杂,高密度的城镇人口、经济和资源使得灾害发生频率和损害的程度不断升高。特别是在发展中国家和地区,灾害的发生往往导致更为严重的影响(Keen et al.,2003)。根据 EM-DAT 数据库的灾害资料统计,1949-2017 年,我国共发生自然灾害事件 959 次,死亡 255 万人,32 亿人次受影响,同时发生频次也整体呈上升趋势(图 1-2),可以说严重地制约着我国地区经济与社会的可持续发展。

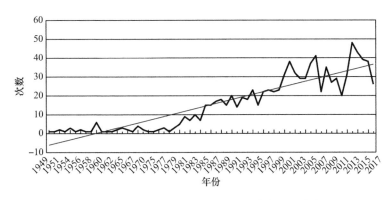

图 1-2　1949-2017 年我国自然灾害事件发生次数

（注：根据 EM-DAT 数据库数据整理绘制）

1.1.2　城市，风险与损失的高危地区

灾害的频发问题已经成为人类社会如今面临的最主要问题之一。进入 21 世纪后，我国曾发生过一系列重大灾害事件，2003 年的非典、2008 年的汶川地震、2010 年舟曲特大泥石流灾害、2010 年玉树地震、2016 年江苏阜宁龙卷风灾害、2017 年四川九寨沟地震，再到 2019 年末流行至今的新冠等，无一不为城市居民生产和生活带来巨大影响。从空间分布看，我国的自然灾害以秦岭—淮河线、胡焕庸线以及青藏高原外缘为界，可划分为北域、南域、西域和过渡带亚域这 4 个大区；从灾害的单位面积生命损失来看，黄淮海地区和川、滇、黔、桂交界地区是我国的两大重点灾区；从灾害发生的总经济损失规模来看，我国灾害规模的中心位于以洞庭—武汉和郑州为两端点的地区（高庆华，2003；王铮等，1995）。

随着城镇化的不断发展和深化，人口、资源与环境的矛盾日益加深，城市系统中集中的高密度资本、人口和基础设施，使得城市往往成为灾害损失最严重的地方。据统计，每年我国由灾害造成的直接经济损失几乎 70% 都集中在城市。一方面，我国大部分城市分布在自然致灾因子的多发区内，70% 以上的大城市、半数以上的人口、75% 以上的工农业产值分布在气象、海洋、洪水、

3

地震等自然灾害频发的地区内；另一方面，越来越多的人口、产业和资本集聚于城市中，交通、通信、电力系统、燃料、给排水等不同类基础设施系统之间形成关联性极强的复杂网络系统也在无形中增加了灾害发生时系统崩溃的潜在风险，进一步发展则会造成更为灾难性的创伤与损失。

城市是城市人口密集、高楼林立的最复杂的社会生态系统，是人类活动、经济和环境资源日益增长的载体，在面对洪水、地震、风暴等自然灾害时往往表现出极大的脆弱性，造成严重的人员伤亡和损失——城市灾害无疑已经成为制约区域现代化和经济社会可持续发展的重要因素。尤其近年来，国内外诸多城市频繁遭遇强暴雨、地震、地质灾害等重大灾害袭击，造成了巨大的人员伤亡和经济损失，已经引起了国际和国内社会的高度关注。在面对灾害事件时，不同城市系统作出的应对也存在着天壤之别。

1.1.3 灾害风险研究，城市减灾工作的重要基础

随着频发的自然灾害与城市人口密度剧增、环境污染加剧、资源匮乏等问题不断耦合，人类进入风险社会，各国对自然灾害、灾害风险和公共安全议题的重视不断提高（Kappes et al.，2012），其中，对灾害损失的正确经济评价也成为一个十分现实的问题（Varnes，1984）。习近平总书记曾在调研考察期间的重要指示中强调："坚持以防为主、防抗救相结合，坚持常态减灾和非常态救灾相统一，努力实现从注重灾后救助向注重灾前预防转变，从应对单一灾种向综合减灾转变，从减少灾害损失向减轻灾害风险转变，全面提升全社会抵御自然灾害的综合防范能力"。而灾害风险评估则是优化城市风险管理和构建城市空间安全格局的基础性工作。

灾害风险评估的目的是合理预测一种或几种灾害的影响，综合分析灾害可能造成的经济、社会和环境后果的范围和程度，为城市规划和建设提供灾害风险的空间分布证据。地区综合风险水平的科学测度是政府和规划决策者开展国土、城市和

区域防灾规划和城乡建设上的基础性依据，对可持续发展和韧性城市的实现具有重要意义，同时也是保险公司厘定保费时的重要参照依据。正确地认识和分析城市面临灾害风险、系统地判断城市防灾现状中的薄弱环节、科学地评估城市灾害风险的风险等级，是城市安全发展的前提和基础。而从货币化的维度对灾害风险、灾害损失进行衡量，一方面有助于人们对灾害风险的直观理解，另一方面也有助于人们对风险管理和防灾减灾工作成效的量化。

由于一个地区通常会受到多个灾害的威胁，城市防灾减灾规划与建设工作的开展不再满足于对单一灾种风险的评估分析结果，对多个不同灾害风险的综合评价逐渐成为灾害风险研究的重要发展方向。随着数据挖掘技术和计算机软件开发、人工智能技术的快速发展，越来越多的数据和信息被挖掘、收集、分析和运用于灾害损失评价、灾害概率计算和灾害风险评估的研究和实践中。

1.2 研究意义

1.2.1 理论意义：丰富城市灾害损失评价与灾害风险综合评估研究的相关理论

面对开展城市综合防灾规划和提升防灾效率的需求，城市灾害风险的综合评估研究被政府管理部门、规划建设部门、应急管理部门和相关领域的专家学者所重视。然而，如何将城市中发生概率和造成不同灾害后果的多个不同的灾害风险统一在一个时空维度进行考虑并科学地叠加？如何将灾害的经济损失与非经济损失置于统一维度进行量化评价？如何将风险评估的过程和结果高效且有效地纳入综合防灾规划的编制和项目建设策略中？这些问题目前仍没有理论可以提供完整的解答和系统的指导。

接下来，本书将对当前自然灾害风险评价研究和自然灾害损失评估研究的方法和模型进行梳理，并从风险理论的基本定义出发，结合资产评估理论、生命价值理论、灾害系统理论等相关理论中的观点和方法，提出一个较为完整的、以灾害损失为研究视角的城市自然灾害风险综合评估研究的理论框架。这是相关学科的理论与风险评价、城市综合防灾规划的有机融合，提出的灾损视角下的城市自然灾害风险综合评价模型、灾害风险研究中统计学生命价值的测度方法、生命损失与经济损失的叠加方法，以及城市灾害综合风险的定量化分析框架等，是基于相关理论和方法研究的新的突破与创新点。本书关注和尝试解决的问题正是在风险管理与灾害系统理论的交叉领域和灾害学、经济学、城市基础设施规划等跨学科领域的前沿问题。研究成果可以扩大城市灾害风险综合评估的覆盖面，进一步丰富城市灾害损失评价与灾害综合风险评估的相关理论，并为未来城市风险管理与城市灾害综合防治规划的研究和实践，提供研究视角上的借鉴与理论框架上的支撑。

1.2.2 实践意义：为城市灾害损失预评价与综合防灾规划编制提供新思路

我国长期以来都十分关注城市安全工作，并对此高度重视。习近平总书记在唐山市考察时曾强调要落实责任、完善体系、整合资源、统筹力量，全面提高国家综合防灾减灾救灾能力。城市灾害综合风险评估研究作为风险管理的重要基础，从宏观层面上有利于贯彻落实了习近平总书记在十九大报告中提出的"树立安全发展理念""健全公共安全体系""提升防灾减灾救灾能力"等号召，地方层面上也有助于从城市灾害可能损失预评估的视角，并在空间布局和非空间策略上提出综合防灾规划和应急管理方面的技术指引。

在灾害风险评价研究中，灾害损失的预评估可以帮助我们了解潜在受灾对象和比例，判断灾情可能蔓延的空间范围、损失的严重程度及分布情况，有助于从规模上有深度地思考潜在自然灾害对城市经济、社会发展的实际影响，从而进一步明确防灾减灾规划的工作重点和建设工作的实施效率。本书研究运用、改进和集成了风险评价理论、灾害系统理论、资产评估理论和生命价值理论中的相关模型和一些既有的研究成果，以量化测度城市空间中各地块所面临的自然灾害综合风险水平为目标，构建城市灾害风险综合评价的方法模型与分析框架，并以中国沿海城市厦门市为例进行实证研究。在案例研究中，将当地相关的多源数据和实证调研数据进行收集和整理，并基于城市灾害风险综合评价结果构建了城市综合防灾数据库，为当地提出了面向城市总体规划和城市综合防灾规划的空间和非空间策略，进一步说明了本书在规划实践中的应用意义。

1.3　研究概述

1.3.1　相关概念的界定

1.3.1.1　城市灾害

凡是危害人类生命财产和生存条件的各类事件皆称之为灾害。一般而言，灾害主要可分为自然灾害（如地震、洪涝、台风、泥石流等）和人为灾害（如火灾、医疗事故、犯罪、环境污染等）。从字面意义上讲，"灾害"二字，既强调"灾"的发生，也强调了"害"的程度（黄崇福，2005）。

城市中的灾害种类繁多，其分类虽未统一但大同小异。本书采用《城市防灾学》一书中对城市灾害划分的划分，即包括自然灾害、技术灾害、健康灾害和社会灾害四大类（图1-3）。在人类影响和经济损失方面，地震和洪水是最重要的两大自然灾害类型（Munich Re.，2011）。地震和暴雨引发的洪涝灾害分别具有对城市造成重大损失和发生频率高两个显著特征。本书的研究关注城市中可能发生的自然灾害，因此，选择以地震和暴雨引发的洪涝灾害为主要研究对象，开展城市自然灾害风险的综合评估理论、方法和实证研究。由于城市中自然灾害的种类繁多，不同城市面临的主要灾害也并不一致，因此在本书中研究具体某一灾害风险评估的方法和实证时，均以地震和暴雨洪涝灾害为例开展。

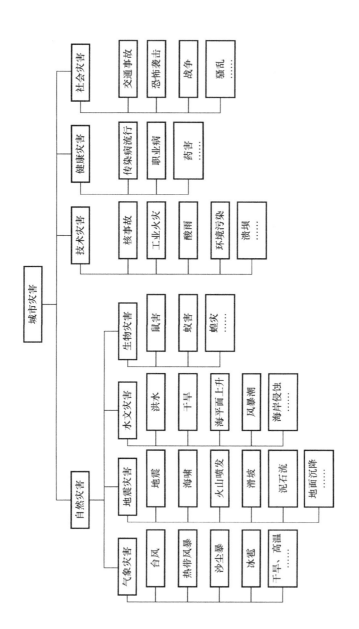

图 1-3 城市灾害的分类

1.3.1.2　自然灾害风险

要对灾害风险进行研究，首先需要明确灾害风险的定义。灾害可以定义为一定概率下灾害造成的损失或破坏（Helm，1996）。除特别明确的地方，本书后文中提到的灾害风险都是指自然灾害风险。赵阿兴和马宗晋指出：自然灾害是自然变异与人类社会相互作用的现象（全国重大自然灾害调研组，1999）。联合国救灾组织（United Nation Disaster Relief Organization，UNDRO）定义了自然灾害背景下的风险灾害，即"风险是由于某一特定自然现象、特定风险和风险元素引发的后果所导致的人们生命财产损失和经济活动的期望损失值。"（UNDRO，1991）联合国国际减灾战略署（United Nations International Strategy for Disaster Reduction，UNISDR）则将风险的概念扩大到了自然灾害和人为灾害，即"风险是自然致灾因子或认为致灾因子与脆弱性条件相互作用造成的负面结果或期望损失发生的可能性。"（UNISDR，2004）在2009 年颁布的《UNISDR 减轻灾害风险术语》中，风险被进一步描述为"事件发生概率与其负面结果的综合"，灾害风险则被定义为"未来的特定时期内，特定社区或社会团体在生命、健康、资产和服务等方面的潜在灾害损失。"（UNISDR，2009）本书主要关注的"城市中发生的自然灾害"也被描述为"在一定时期内发生概率及其潜在损失"，本书以此为基础展开研究。

1.3.1.3　自然灾害损失

灾害损失被认为是"社会状态的函数"（赵阿兴等，1993）。自然灾害损失是指自然灾害给人类生存和发展所造成的危害和破坏程度的度量（于庆东等，1996），它与灾害发生的强度以及当地发展水平、人口密度和灾害影响范围等社会经济基础都有关。无论灾害的成因和发展过程是如何复杂，其造成的损失通常都可以归纳为经济损失（财产损失）和非经济损失（人员伤亡）两大类（全国重大自然灾害调研组，1999）（图 1-4）。其中，经济损失分为直接经济损失和间接经济损失，间接经济损失又分为初始间接损失和次生间接损失。对地方产业来说，直接经济损失主要包括固定资产、家庭资产和库存相关的价值损失；初始间接损失主要是指经济生产中断引起的停产、减产损失，次生间接损失是指经济系统产业链的产业关联损失（吴吉东等，2009）。

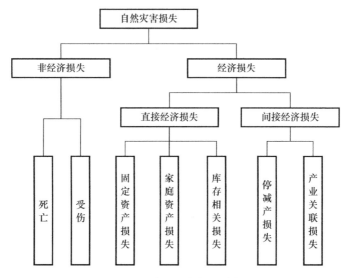

图 1-4　自然灾害损失分类

本书从灾害损失视角研究城市自然灾害风险，研究对象为以城市为承灾体的地震、暴雨洪涝等自然灾害风险。除了特别明确的地方，灾害损失均指自然灾害直接损失，包括地震和暴雨洪涝对城市造成的直接经济损失和灾害致死带来的生命价值的损失。

1.3.2　研究目标

1.3.2.1　理论框架的构建

通过对现有自然灾害风险评价研究和自然灾害损失评估研究相关理论、方法和模型的梳理与综述，构建灾害损失视角下城市自然灾害风险综合评价研究的理论框架，提出灾害风险测度和分析思路，有效指导城市自然灾害风险定量化测度方法与模型的构建，以及城市自然灾害风险综合分析框架的构建。

1.3.2.2　方法模型的构建

基于灾害损失视角下城市自然灾害风险综合评价研究的理论

框架，以地震和暴雨洪涝灾害为例，通过集成与改进传统的资产评估、风险评估及灾损曲线等灾害风险评估相关的方法和模型，形成一系列灾害损失视角下的城市自然灾害综合风险的定量测度模型与综合分析方法，包括：灾害年发生概率的测度方法，以及适用于城市层面小尺度评价单元的灾害直接后果的测度方法、城市灾害综合风险的定量测度与分析模型、城市灾害风险应对能力评价模型和城市相对综合风险指数分析框架。由此得出的测度与分析结果可以直接运用于城市综合防灾规划与建设。

1.3.2.3 实证的结论与启示

将灾害损失视角下的城市自然灾害综合风险的测度与分析方法在厦门市进行实证，在对其城市内部单灾种风险、灾害综合风险及多情景城市灾害风险、灾害风险应对能力和相对综合风险指数进行测度与分析的基础上，构建城市综合防灾基础数据库，并为城市综合防灾规划应对提出有针对性的空间优化建议与综合提升优化策略。

本书在研究中采用了文献检阅分析法、交叉学科研究方法、理论研究与实证研究相结合、定性研究与定量研究相结合、实证分析与比较研究相结合的方法开展。

1.3.3 研究方法

1.3.3.1 文献检阅分析法

本书中，文献检阅分析法贯穿始终。本书的文献综述和方法模型构建部分关注了灾害风险评价、灾害损失评估和统计学生命价值评估相关的专业书籍、优秀硕博论文和专业领域核心期刊的论文；实证研究部分主要通过收集并整理案例的社会经济统计数据展开模型的实证分析。

1.3.3.2 交叉学科研究方法

城市灾害风险研究课题与安全发展问题涉及城市规划建设和社会经济发展的方方面面，是一个涉及多学科研究范畴的领域。除了灾害学领域本身，城市作为城市灾害的承灾体，本身就是城乡规划学科的研究对象，灾害风险事件的分析与环境科学、地理学等学科密切相关，灾害发生概率问题与灾害学、概率学、数学等学科联系紧密，灾害损失问题与工程学、保险学、经济学、社会学等学科密不可分，灾害风险的管理与应对也与政治学、管理学、工程学息息相关，而在信息技术高度发达的今天，依托大数据技术手段获取和模拟多源灾害数据也成为必然趋势，计算机学科的相关技术支撑也是本书的重要组成部分。由于研究关注的问题综合了多科学研究视角与研究方法，忽略任何一门学科的理论和方法都会造成研究的不完整。

1.3.3.3　理论研究与实证研究相结合的方法

理论研究是开展研究的基础，方法研究是工作的重点，实践应用与对策制定则是本书的最终目的。因此，基于一定理论基础、改进评价模型并运用于实证研究，也是本书的研究方法之一。本书以风险评价理论、灾害系统理论和生命价值理论为起点，构建灾害损失视角下的城市自然灾害风险综合评价的理论模型，并以厦门市作为案例进行调研和模型方法的实证分析，最终基于研究结果提出基于城市灾害综合风险分析的地方规划应对与提升策略。

1.3.3.4　定性研究与定量研究相结合的方法

本书的定性研究主要在前两章的研究背景和研究综述，以及第6章的规划应对提升策略中体现；定量研究则是基于案例地的大量数据和前文构建的分析模型展开的量化分析，如成本重置法、现行市价法、人力资本法、SCS水文模型、灾损曲线法、层次分析法、指标体系法等定量方法在本书中被采用或改进。过程中，SPSS、Excel等软件被用于回归分析、相关分析等定量的统计分析技术，ArcGIS等地理空间分析软件被用于对测算和分析结果的可视化。

1.3.3.5　实证分析与比较研究相结合的方法

本书的实证部分建立在扎实的调研数据采集和分析基础之上开展，案例城市厦门市当地的社会经济发展、灾害风险要素、基础设施建设及地理基础信息等方面的数据资料被采集作为城市灾害综合风险的评价与分析的数据支撑。评价结果也在城市内部的各区和各评价单元之间进行对比分析，并在此基础上总结城市灾害综合风险的空间分布特征与城市综合防灾规划提升策略。

1.3.4 主要内容

本书关注城市自然灾害综合风险评估问题。研究在对自然灾害风险评价研究和自然灾害损失评估研究中的理论、方法与进展进行综述的基础上，基于风险评价理论、资产评估理论、生命价值理论和灾害系统理论构建了灾害损失视角下的城市综合风险研究理论与风险测度和分析模型，并以厦门市为例进行实证。全书共六章。

第 1 章为绪论。1）介绍城市灾害综合风险评价研究的背景、现状与选题意义；2）定义及相关概念界定；3）介绍研究目标、方法与内容框架。

第 2 章为研究及评述。1）对自然灾害风险评价研究的相关理论、基本方法、研究进展与方法应用进行综述，具体包括风险评价理论和灾害系统理论的主要观点和基本方法，国内外在单灾种风险评价和多灾种风险评价方面的研究现状、研究方法、评估模型与评估系统等方面；2）对自然灾害损失评估研究相关理论、基本方法、国内外研究进展、评估系统、灾害损失评价方法与应用现状进行回顾，具体包括资产评估理论和生命价值理论的主要观点与基本方法，地震与洪涝灾害损失评估的研究进展以及现有的自然灾害损失评估系统，直接经济损失和非经济损失的评价方法与应用；3）思考当前研究趋势的总结与对现有研究不足之处。

第 3 章介绍了灾害损失视角下，城市自然灾害风险综合评价研究理论框架的构建。1）对风险评价理论、资产评估理论、生命价值理论和灾害系统理论的核心观点及其对本书的意义进行梳理与总结，构成本书的理论基础；2）提出本书的主要理论，并从灾害风险测度、灾害风险分析与规划应对这两方面具体阐述本书的理论内容。

第 4 章提出了灾害损失视角下，城市自然灾害综合风险评价中的测度模型与分析方法。1）城市自然灾害风险测度模型的构建，分为灾害年发生概率的测度和灾害直接后果的测度两方面，其中灾害直接后果的测度包括直接经济损失的测度与统计学生命价值损失的测度两部分，所有测度方法与模型均以地震和暴雨洪涝灾害为例展开集成、优化和构建；2）城市自然灾害风险分析方法，分为综合风险分析和相对综合风险分析两方面，其中综合风险分析包括城市灾害综合风险的定量测度和城市灾害综合风险的情景分析两部分，相对综合风险分析则在构建城市灾害风险应对能力评价模型的基础上提出的城市相对综合风险指数评价方法。

第 5 章首先介绍案例地的选择及数据来源等基本情况，并对厦门市城市灾害风险测度方法与模型进行实证。1）基于本书第 4 章中构建的灾害风险测度模型，测算厦门市不同地震烈度的风险值（年期望直接损失）及其在空间上的分布；2）基于本书第 4 章中构建的灾害风险测度模型，测算厦门市不同重现期降雨的洪涝风险值（年预期直接损失）及其在空间上的分布；3）根据第 4 章中构建的自然灾害风险分析方法，以及本章中厦门市不同强度的地震、洪涝的风险评价结果，进一步进行厦门市城市灾害综合风险的定量测度和厦门市城市灾害综合风险的情景分析；4）根据第 4 章中构建的城市灾害风险应对能力评价指标体系评价厦门市灾害风险应对能力及其分布，进一步评价和分析厦门市各评价单元的城市相对综合风险指数。

第 6 章为结论、启示与展望。1）总结本书的主要工作与结论；2）基于实证章节中的评价与分析结果，结合城市综合防灾规划中存在的问题与时代背景，对提升城市综合防灾水平与完善城市综合防灾规划编制两方面提出具体方案与要求；3）提出研究贡献与可能的创新点；4）明确并解释本书存在的不足，同时，展望研究工作推进和深化的几个方向。

参考文献

[1] HELM P. Integrated risk management for natural and technological disasters [R]. Tephra, 1996, 15 (1): 4-13.

［2］　KAPPES M S，KEILER M，VON ELVERFELDT K，GLADE T. Challenges of analyzing multi-hazard risk：a review ［J］. Natural Hazards，2012，64 (2)：1925-1958.

［3］　KEEN M，Freeman P K，Mani，M. Dealing with Increased Risk of Natural Disasters：Challenges and Options ［J］. IMF Working Papers，2003，03 (197)：1.

［4］　Munich Re. Munich Re NatCatService Geo Risks Research 2011 ［R］，Munich：Munich Re Publication. 2011.

［5］　UNDRO. Mitigating Natural Disaster Phenomenal Effects and Options：A Manual for Policy Makers and Planners ［M］. New York：UN Publications. 1991.

［6］　UNISDR. Living with Risk：A Global Review of Disaster Reduction Initiative ［M］. Geneva：UN Publications. 2004.

［7］　UNISDR. UNISDR Terminology on Disaster Risk Reduction. 2009.

［8］　VARNES D J. Landslide hazard zonation：a review of principles and practice ［M］. Paris：United Nations Educational，Scientific and Cultural Organisation，1984.

［9］　WEF. The Global Risks Report 2019 ［R］，2019，Geneva.

［10］　高庆华. 中国自然灾害的分布与分区减灾对策 ［J］. 地学前缘，2003，(S1)：258-264.

［11］　黄崇福. 自然灾害风险评价：理论与实践 ［M］. 北京：科学出版社，2005.

［12］　全国重大自然灾害调研组. 自然灾害与减灾 600 问 ［M］. 北京：地震出版社，1999.

［13］　吴吉东，李宁，温玉婷等. 自然灾害的影响及间接经济损失评估方法 ［J］. 地理科学进展，2009，28 (6)：877-885.

［14］　于庆东，沈荣芳. 灾害经济损失评估理论与方法探讨 ［J］. 灾害学，1996，(2)：10-14.

［15］　赵阿兴，马宗晋. 自然灾害损失评估指标体系的研究 ［J］. 自然灾害学报，1993，2 (3)：1-7.

第2章

城市灾害风险相关研究及评述

2.1 自然灾害风险评价研究

灾害风险研究的核心内容是自然灾害风险评价，也是灾害风险管理的重要组成部分。目前，对灾害风险进行定量化评价的手段主要包括历史经验数据的归纳和计算机模拟分析两条路径（Friedman，1975）。通常，对于自然灾害来说，历史灾害的经验数据有助于评价者对风险种类、强度和发生频率进行判断，如在进行地震和暴雨洪涝等气象灾害风险评价时，评价者通常可以根据该强度灾害在当地历史上的发生频率进行预测，而对不同强度灾害发生后果的预测则需要借助计算机进行模拟和分析。

自然灾害风险评价的目的是根据当地历史灾情数据，对特定一种或几种灾害未来的发展趋势进行合理的预测，并全面分析灾害发生对经济、社会和环境带来的潜在后果，从而为城市规划和建设提供灾害风险在空间分布上的防灾规划依据。评估结果通常包括两个部分，一是基于量化评价的灾害等级排序，二是灾害影响程度及其空间分布区划。

2.1.1 相关理论与基本方法

2.1.1.1 风险评价理论

（一）风险的定义

在西方国家中，"风险"（Risk）一般具有负面意义，在权威的韦伯词典中是指"面临的伤害或损失的可能性"。中文的"风险"一词在《辞海》中被定义为"可能发生的危险"，包括人们在生产和生活中遭遇的能导致人员伤亡、财产损失和其他损失的自然灾害、意外事故及其他不测时间的可能性。尽管在保险业、经济学、工程学和灾害学等领域，风险被赋予了诸多不同的含义（表 2-1），但通常都是从两个方面特征去描述：一是可能性，即发生的概率；二是造成的后果，即发生损失。2009 年，风险管理国际标准（ISO 31000-2009）将风险定义为"一个事件的后果与其相应的发生可能性的组合"；在我国的国家风险管理系列标准中，目前采用的也是这个新的风险定义，如 GB/T 24353-2020 中。从这一概念出发许多学科和技术领域都在理论研究和实践中对风险研究进行了成功的探索和应用。

<table>
<tr><td colspan="2">不同行业对风险的定义　　　　　　　　　　　　表 2-1</td></tr>
<tr><td>行业领域</td><td>风险定义</td></tr>
<tr><td>保险业</td><td>损失的可能性</td></tr>
<tr><td>灾害领域</td><td>一定概率性灾害造成的损失或破坏</td></tr>
<tr><td>消防</td><td>火灾概率</td></tr>
<tr><td>经济学</td><td>可得的确定其结果与概率的情况</td></tr>
</table>

（Hardy，2005；Helm，1996；Knight and Publications，1921；UNEP，2002；Varnes，1984）

　　风险评价是风险管理"建立环境—风险评估—风险应对—监测与评审"主循环流程中的重要组成部分，包括"识别—分析—评定"3 个主要步骤（ISO 31000-2009）（图 2-1）。

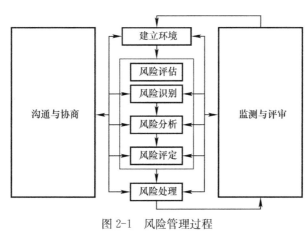

图 2-1　风险管理过程

（二）风险的评价公式

风险评价具体是指根据各种已知条件，在风险识别和风险估测的基础上，对系统中的危险性进行辨识。风险评价需要全面考虑风险发生的概率、影响程度以及其他因素，来评估风险发生的可能性（概率）及其后果的危害程度（财物损失或伤亡人数），判断系统是否安全，并进一步决定是否需要采取相应的措施（金子史郎，1991）。这是一个对特定事件造成后果的可能性分析和后果危害程度的量化过程。从风险的这一定义出发，风险（Risk，R）的度量可以用事件概率（Probability，P）和事件后果（Consequence，C）的乘积这一数学公式（2-1）表示：

$$R = P \times C \tag{2-1}$$

（三）自然灾害风险的评价思路

从风险评价的基本原理出发，评价灾害风险大小主要包括灾害发生的可能性及其产生后果的严重程度两个方面。自然灾害风险是指"在特定的时间、区域内，由可能发生的特定自然现象造成的预期损失的程度"（Varnes，1984）。期望值的计算，是将每个可能的结果乘以它对应的概率，最后求总和。因此，灾害风险评估主要是指对风险区遭受灾害的可能性及其可能造成的后果进行的定量分析和评价（黄崇福，2005）。用数学公式进行表达，则是：某一灾害风险（Risk，R）的大小也由灾害发生的可能性（Probability，P）和该灾害发生带来的后果（Consequence，C）共同决定，用乘积表示，得到自然灾害风险公式（2-2）和灾害风险分级矩阵（图2-2）。

$$R = P \times C \tag{2-2}$$

根据风险评估的基本原理，黄崇福提出了综合风险评估的基本模式，即通过一系列函数，如概率密度函数和剂量反应函数，并合成他们来显示风险（黄崇福，2008）。任何风险，包括灾害的综合风险，理论上都可以通过公式（2-3）所示的形式化模型进行评估：

$$R = D \circ H \tag{2-3}$$

其中，R 为风险，D 为描述剂量－反应关系的函数族，H 为描述风险源的函数族，○为该模型的合成规则。最简化情况下的○，是计算概率密度函数和剂量—反应曲线围成的面积。在信息不完备的情况下，H、D 都是模糊集族，○是模糊合成算子族（黄崇福，2008）。

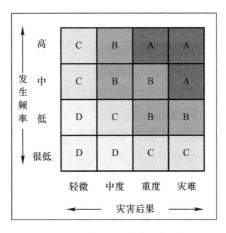

图 2-2　灾害风险分级矩阵

2.1.1.2　灾害系统理论

（一）基本观点

灾害不是孤立存在的，有联系的自然灾害组合而成的总体称为自然灾害系统（高庆华，1991；申曙光，1995）。地球是一个开放的自组织系统，自然灾害系统实际上是地球表层系统的一个组成部分，由气象灾害、地质灾害和生物灾害等几大子系统组成，每个子系统由其所在圈层的物质运动和变异组成，并受到地球整体运动的控制和其他系统的变化所影响。自然灾害系统具有多层次性、动态关联性、开放性、非线性和一定的周期性等基本特征（高庆华，1991；申曙光，1995；王铮等，1995）。

随着对灾害系统研究的深入，对灾害风险概率与其发生后果的研究逐渐转向为对灾害风险系统各部分的研究。灾害系统论认为影响灾害风险水平的组成要素至少包括致灾因子和承灾体两个方面（明晓东等，2013）。潘耀忠与史培军提出一定区域内发生的灾害是孕灾环境、致灾因子与承灾体 3 个子系统相互作用的结果（潘耀忠等，1997；史培军，1996），即孕灾环境稳定性（敏感性）、承灾体易损性（脆弱性）和致灾因子危险性 3 个子系统共同决定了灾害风险的大小。UNISDR 认为，在评估灾害风险事件产生的潜在后果或伤害时，需要考虑承灾体的暴露度和易损性（脆弱性）等属性（UNISDR，2004）。蒂默曼（Timmerman）将脆弱性定义为"灾害发生时对系统所造成的影响程度"（Timmerman，1981）。

（二）自然灾害风险的评价思路

灾害系统理论认为灾害风险是自然灾害以及社会对自然灾害的暴露和脆弱性的综合。灾害风险评价是指对可能会对生命、财产、生计及人类依赖的环境等带来潜在后果或伤害的致灾因子和成灾体的脆弱性进行分析和评价，进而判定出风险性质和范围的一种过程（UNISDR，2004）。狭义的灾害风险评估研究，主要针对致灾因子的评估（尚志海等，2010；巫丽芸等，2014）。广义的灾害风险评估则基于灾害系统论视角，对评估对象的孕灾环境、致灾因子和承灾体这"三大系统"进行综合评估。国际上对灾害风险的主流评估框架，也是为联合国政府间气候变化专门委员会（IPCC）等采纳的 H-E-V 框架［即危险性 H（Hazard）—暴露度 E（Exposure）—易损性 V（脆弱性）（Vulnerability）风险评估框架］（Kaźmierczak and Cavan，2011；IPCC，2014；Merz et al.，2004；Mileti，1999；Okada et al.，2003；葛全胜等，2008；尹占娥，2009；尹占娥等，2010；Pagliacci and Russo，2019）。模型表达式如下：

$$Risk = H \cap E \cap V \qquad (2\text{-}4)$$

危险性的研究重点关注灾害的自然属性等致灾因子引发的风险；暴露度是指暴露在风险中的各种要素，包括房屋、财产等；易损性（脆弱性）是指不同强度的致灾因子所造成的要素的损失程度（尹占娥等，2010）。部分研究将易损性（脆弱性）和暴露度都概括为承灾体的脆弱性属性。在计算风险等级时，可采用风险矩阵法，将致灾因子危险性和承灾体易损性（脆弱性）这两大要素采取一定的规则划分等级，并分别作为横轴和纵轴构建风险测量矩阵（表 2-2），根据测量结果划分综合风险等级（王望珍等，2018）。现阶段，灾害风险评估的侧重点已经从早期的危险性研究过渡到以易损性（脆弱性）为主（Yin et al.，2011）。此外，一些学者认为，评价实际的灾害风险水平时还应考虑防灾减灾能力（张继权等，2005）和可接受风险水平（杨翼舲等，2010）等方面对区域灾害风险等级的影响。

	澳大利亚和新西兰风险管理标准				表 2-2
元素	易损性（脆弱性）				
	等级	非常低	低	中等	高	非常高
危险性	非常低	I	I	I	II	III
	低	I	I	II	III	IV
	中等	I	II	III	IV	IV
	高	II	III	III	IV	IV
	非常高	III	III	IV	IV	IV

注：根据澳洲和新西兰风险管理标准 Risk Management（AS/NZS4 360：1999）中相关内容整理。

2.1.2 研究进展与方法应用现状

2.1.2.1 单灾种灾害风险评价研究

（一）研究内容

既有文献和主流的评估模型中，地震、洪涝和地质灾害等常见的自然灾害风险评估，主要从致灾因子危险性、暴露度、承灾体易损性（脆弱性）、韧性、防灾减灾能力等几个方面考虑。表 2-3 反映了近年自然灾害风险评价文献的评价公式与要素内涵。这部分会对国际上主流的 H-E-V 框架中的危险性、暴露度和易损性（脆弱性）的主要研究内容分别进行总结。随着时间的推移，灾害风险评估的研究范畴进一步扩大，包括社区灾害风险应对能力（Davidson，1997；Bollin，2007；Ntajal et al.，2017）、防灾减灾能力（张继权等，2005）、灾害恢复力（Cutter et al.，2014；Guo et al.，2014）以及风险沟通或风险接受因素（Tanaka，1997；杨翼舲等，2010；Kellens，2011；Salman and Li，2018）等方面。

灾害风险评价的表达公式　　　　　　表 2-3

表达公式	要素内涵	文献
$Risk = H + V$	H 表示自然灾害的危险性 V 表示社区脆弱性	(Maskrey，1989)
$Risk = H \times V$	H 表示致灾因子的危险性 V 表示承灾体的脆弱性	(UNDHA，1991)
$Risk = \dfrac{H \times V}{R}$	H 表示致灾因子的危险性 V 表示承灾体的脆弱性 R 表示韧性（抵御风险和恢复的性能）	(UN，2002)
$Risk = f(H, V, E)$	H 表示致灾因子的危险性 V 表示承灾体的脆弱性 E 表示承灾体的暴露度	(IPCC，2014； Okada et al.，2003)
$Risk = \dfrac{H \times V \times E}{P}$	H 表示致灾因子的危险性 V 表示承灾体的脆弱性 E 表示承灾体的暴露度 P 表示防灾减灾能力	(张继权等，2005)
$Risk = H + E + V - C$	H 表示致灾因子的危险性 V 表示承灾体的脆弱性 E 表示承灾体的暴露度 R 表示恢复能力	(Davidson，1997； Bollin，2007； Ntajai et al.，2017)

　　自然灾害的危险性分析通常是灾害风险分析的第一步，主要是对灾害发生的时间、强度、规模和空间位置等方面进行分析。不同灾害的致灾因子显然是不同的。这里简述地震与洪涝灾害的致灾因子危险性的研究内容：

　　（1）关于地震灾害风险的致灾因子危险性研究思路主要可以分为三种：1）概率性分析——以地震活动性在空间上的随机性假设为基础，采用泊松分布的概率模型对不同强度的地震发生概率进行模拟和分析（高孟潭，1988；1996）；2）历史数据的确定性统计分析——根据地质断层调查数据和区域历史地震数据构建回归模型来分析地震危险性（刘静伟，2011；齐玉妍等，2009）；3）主震害事件分级法——秦四清等的研究表明特定地震区每轮孕育周期主震事件震级值相差较小，因此可根据主震震级值来划定各地震区的危险性等级（秦四清等，2015a；秦四清等，2015b）。我国最新的《中国地震动参数区划图》GB 18306-2015 是综合采用了上述三类方法确定的区划。

（2）关于洪涝风险的致灾因子危险性研究主要可以分为两种思路：1）基于概率分布理论的流量规模的模拟分析——如采用极值分布和 P-Ⅲ型概率分布的线性矩阵方法划分不同量级的区域洪水发生频率（张静怡等，2002），通过二元 Gumbel-Logistic 模型预测洪水发生频率（Yue et al.，1999），通过 Copula 模型等预测年洪峰流量和年洪水总量（郭生练等，2008）；2）基于 GIS（Geographical Information System，地理信息系统）软件的流域产流、径流和淹没的模拟分析——基于 DEM（Degital Elevation Medel，数字高程模型）通过输入降雨量、历史流量资料、流域特性、地表覆盖特征等数据，对洪水淹没的水深与范围进行模拟，常见的水文模型有 SCS 模型（Liu and Li，2008）、TOPMDEL 模型（Nourani et al.，2011；Nourani and Mano，2007）、SWMM 模型（Sharifan et al.，2010）等。

自然灾害的暴露性分析是指对暴露在致灾因子危险性下的要素的分析。要素具体是指灾害影响到的生命与财产的暴露情况，包括人口、财产、建筑、经济活动等，一些研究认为，这些要素是连接致灾因子危险性与承灾体易损性（脆弱性）的桥梁（张会等，2019）。这部分研究的主要研究内容是对人口普查数据、社会经济数据、用地类型、建筑和财产基本情况等方面进行的分类、统计与分析。其中，空间上对更精细化的人口分布和房屋建筑的数据信息的获取与分析是近年来暴露性分析的重要趋势（Hanson et al.，2011；Smith et al.，2016；Weis et al.，2016）。

承灾体易损性（脆弱性）分析目前已成为一个包含灾害学、社会学、经济学、管理学、环境科学、可持续性学科等多个领域和专业的综合性概念，只是尚未得到统一，不同学科视角和研究背景下进行的易损性（脆弱性）分析均有不同的侧重点。一方面，灾害学领域的易损性（脆弱性）的主要研究方法是基于建筑结构、建筑质量的调查，以及社会经济数据等资料，通过模拟实验或已有的灾害财产损失数据计算破坏率，或拟合不同财产、建筑物在不同强度致灾因子下的易损性（脆弱性）函数等（Cutter，1996；Fekete et al.，2017；樊运晓等，2003；侯爽等，2007；石勇等，2009；张会等，2019）。另一方面，在面向可持续发展的易损性分析框架（The Framework for Vulnerability Analysis in Sustainability Sciences）（Turner et al.，2003）、韧性（resilience）测度（Cutter et al.，2008），以及欧洲易损性改善框架（Method for the Improvement of Vulnerability in Europe）（Birkmann et al.，2013）等文献中，易损性（脆弱性）的概念就包含了承灾体暴露度、防灾减灾能力和灾后的恢复能力。

（二）评估方法

目前比较常见的单灾种灾害风险评估方法主要可分为三类：一是指标驱动的指标体系法，通常采用主成分分析法、层次分析法、模糊评价法、灰色关联评价法构建指标体系（赵阿兴等，1993）；二是数据驱动的实证研究法，通常采用数据包络分析、回归分析等方法对历史灾情数据进行分析（胡丽，2015；刘静伟，2011）；三是模型驱动的系统仿真法，常见的模型如系统动力学模型、Agent 模型、复杂网络模型等（叶欣梁等，2014；赵阿兴等，1993；赵思健等，2012）。

其中，指标体系法是最成熟、也是得到最广泛应用的，即针对某一区域建立一套适合该区域的灾害风险评价指标体系，通过指标优选、权重赋值和模型构建，并根据评估结果判断风险程度（高庆华，2005；卢颖等，2015；史培军，2011；颜峻等，2010；杨娟等，2014；杨远，2009；殷杰等，2009；张继权等，2010），这一评价流程已较为成熟，被多数研究和实践采用。下表整理了常见自然灾害的单灾种风险评价中常用的评估指标（表 2-4），其中，为避免不必要的重复，通常一同选取承灾体的暴露度指标与易损性（脆弱性）指标来进行指标体系法的灾害风险评估研究。在指标驱动的评价过程中，首先在指标优选阶段基于既有相关文献选择评价指标，并采用专家打分法（或德尔菲法）和层次分析法来确定多层指标体系中各级各类指标的权重取值，最后采用概率统计/指数法/模糊数学方法/灰色系统方法等数学方法处理数据，从而实现评价和分析。

常见自然灾害风险评估指标　　　　表 2-4

灾害种类	孕灾环境敏感性指标	致灾因子危险性指标	承灾体暴露度/易损性（脆弱性）指标
地震	地质条件	地震烈度 影响范围	建筑抗震能力 人口密度 经济密度
洪涝	高程 坡度	降水强度/淹没深度 影响范围	基础设施防洪能力 人口密度 经济密度
地质灾害	地质条件 高程 坡度 植被覆盖率	灾害位置 灾害强度 影响范围	地质灾害防治设施 人口密度 经济密度

（三）常见的评估模型

灾害风险评估的具体操作一般通过灾害风险评估模型进行阐释。目前，国际上较为常用的灾害风险评估模型主要有 UNDRO 模型、NOAA 模型、SMUG 模型、APELL 模型等（表 2-5）。

国外常见的自然灾害风险评估模型　　　　表 2-5

模型	机构	评价流程
UNDRO	联合国救灾组织	风险识别—脆弱性评价—风险评估—风险分级—风险叠加—经济影响
NOAA	美国国家海洋大气局	风险识别—危险区分析—关键设施分析—社会分析—经济分析—环境分析—减灾机会分析—结果总结
SMUG	澳大利亚灾害协会	严重程度分析—管理能力分析—紧急程度分析—风险概率分析—发生态势预测—综合评分
APELL	联合国环境规划署	确定目标—危险分析—事件类型—危害目标—后果分析与分级—可能性分析—评估总结

其中，UNDRO 模型因强调空间特性，被认为更加适用于规划领域（冯浩等，2017；燕群等，2011）。尽管在针对脆弱性评价的研究中很多学者提出了更为详尽的指标体系和评估模型，如 Risk-Hazard 模型（Burton and White，1993）、Hazard-of-Place 模型（Cutter，1996；Cutter et al.，2000）、Pressure-of-Release 模型（Blaikie et al.，2004）、Airlie-House-Vulnerability 模型（Turner et al.，2003）、城市地震脆弱性评估框架（Duzgun and Yucemen，2011）、Vulnerability-Resilience 评估框架（Costa and Kroop，2013）等，但在单灾种风险评估中通常被简化，选取人口密度和经济密度指标来表征地区的社会脆弱性和经济脆弱性是多数研究和实践中采取的方式。

2.1.2.2　多灾种灾害风险评价研究

（一）研究内容

各种灾害之间存在复杂的响应、并发、互斥等关系。多灾种概念是相对于单灾种概念存在的，一般指特定时段特定地区多种致灾因子并存或者并发的情况（史培军，1996）。多灾种风险（multi-hazard risk）目前尚没有统一的定义，一般是指特定地区内多种致灾因子导致的总风险。对多灾种风险的科学评估同样需要用一定的理论和方法，对一个地区动力来源不同、特征各异的多种灾害置于统一区域系统中，综合考虑灾害对区域开发、居民人身安全及财产安全的可能的影响程度（Kappes et al.，2012）。

多灾种风险评价的主要目的是掌握区域的总体风险状况、制定区域土地利用规划和防灾减灾专项规划，从而有效减轻灾害的影响。德尔莫纳科（Delmonaco）等将多灾种风险评估过程定义为"实施旨在评估和绘制某一特定地区不同类型自然灾害潜在发生风险情况的方法和措施。"（Delmonaco et al.，2006）按照评估对象的尺度可分为全球尺度（Dilley，2005；Forzieri et al.，2016；史培军等，2009）、国家或地区尺度（CHEN et al.，2016；王铮等，1995）和局地尺度（Lozoya et al.，2011；Silva et al.，2014；卢颖等，2015）三类，评估精度随着尺度的缩小提高。

（二）综合风险评价视角

多灾种综合风险的评价研究主要有两个视角，一是灾害叠加视角，二是灾害耦合视角。

（1）灾害叠加视角

在当前风险叠加视角的多灾种风险综合评估研究中，风险综合过程主要可以分为"单灾种风险结果叠加"和"单灾种风险要素综合"两个类型：

1）单灾种风险结果叠加：从灾害系统风险理论出发，首先根据各灾种的风险组成要素（致灾因子 H、暴露性 E 和脆弱性 V）建立指标体系，评估得到各个灾种的风险评估结果，再采用一定方法将评估结果直接叠加或加权叠加得到多灾种风险。公式表达如下：

$$Risk = \sum f_i(H_i, E_i, V_i) \tag{2-5}$$

2005 年 Hotspot 多灾种风险评估法基于 EM-DAT 灾情数据库，首先对地震洪水、火山、热带气旋、干旱和滑坡的死亡风险，以及相对经济损失风险和绝对经济损失风险指数的分别计算，并在此基础上叠加进而得到全球多灾种综合风险图（Dilley，2005），以及哥伦比亚马尼塞莱斯市采用加剧系数改进概率风险综合评估模型（Comprehensive Approach to Probabilistic Risk Assessment，CAPRA）来计算地区整体风险（Bernal et al.，2017；Carreño et al.，2017a）。在我国，许多传统的多灾种评估方法（盖程程等，2011；王慧彦等，2013；杨远，2009）也属于这一类。这类方法下，灾害间的差异仅体现在权重上。然而，由于不同灾害的影响过程和描述指标上存在的差异，不同灾害很难直接进行比较。

在现实中更为复杂的灾害系统里，不考虑灾害发生后果和发生频率而直接对单一灾种的风险指数简单相加的方法缺乏可靠性。

2）以风险的组合因素为对象进行综合：从灾害系统风险理论出发，在风险评估的开始阶段分别对一定区域内的致灾因子危险性 H、暴露性 E 和脆弱性 V 进行分析，通过一定过程进行综合并得到该区域内的多致灾因子综合危险性和多致灾因子影响下的综合脆弱性，最后得到多灾种风险。表达公式如下：

$$Risk = f(\sum H_i, \sum E_i, \sum V_i) \qquad (2-6)$$

现有的一些文献通过标准化方法，如对致灾因子危险性进行分类和开发"连续指数"（Continuous indices）等（Dilley，2005），但也仅限于一些相关的灾害（如气候灾害），且结构较容易受主观影响。在对不同灾害的灾情数据和承灾体脆弱性指标数据进行处理上，主要采用的数学方法有概率统计/指数法/模糊数学方法/灰色系统方法等构建多灾种评估模型（Araya-Munoz et al.，2017；Westen et al.，2014；盖程程等，2011），如通过模糊转换函数等方式构建逐级放大的多灾种风险评估软层次模型，实现灾种的量纲（樊运晓等，2003；薛晔等，2012），采用模糊综合评判方法构建灾害风险度评价模型实现多灾种风险的综合（樊运晓等，2003；杨娟等，2014）。

（2）灾害耦合视角

在现实中，各种灾害往往并非孤立存在，它们之间存在着复杂的相互作用关系。以沿海城市的气象灾害和地震灾害为例，多个灾害之间存在着复杂的触发、伴随等关系（卢颖等，2015）。比较常见的灾害间关系的表达有：伴随关系、触发关系、耦合关系、级联效应、灾害链以及多米诺效应等（Kappes et al.，2010）。多灾种的机理研究日益受到国内外学者的关注，如灾害链和灾害群理论模型（高庆华，1991；史培军，1996）、地下能量聚散与干旱、旱涝、地震灾害的关联性（聂高众等，1999）、灾害链的场效机理与区链观（姚清林，2007）、链式效应的数学关系模型（Ji et al.，2008）等研究视角，都是从自然灾害系统的角度出发分析不同灾害在成因、过程和后果中的时间和空间上的联系。

在梳理不同学科耦合定义的基础上，薛晔等对耦合灾害风险给出如下定义："复杂的风险系统活动过程中不同风险或风险因子之间相互依赖协和相互影响的关系和程度"（薛晔等，2013）。按灾害耦合的复杂程度可以归为两类（Westen et al.，2014）：

1）一次耦合作用：是指两个灾害事件单次耦合作用，如伴随关系和触发关系。伴随关系指两种灾害同时发生，如台风伴随暴雨；触发关系是指某一种灾害的发生可以触发另一种或多种灾害，几乎同时发生，在空间上耦合，如地震触发滑坡等。此外还有缓变型一次耦合关系，不包括触发关系，即由于某一种灾害的发生改变了另一种灾害的孕灾环境，而改变第二种灾害的发生概率，两种灾害的发生在空间上存在耦合，但存在一定时间间隔，如森林火灾影响了泥石流的孕灾环境。

2）多次耦合作用：包含两个以上触发关系或缓变型耦合关系的多灾种耦合过程，如灾害链、多米诺效应、级联效应等。过程较为复杂，也更符合实际，是目前多灾种评估领域的难点，处于理论阶段。可以从触发关系和缓变型耦合关系出发，逐步实现灾害链的风险评估。

由于多数研究忽视了灾害之间存在的相互作用关系，如何处理区域内多种灾害之间的耦合和触发等相互作用关系下的综合风险是近几年多灾种综合风险评价研究的热点。刘爱华等学者在研究中从动力学演变模型、复杂网络模型等出发对灾害链风险进行理论上的模拟与评价（刘爱华，2013；刘爱华等，2015）。一些学者从灾害间关系出发，通过致灾因子危险性的耦合来进行多灾种风险的耦合并进行了实证，如卢颖与郭良杰在单灾种分级的基础上，通过人为设定"耦合规则"，构建基础触发关系的危险性耦合模型，从而实现多灾种风险的综合评估（卢颖等，2015；王望珍等，2018）；李双双与杨赛霓等基于复杂网络的信息扩散理论，构建京津冀地区干旱热浪时空耦合的二分网络模型，对干旱和热浪灾害在时空尺度上的分布特征进行聚类叠加分析（李双双等，2017）。但总体上看，目前从灾害耦合视角开展的多灾种综合风险研究，一方面在模型构建上依然处于理论研究阶段，在耦合规则和模型构建的关键步骤中仍存在一些主观、定性的步骤，普适性的多灾种风险耦合模型及其实证研究非常少；另一方面，致灾因子耦合视角下的风险研究往往只能关注两到三种关系较为密切的灾害风险，如地震与滑坡、洪涝与泥石流、干旱与热浪等，仍然无法解决诱因不同的触发性灾害（如地震和暴雨）的综合风险问题。

（三）评估方法与评估系统

历史灾害损失数据不完整、部分社会经济数据不精确等问题都是发达国家和发展中国家共同面对的灾害研究现状（Benson and Twigg，2004）。国外的多灾种灾害风险综合研究和实践通常也是以单灾种灾害风险的研究为基础来开展的。下表整理并介绍了国外多灾种风险研究中被参考和借鉴较多的评估方法（表2-6）和多灾种风险评估模型（表2-7）。

国外多灾种灾害风险综合评估方法　　　　　表2-6

方法名称	尺度	单元	灾种	指标	特点	缺点
慕尼黑再保险公司灾害风险指标评估法（Munich Re.，2002）	全球50座大城市	城市	地震、洪水、火山、台风、寒冻、山火	经济损失	通过历史经济损失测算致灾因子危险性；承灾体脆弱性考虑了设防水平，暴露度考虑了城市在全经济中的地位	仅适用于国际型大都市
DRI多灾种灾害风险评估法（UNDP，2004）	全球	国家	地震、热带气旋、洪水、干旱	人口死亡	针对不同灾害种类分别界定反映脆弱性的社会经济指标；采用历史数据来拟合死亡人数与暴露度、脆弱性间的关系	相对灾害发生频率和人口死亡数据的时间跨度短，指标选择存在局限性
Hotspots多灾种灾害风险评估法（Dilley，2005）	全球	2.5英尺×2.5英尺网格	地震、火山、滑坡、洪水、干旱、飓风、泥石流等	死亡人数与经济损失	采用地理栅格单元计算死亡人数和经济损失，全面评价承灾体的脆弱性	将单一灾种的风险简单相加，无法体现不同致灾因子对不同地区造成影响的差异

续表

方法名称	尺度	单元	灾种	指标	特点	缺点
JRC 综合风险评估法（JRC，2004）	欧盟	第三级领土单元（NUT-3）	地震、洪水、泥石流、山火、干旱等	常见的单一灾种风险评价指标	通过历史灾害发生的概率和强度数据来评价致灾因子，并针对不同致灾因子对应的承灾体暴露性和脆弱性分别评价	通过单一灾种灾害风险的简单叠加进行综合，没有考虑灾害间的相互关系
ESPON 欧洲空间规划观测网络综合风险评估法（Schmidt-Thom，2006）	欧洲		雪崩、地震、洪水、核事故等 15 种人为和自然致灾因子		考虑全面致灾因子，多个致灾因子的危险性采用德尔菲法加权，综合考虑了灾害暴露与应对能力的脆弱性评价指标	半定性、半定量的指数参数法，没有针对不同致灾因子考虑脆弱性
南卡罗纳州综合风险评估（SCEMDO-AG，2005）	州	郡	地震、飓风、洪水、龙卷风、火灾、干旱、核灾害、雪灾		叠加致灾因子的综合发生概率和社会脆弱性；社会脆弱性指标较为全面	忽略致灾因子发生的强度
冰岛 Bildudalur 多灾种风险评估方法（Bell and Glade，2004）	村	1m×1m 网格	泥石流、雪崩、岩石崩塌	死亡人数和经济损失	同时考虑个体与客体的死亡和经济损失的风险，考虑时空关系	致灾因子的选取有区域特性；适宜小区域的数据收集；对单一灾种风险进行简单相加

续表

方法名称	尺度	单元	灾种	指标	特点	缺点
科隆市灾害风险比较评估（Grunthal et al.，2006)	市	市	地震、洪水、风暴潮	经济损失	分别得到3个灾种的损失超越概率曲线并在同一坐标中比较	以大量假设和简化为基础，致灾因子选择不全面，没有计算综合风险

国内外现有的多灾种灾害风险测量与评估系统　　表2-7

名称	机构	对象	技术特色
CATS（Consequence Assessment Tool Set，后果评估工具集）(CATS，1999)	美国反恐局（DTRA）、联邦应急管理局（FEMA）	地震、飓风等自然灾害和爆炸等	基于PC ArcView软件的应用程序，通过集成GIS技术，进行数据的融合分析
RADIUS（Risk Assessment Tools for Diagnosis of Urban Areas against Seismic Disasters，城市地区地震灾害诊断风险评估工具）(Villacis and Cardona，1999)	国际减轻自然灾害十年（IDNDR）	城市区域地震灾害风险	基于测算表，采用Excel整理并分析
OSRE（Open Source Risk Engine，开源风险引擎）(OSRE，2016)	日本京都大学	多灾害风险	在AGORA开发框架中采用JAVA语言重新编码；支持跨平台运行和自定义灾害种类；可以对损失模型参数和易损性函数进行设置
CAPRA（Comprehensive Approach to Probabilistic Risk Assessment，概率风险综合评估方法）(Carreño et al.，2017b)	中美洲政府、联合国国际减灾战略中心、中美洲自然灾害预防协调中心、世界银行、美洲开发银行	地震、洪水、飓风、火山爆发等	模块化、可拓展；将灾害信息整合到政策项目中，主要用于风险分析和决策支持

2.2　自然灾害损失评估研究

灾害损失从概念上可分为经济损失和非经济损失两大类。其中，经济损失分为直接经济损失和间接经济损失。不同类型的灾害损失可以采用不同的评估方法。

评估灾害损失本身并不能减轻灾害发生造成的威胁，但灾害损失的评估和预评估可以为政府制定救助政策、编制防灾减灾规划，以及制定保险政策等灾害风险管理工作的开展提供科学依据。与灾害风险评估类似，灾害损失评估是一个系统的评估过程，从评估时间上划分为灾前损失预评估、灾中快速实时评估和灾后损失评定分析。评估精度与评估尺度直接相关，包括单体建筑/社区尺度、城市尺度和区域/国家尺度。

灾害损失评估可以分为定性和定量两大类。定性分析类的灾损划分思路如马宗晋提出的"五级灾度"，分别从人口和经济两个维度，把 10 万人死亡和直接经济损失 100 亿元作为"巨灾"的标准，死亡人数和直接经济损失每下降一个量级，则按照"大—中—小—微"级的顺序划分；定量分析类的灾损划分思路如以冯利华提出"灾级"作为衡量灾害损失的指标，将一次灾害中的死亡、受伤和直接经济损失通过对数函数和线性函数折算成规范化的指数，适用性较强（冯利华，1993）。灾害损失的定量计算可以客观比较灾情的大小，也可以用来研究灾情的时空变化规律，但研究历史灾情时需要注意通货膨胀等因素。除了通货膨胀、地方财富和人口因素外，面对灾害，地区的损失也被认为与土地利用和公众风险意识等息息相关（Zhai et al.，2003）。

2.2.1　相关理论与基本方法

2.2.1.1　资产评估理论

经济损失评价的本质是对灾害中损失的资产的价值进行评价。不同行业（如农业、工业等）、不同类型的资产（固定资产、流动资产等）都有不同的资产估值方法。资产的价值不是一个静态的概念。任何资产的价值随着时间、市场的变化都会产生变化，也就是说资产的价值，并非一个一成不变的确定值，而是一个市场价值。因此，在进行灾害经济损失评价时，需要对不同类型、特征的资产损失选择合适、特定的评估和测算方法，进行科学、合理的估值。

（一）直接经济损失的评价方法

直接经济损失的评估比较直观，通常采用资产评估理论中的相关方法进行评价。其中，重置成本法、现行市价法和收益现值法是三类最为常见的评估方法。

（1）重置成本法是指通过采用资产先行价格复原或更新重新建造受损资产所需的成本，并扣除各种损耗后得到损失资产的价值，公式如下：

$$损失资产价值＝重置净价$$
$$＝重置成本－实体性损耗－功能性损$$
$$－经济性损耗 \tag{2-7}$$

（2）现行市价法需要损失资产具有充分发育交易活跃的资产市场和市场参照物、损失资产可比较指标、技术参数等资料较为充分这两个特征作为使用此方法的前提条件，具体评估方法包括采用同资产现行市价的直接法和参照类似资产市价进行调整的市场类比法两个方法。

（3）收益现值法通过估算损失资产在未来一定年份内每一年的预期收益，并按照一定的折现率折算为现值的方法来确定损失资产的价值，公式如下：

$$P = \sum_{i-1}^{n} \frac{R_i}{(i+r)^i} \tag{2-8}$$

式中，P 为收益现值，R_i 为第 i 年的收益，n 为资产使用年限，r 为折现率。

（二）间接经济损失的评价方法

近年来，基于传统的经济评估理论框架，通过数学模型来评价灾害造成的区域经济长期影响的相关技术得到了显著的发展。评估灾害间接经济损失，投入产出模型和可计算一般均衡模型是最为常见的模型框架。

（1）投入产出模型（Input-Output Model，I-O）能够反映区域经济内部的相互依存关系，从而评估灾害后长期的经济影响，可以通过改进投入产出模型对灾害的间接损失进行评估（Okuyama et al.，2014；Wilson，1982），包括滞后支出模型（LEM）、产业间时间序列模型、社会账户矩阵（SAM）和区域计量经济投入产出模型（REIM）等衍生形式。

（2）可计算的一般均衡模型（Computable General Equilibrium Model，CEG）结合了投入产出模型和线性规划模型的思路，其基本流程包括：确定分析的经济主体、设定主体的行为规则、确定主体的决策信号、设定主体间的相互作用规则、定义系统的均衡条件（Narayan，2003）。该模型可以模拟环境污染、气候变暖或灾害事件等外部冲击对经济的影响，因此逐渐成为福利经济领域和各种应用政策分析的主流模型。

由于范围识别难度、数据收集难度、验证难度和受灾后重建进程影响等因素，灾害间接经济损失的评估难度要远远大于灾害直接经济损失的评估。在目前的灾害损失评估中，更多的注意力还是被放在基础设施、房屋、建筑和人员伤亡等方面（唐彦东等，2016）。

2.2.1.2　生命价值理论

（一）基本观点

灾害造成的损失是很难用价格来反映它们的真实的价值，比如生命的损失，往往被认为是"没有价格"的，属于非经济损失。灾害损失的评估就是指以货币的形式来定义灾害所造成的损失。但是，在将损失货币化的过程中，损失资产的价格则会直接影响到损失评估的精确性和准确性。我们常说，生命无价。生命固然没有价格标签，但其价值却不容忽视。因此，灾害生命损失的评价可以从生命价值理论与方法中找到启发。

生命价值理论的起源最早可以追溯到古典政治经济学创始人威廉·佩蒂的《政治算数》（1672 年）对劳动价值的阐述和估算。生命价值理论认为，一个理性的人其生命价值可以通过统计学方法进行货币化的估值（Charles，1969；Schelling，1968；Viscusi and Aldy，2003）。影子价格理论起源于线性规划，将"在假设市场为完全竞争条件下，当某种资源每增加一个单位，目标增加一定的单位时不同的边际贡献"定义为这种资源的影子价格（Samuelson，1990）。理论上讲，影子价格是完全由市场供需状况调节的价格，比市场价格更能合理和精确反映损失的真实价值（唐彦东等，2009）。对生命价值的估价则可以参考其他非市场资产的影子价格的评估测算方法来进行。

（二）统计学生命价值的测算方法

即对生命价值的估价并对某个具体人的生命进行估价。VSL（统计学生命价值）的量化评估主要基于两大理论方法——人力资本理论（对应人力资本法，Human Capital Approach）和风险交易理论（对应支付意愿法，Wilingness to Pay Approach），图 2-3 反映了统计学生命价值主要量化方法的关系与各自特征。

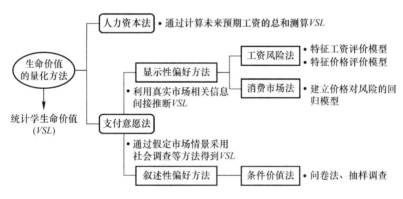

图 2-3　统计学生命价值的量化方法分类

（1）基于人力资本理论的 VSL 测算方法

采用这类方法计算 VSL 的理论基础是把人看作一种生产财富的劳动资本，其为社会创造的财富价值等于人的生命价值（Grossman，1972）。我国的工伤致死和交通事故伤亡赔偿金额的确定主要也是以人力资本法为依据计算的（彭小辉等，2014）。潜在寿命损失年法（YPLL）和伤残调整生命年法（DLAY）是对人力资本法的重大改进。达布林与艾尔弗雷德（Dublin & Alfred，1946）

将人的生命价值 VSL 视为在某个时间点（如死亡年份或特定的年份）之后人原本剩下的生命可以创造的预期收入（经过贴现计算），并给出如下计算公式：

$$VSL = PVE = \sum_{i=1}^{T} \frac{L_i}{(i+r)^i} \tag{2-9}$$

式中，PVE 为预期收入的贴现值，T 为剩余的预期生命期限，L_i 为预期劳动收入，i 为贴现率。

格罗斯曼（Grossman，1972）用一个人生产财富的多少（采用工资经贴现后的总和）来定义 VSL 并给出如下公式进行测算：

$$VSL = \sum_{i=1}^{T-t} \frac{(1 - \pi_{t+1}) Y_{t+1}}{(i+r)^i} \tag{2-10}$$

式中，t 为某人年龄，T 为退休年龄，Y_{t+1} 为在年龄 $t+1$ 时的预期收入，r 为社会贴现率，定义 π_{t+1} 为从年龄 t 到年龄 $t+1$ 时的死亡概率，其个人价值则被认为是其死亡的损失，即免于其死亡的价值可以表示为剩余的预期生命所取得的收入的贴现值在其年龄为 $t+1$ 时收入的现值。

（2）基于风险交易理论的 VSL 测算方法

采用这类方法计算 VSL 的理论基础是将个体愿意为降低一定的死亡风险所付出的成本（Wilingness to Pay，WTP）或提高一定的死亡风险而要求获得的补偿（Wilingness to Accept，WTA）定义为 VSL（Schelling，1968）。支付意愿法分为两类：叙述性偏好法（Stated Preference Theory）和显示性偏好法（Revealed Preference Theory）。

其一，显示性偏好法（也称行为调查法）是利用真实市场中的相关信息间接推断 VSL，主要包括工资风险法（Wage Risk Method）和消费者市场法（Consumer Market Method）两种。工资风险法是基于"补偿工资差值"理论，通过观察劳动力市场上劳动者对工资水平和工作风险的权衡，构建特征价格模型（Hedonic Price Model，也称为享乐主义价格模型）或其改进的特征工资模型（Hedonic Wage Model，也称为享乐主义工资模型）进行回归分析，间接测算 VSL，简化的测算公式（彭小辉等，2014）如公式（2-11）：

$$VSL = \frac{\mathrm{d}\omega}{\mathrm{d}\pi} = \frac{[u(\omega) - v(\omega)]}{[(1-\pi)u'(\omega) + \pi v'(\omega)]} \tag{2-11}$$

公式中，$u(\omega)$ 表述健康状态下当工资为 ω 时一位工人的效用，$v(\omega)$ 表示工人在死亡状态下的效用；π 表示死亡概率。

假设死亡的效用为 0，且工资全部用于消费，则可以将公式简化为：

$$VSL = \frac{\mathrm{d}\omega}{\mathrm{d}\pi} = \frac{[u(\omega)]}{[(1-\pi)u'(\omega)]} \tag{2-12}$$

消费者市场法（Consumer Market Model）是以商品市场中消费者的购买行为（如防护类用品，如安全带、头盔等，因此也被称作防护费用法）为基础的方法，其基本思想是通过观察真实世界中消费者在一定价格条件下，消费行为暴露或显示出的内在的偏好（唐彦东和于汐，2016），并通过建立产品价格对风险的回归方程，间接测算 VSL（O'Brien，2018）。

其二，叙述性偏好方法（也称意愿调查法）是通过假定市场情景采用社会调查等方法得到 VSL。条件价值法（Contingent Valuation Method）是最常见的叙述性偏好方法，其基本思想是在真实市场不存在的情况下从被调查者回答的支付意愿中得到非市场物品的价值，与显示性偏好法不同的是其数据来源于假想条件下人们的反应，1968 年首次被舍林（Schelling）应用于评估人的生命价值（Schelling，1968）。条件价值法是通过问卷方法在模拟市场中通过人群中的抽样调查，询问人们个体主观上对风险和成本/补偿的衡量，即为降低特定程度的死亡风险而愿意支付的最多数额（支付意愿，Willingness to Pay，WTP）或为提高特定程度的死亡风险而愿意接受的最小赔偿数额（受偿意愿，Willingness to Accept，WTA）来较为直接地计算 VSL，这在欧美国家应用较为广泛（Ara and Tekesin，2017；de Blaeij et al.，2003），但其结论受到问卷设计内容影响的较大。其简化的计算模型为：

$$VSL = \frac{WTP}{\Delta p} \quad \text{或} \quad VSL = \frac{WTA}{\Delta p} \tag{2-13}$$

不同的 VSL 的量化评估方法在实际研究和实践中各有利弊。人力资本法所需要的数据相对稳定，且易于收集，但主要适用于有工资收入的人群，其计算结果受到贴现率的影响；工资风险法的优点在于观察的是劳动力市场上人们的实际行为，参考意义较大，但仅适用于高风险职业劳动力市场的人群，且在测算风险—工资关系时难以排除其他因素的影响；消费者市场法也是基于对消费者在实际消费市场上对能降低死亡风险的消费品的购买行为的观察，但同样仅适用于购买了相关产品的消费者群体，且这类产品对风险降低的属性实际上难以确定；条件价值法的适用范围较广，但数据是通过模拟市场调查获得，因此也更容易出现偏差（通常计算结果较其他方法偏大）。

　　实际上，不同地区、不同研究背景以及通过不同研究方法获得的 *VSL* 的值存在很大差异。通过人力资本法测算 *VSL* 的研究在 20 世纪五六十年代在国外盛行，但由于忽略人的福利偏好、隐含高收入即高生命价值等原因，被认为低估了人的生命价值（Viscusi and Aldy，2003）。如今，工资风险法在欧美发达国家的劳动生产、环境政策、交通安全、食品医疗等领域广泛应用（de Blaeij et al.，2003；Liao et al.，2009；Madheswaran，2007；Viscusi，2012；Viscusi and Aldy，2003）；近年来，我国采用这类方法测算 *VSL* 的研究也在增加（彭小辉等，2014；杜乐佳，2017；张国胜等，2018）。采用消费市场研究数据高度依赖消费品市场的市场化和消费数据的公开程度，并默认消费者具有一定的风险认知水平并且是理性的，因此这一类方法在我国的适用面一般。由于条件价值法计算的 *VSL* 来自个体的主观权衡，其估值结果通常明显高于同一国家地区同时期通过工资风险法或消费市场法测出的 *VSL* 的估值结果（Doucouliagos et al.，2014）。同时，国内外大部分研究都表明，年龄、收入、性别等个人属性以及个人风险认知能力都对 *VSL* 有明显影响（Aldy and Viscusi，2003；Doucouliagos et al.，2014；JOHANSSON，2002；O'Brien，2018；Viscusi and Aldy，2007；Viscusi and Masterman，2017；杜乐佳，2017；秦雪征等，2010；张国胜等，2018）。我国关于 *VSL* 的探索和研究起步较晚。早期多采用人力资本法，近年来采用支付意愿法的研究逐渐增多，但 *VSL* 的计算结果均普遍远低于国外同期的研究结论。

2.2.2　灾损评估的研究进展与评估系统

2.2.2.1　地震灾害损失评估研究进展

地震灾害损失评估是政府和社会团体开展抗震救灾工作的重要依据（李玉梅等，2012）。国外地震灾害损失的研究起源于20世纪30年代美国地震保险业的基础性研究，以费雷曼（Freeman）对地震破坏和地震保险的区域损失评估研究为开端的标志（Freeman，1932）。1964年日本新潟大地震后开始了全国范围的震害预测调查研究，并建立了地震动及地形与结构损失率的关系（毕可为，2009）。20世纪70年代，惠特曼（Whitman）基于1971年圣费南多地震后的调查研究建立了建筑物破坏损失概率矩阵（Whitman，1973）；在此基础上，美国国家海洋和大气管理局（NOAA）和地质调查局（USGS）研究并建立了破坏概率与烈度关系曲线，提出城市地震灾害损失预测NOAA/USGS方法（孙龙飞，2016）。20世纪90年代，美国联邦应急管理署（Federal Emergency Management Agency，FEMA）和国家建筑科学研究所（National Institute of Building Sciences，NIBS）汇总了之前地震损失评估相关的研究成果，开发了HAZUS97和HAZUS99软件，可根据房屋、地质条件、可能的地震位置和其他社会经济数据估算潜在的地震损失，并通过地理信息系统（GIS）软件实现房屋破坏和人口影响的可视化（FEMA and NIBS，1997；毕可为，2009）；欧盟在2001—2004年开展的"地震风险评估理论在欧洲城市的应用"（Risk-UE）项目集成了地震危险性、城市基础设施分析、易损性分析方法和模型（MOUROUX et al.，2004）。此后，欧盟第六框架计划中的集成基础设施项目子课题JRA-3提出的快速地震评估法（Cagnan et al.，2008；Erdik et al.，2010）、经济合作与发展组织（OECD）提出的GEM全球地震风险评估法和Open-Quake-Engine应用平台（GEM，2009；Pinho，2010）、欧盟第七框架中的SYNER-G项目提出的城市系统内部物理易损性和社会经济易损性的方法框架（SYNER-G，2009）、Horizon2020资助开展的FEAT项目中设计的"地震机器"模拟和研究地震的物理过程及其前兆信号（European-Commission，2016）等项目，均提出了理论上或实践上的地震灾害损失的评估框架和方法。近年来，日本、美国和欧盟的许多地震灾害损失评估研究都是在政府、保险公司和跨国机构支持下开展，因此研究对象的尺度都比较大。

我国的地震灾害损失研究在 1976 年唐山大地震后被逐渐重视。1980 年开展的豫北安阳震害预测工作中，一系列针对地震灾害中建筑物损失的预估方法被提出。此后，有关地震灾害损失的研究主要从结构工程、建筑易损性等方面展开。20 世纪 80 年代，肖先光率先提出预测某城市遭遇一定烈度地震时可能损失和年平均损失期望值的方法，并基于地震影响预测对安阳市抗震防灾规划的编制提供了依据（肖先光，1987）。20 世纪 90 年代开始，我国 30 多座城市陆续完成了地震灾害预测工作，地震灾害研究的理论方法和实践工作逐渐深入（陈洪富，2012）。有关地震灾害损失评估和实践大多应用工程学方法展开：如尹之潜提出基于建筑物的地震灾害损失预测模型，根据建筑的材料、结构、高度和设计规范等属性进行分类，通过精简分析法、解析易损性法等方法对易损性曲线和震害损失矩阵进行拟合，并结合地震动强度的分布规律和不同建筑类型的分布情况来预测房屋破坏的数量和经济损失情况（尹之潜，1995；1996；尹之潜等，1990）；陈棋福等根据全球大地震灾害损失数据建立的地震动－GDP 关系，构建的大尺度空间的地震损失评估模型（毕可为，2009；陈棋福等，1999）；侯爽等和侯爽等学者以结构易损性分析为基础提出的地震经济损失评估方法（郭安薪等，2007；侯爽等，2007）。2008 年汶川大地震后，我国的地震灾害风险研究和灾害损失研究都进入一个新的高峰，统计学、保险业、灾害学等专业领域的专家都开始了对地震灾害损失问题的关注：如黄敏等对地震灾害损失评估进行了统计学方法的思考并提出了综合震害系数、资产损失系数和地震经济损失评估模型等方法（黄敏等，2009；李玉梅等，2012）；城市区域尺度上，毕可为从群体建筑的易损性分析出发提出的地震损失快速评估方法（毕可为，2009）；马玉宏等基于地震危险性特征分区构建的建筑物地震保险费率模型（马玉宏等，2009）；基于建筑物易损性分类的群体震害预测方法（胡少卿等，2010）；基于大量地震损失数据构建的地震损失超概率曲线模型（许闲等，2013）和地震经济损失的随机权神经网络模型（谢家智等，2017）；孙龙飞以建筑工程数据为基础提出适用于我国的地震直接经济损失评估模型（孙龙飞，2016）；张加庆等在云计算平台下，提出基于大数据的地震损失价值评估模型设计，对模型 HAZ-China 大数据的服务层次、地震应用服务层以及 HAZ-China 大数据体系结构进行设计，实现具有较高精度和稳定性的地震损失价值评估（张加庆，2018）。

减少地震造成的人员伤亡一直以来都是防灾减灾工作的首要目标。随着社会生活的不断发展和文明程度的不断提高，人们对生命价值的尊崇达到了前所未有的程度。部分学者从时间进程角度研究了死亡人数随时间变化的关系并提出指数模型（刘倬等，2005）、多项式模型（高建国等，2005）和动态伤亡指数模型（赵振东等，1999a；b）。进入 21 世纪以来，地震中生命损失评估的研究在系统、模型和预测方法方面都得到了进一步更新和发展（刘桂萍等，2015；吴新燕等，2014）：如包含震级、人口密度等指标的地震伤亡评估模型（Badal et al.，2005）；包含 HAZUS 能力谱法进行结构损失分析、基于建筑结构易损性曲线构建的建筑物倒塌造成的地震人员损失半经验化模型和基于历史经验数据建立的人员伤亡回归模型的 PAGER 系统（Jaiswal et al.，2011）；通过加权系数构建的死亡人数与震级、烈度关系曲线（施伟华等，2012）；通过线性回归方法建立的伤亡与房屋破坏面积关系模型（高惠瑛等，2010）；基于国内生产总值和人口数据等宏观经济指标的人员伤亡评估模型（陈棋福等，1997；黎江林等，2011；王晓青等，2009；王晓青等，2006）；地震灾害死亡率与地震断层距离关系曲线（徐超等，2012）；基于情景分析、运用信息扩散理论建立的地震人员死亡快速评估模型（张晓雪等，2018）。

地震烈度越大，震亡数量比例越大（Nichols and Beavers，2003；李永强，2009）。基于历史地震的统计和研究表明：地震活动、震区地质地貌条件、地震烈度、断裂带位置（距离）、地震发生时间、当地人口密度、建筑物结构类型等因素都与地震灾害造成的生命损失显著相关（傅征祥等，1994；郭安薪等，2007；胡聿贤，1988；刘桂萍等，2015；习聪望，2016；许立红，2016；尹之潜，1992；1996；邹锟等，2008）。国内外许多关于地震影响的研究和伤亡人口社会学特征分析均显示：建筑物破坏倒塌是造成人员伤亡的最主要原因，而被倒塌的建筑物压埋致死或被坠落的物体砸死的人员数量在年龄上则呈现出"低龄与高龄双高峰分布"的特征，即未成年人与老人在地震中死亡率分别随年龄的增加而递减和递增；同时成年人受教育程度与在地震中的死亡率也呈现负相关（Armenian et al.，1992；Chou，2004；Doocy et al.，2013；Eberhart-Phillips et al.，1994；Liang et al.，2001；Liao et al.，2003；Parasuraman，1995；Pawar et al.，2005；Peek-Asa et al.，1998；Sullivan and Hossain，2010；Tanida，1996；Yu，2004；贾燕等，2004；李永强，2009；李永强等，2011；王中山，1989；徐超等，2012；许立红，2016；张金水等，2010；邹锟等，2008）。但是，鲜有学者在研究中将震害伤亡损失与经济损失放在一个维度中进行评价。生命无价，因此生命的损失更应当受到重视。然而有关统计学生命价值（VSL）在灾害中的损失评价研究目前还由于技术上或伦理上的原因而存在一定的空白。

2.2.2.2　洪涝灾害损失评估研究进展

洪灾损失评估是指对洪水灾害给人类生存和发展造成的破坏和影响程度的定量评估（傅湘等，2000），是城市防洪减灾工作的基础。20世纪六七十年代开始，随着洪水保险业务的推进，美国、日本等国的洪涝灾害损失评估研究取得了快速发展（冯民权等，2002；李观义，2003）。很多发达国家都逐步建立了完整的灾损数据库（石勇等，2009）。各地区社会经济数据库的建立和各类财产损失率曲线等评估模型的建立使得洪涝灾害损失可以在灾后较快被评估。因此，灾损曲线法在洪涝灾损评估中发展迅速（Chinh et al.，2017；Diakakis，2016；Mcbean，1988；Merz et al.，2004；Meyer et al.，2009）。美国学者绥吉斯（Suijit）等拟合六种不同财产的经济损失曲线，提出非传统水深损失曲线（Sujit and Lee，1988）、加拿大学者爱德华（Edward）等根据访问调查资料数据构建了财产—水深—损失函数关系模型（Mcbean，1988），以及根据对泰国曼谷住宅区、商业区、工业区和农业区进行的调查结果得出了洪灾损失和淹没水深、淹没时长的函数关系（Tang et al.，1992）。杜塔（Dutta）等构建了一个基于物理空间的分布式水文模型和基于网格的分布式洪水损失估计模型的集成模型，并在 GIS 中模拟洪水扩散造成的综合损失（Dutta et al.，2003）。卢伊诺（Luino）等利用水利模型模拟的山洪事件数据，构建了基于 GIS 的洪灾后果评估模型（Luino et al.，2009）。米德尔曼—费尔南德斯（Middelmann-Fernandes）强调了灾损曲线直接评估有形资产损失成本的重要性，并利用阶段灾损函数和速度阶段灾损函数分别估计和对比了西澳大利亚地区的洪涝损失（Middelmann-Fernandes，2010）。曼奇尼（Mancini）等在水工模型集成的基础上，结合了事前损伤评价模型和基于"阶段破坏曲线"定义的住宅建筑不同类型的新洪水预期年损（EAD）事前评价综合模型（Mancini et al.，2017）。在对灾害经济损失的评价和对灾损曲线的拟合中，可计算的一般均衡模型（Computable General Equilibrium）、投入—产出模型（Input-Output，IO）及其他经济计量模型在这一领域被广泛应用（Avelino and Dall'Erba，2018；Okuyama，2007）。

我国洪涝灾害损失的定量化研究起步较晚。20 世纪 90 年代初，文康等对各类资产的洪灾损失特点、灾损评估原则和方法进行了定性介绍（文康等，1997），陈丙咸等基于 GIS 的洪涝数字模拟提出了洪灾损失评估模型，定量化研究了洪涝灾害损失（陈丙咸等，1996）。进入 21 世纪，一系列关于区域洪灾损失评估的方法和模型被提出，如基于 GIS 平台开发的上海市洪涝灾害评估损失系统（王艳艳等，2001）、基于采用 BP 神经网络结构构造的洪涝灾损计算的人工神经网络建立的流域洪涝灾损快速评估模型（黄涛珍等，2003）、基于全面灾情信息构建的可用于趋势分析的洪灾经济损失度指数模型（陈香，2007）、基于主成分分析法、适用于较大尺度空间单次洪灾损失的加权评价模型（李琼等，2010）、根据小尺度内涝损失调查数据建立的超概率损失曲线（尹占娥等，2010）、洪涝灾害间接经济影响的动态可计算一般均衡模型（曹玮，2013）、考虑环境变化的暴雨和潮位的联合风险概率模型（徐奎，2014）、基于 DEM 的洪水演进模型和社会经数据空间化模型的各种土地利用类型的洪灾损失评估模型（杨建朋，2014）、以汛期降水量作为自变量的水害损失函数模型（陈敏建，2015）、通过客观汛期降水量和实际灾害调查数据构建的长三角水害损失函数曲线（涂娉杰，2017）、基于降雨产流模拟和最大滞留水量的淹没分析构建的洪水淹没损失分析模型（吴志宜，2017）等。

　　在洪涝灾害损失研究中，承灾体易损性（脆弱性）是主要的研究内容（傅湘等，2000），其研究方法包括灾损曲线法、多准则指标体系评价法以及两者结合的方法。易损性（脆弱性）分析通常与危险性分析、暴露性分析综合形成 H-E-V 城市洪涝风险的评估框架。其中，仅采用指标法的洪涝灾害研究无法得到定量化的损失值作为评估结果的形式（Araya-Munoz et al.，2017；Fekete et al.，2017；Li et al.，2016；Zonensein et al.，2008）；灾损曲线法的应用可以比较直观地获得定量化的洪涝损失值（Chinh et al.，2017；Diakakis，2016；Meyer et al.，2009；Zhou et al.，2012；陈丙咸等，1996；陈敏建，2015；尹占娥等，2010）。灾损曲线法是指通过建立淹没深度与不同建筑物或土地利用类型损失值之间的函数关系，将不同建筑或土地利用类型在洪涝实践中的损失值进行货币形式的定量化，需要根据洪涝实际损失统计数据通过数学计算构建（张会等，2019）。随着数据挖掘技术的发展，淹没时间、流速、建筑类型、建筑质量等更多变量也被考虑到洪涝灾损曲线的研究中（Kreibich et al.，2017；Merz et al.，2004）。

2.2.2.3　自然灾害损失评估系统

　　对灾害损失的定量化预评估的研究手段主要包括历史经验数据归纳和计算机数值模拟两大类。随着计算机技术的发展，地震灾害损失评估工作的开展离不开各类评估软件的发展与应用，多数方法与模型都依托 ArcGIS 软件的工作平台进行空间分析与结果的可视化处理。下表整理了国内外较为成熟的主要灾害损失评估系统（表 2-8）。

国内外灾害损失评估系统　　　　表 2-8

名称	机构	对象	技术特色
HAZUS（美国灾害损失评估系统，FEMA and NIBS，1997；Schneider and Schauer，2007）	美国联邦应急管理署（FEMA）、美国国家建筑科学研究所（NIBS）	地震、洪水、飓风等灾害损失	基于 GIS 平台的多灾害作用损失评估系统，根据本土专家经验确定分析参数
ELER（Earthquake Loss Estimation Routine，地震损失评估程序）（Hancilar et al.，2010）	NERIES 项目组	快速地震损失	采用 MATLAB 开发，集成了投入产出法等全球比较认可的理论模型和多级评估方法
PAGER（Prompt Assessment of Global Earthquake for Response，全球地震快速评估响应）（Jaiswal et al.，2011）	美国地质调查局（USGS）	快速地震损失	含三种人员伤亡模型；可与 HAZUS 的模型结合使用
Open-Quake-Engine（开放地震引擎，Silva et al.，2014）	经济合作与发展组织（OECD）	地震损失	基于 Web 的风险评估平台，可设定风险、概率地震等来评估一定时间跨度下的人员伤亡和经济损失
TELES（Taiwan Earthquake Loss Estimation System，中国台湾省地震损失评估系统）（Yeh et al.，2006）	地震工程研究中心（NCREE）（中国台湾省）	地震损失	以 HAZUS 为基础用 Visual C++ 和 Map Basic 语言进行开发，融合中国台湾省当地的地理和经济特点
HAZ-China（中国地震损失评估系统，陈洪富，2012）	中国地震局工程力学研究所	地震损失	基于 WebGIS 平台，包括震害预测、现场损失评估、应急指挥、灾后考察与恢复四大模块

2.2.3　灾害损失评价方法与应用现状

灾害损失评估方法主要包括现状易损性评估、统计数据建模分析、遥感影像识别和灾害现场抽样调查等几大类，其中，易损性评估和统计数据建模分析主要用于灾前损失的预评估和预测，遥感影像识别和灾害现场抽样调查主要用于灾害发生后的损失评估，而基于历史灾害损失数据和社会经济统计数据的统计模型方法也被用于间接和长期灾害影响的分析中。这里主要以地震和洪涝灾害为例，对直接经济损失和人员伤亡损失的评估方法进行梳理和总结。

2.2.3.1　直接经济损失的评价方法

（一）地震灾害直接经济损失的测度方法

现阶段，国内外常见的地震直接经济损失评估主要有建筑易损性分析、宏观社会经济指标分析、现场抽样调查（见《地震现场工作第 4 部分：灾害直接损失评估》GB/T 18208.4-2011）、遥感影像识别（陈鑫连等，1996；孙振凯等，2000）和统计模型（黄敏等，2009；李玉梅等，2012）等几类方法。其中，现场抽样调查、遥感影像识别和统计模型方法主要被用于震后经济损失排查和评估，在此不作赘述，而本书关注的是灾前的损失预评估，因此，这里仅对地震直接经济损失预评估方法进行综述。

（1）基于建筑易损性分析的地震直接经济损失预评估

《地震现场工作第 4 部分：灾害直接损失评估标准》GB/T 18208.4-2011 中对地震直接经济损失有如下定义："地震造成的房屋和其他工程结构、设施、设备、物品等物项破坏的经济损失。"尹之潜在《地震灾害及损失预测方法》一书中系统介绍了如何根据对建筑材料、结构、高度和设计规范等属性的分析，构建建筑物的易损性曲线或震害矩阵，并结合地震动强度分布规律和建筑分布情况等数据对不同建筑类型在不同地震动强度下房屋破坏的数量和相应的经济损失情况进行预测（尹之潜，1996）。美国政府组织 FEMA 和 NIBS 开发的 HAZUS97 和 HAZUS99 软件，也是根据房屋、地质条件、可能的地震位置和其他社会经济数据对潜在的地震经济损失进行估算。基于 GIS 的损失评估、基于 BP 神经网络和改进的 RBF 神经网络的损失评估方法等都是基于这类方法开展（孙龙飞，2016）。毕可为以构造柱的砌体结构为例，采用峰值加速度作为地震动输入，对群体建筑的易损性研究，提出了基于群体建筑易损性分析的地震快速评估方法及相关参数的确定方法（毕可为，2009），模型如下：

$$L_k = \sum_a \sum_j P(a)P_k(D_j \mid a)b_k(D_j)B_k$$
$$+ c_k(D_j)C_k + d_k(D_j)D_k \qquad (2\text{-}14)$$

式中，L_k 为设计基准期内 k 类建筑的期望直接损失值，$P(a)$ 为地震动发生强度 $A=a$ 的概率，由地震危险性分析的结果得到；$P_k(D_j \mid a)$ 为在地震动水平 $A=a$ 下发生第 j 级破坏的条件累加概率，由地震易损性分析得到，$b_k(D_j)$ 为 k 类建筑在 j 级破坏的损失率，B_k 为 k 类建筑的总价值；$c_k(D_j)$ 为 k 类建筑在 j 级破坏时室内外财产的损失率，C_k 为 k 类建筑室内外财产的总价值；$d_k(D_j)$ 为 k 类建筑在 j 级破坏时装修费用的损失率；D_k 为 k 类建筑装修费用的总价值。

（2）基于宏观社会经济指标分析的地震直接经济损失预评估

以全球大地震灾害损失数据资料为基础，陈棋福等研究并构建了大尺度空间的地震动—GDP 损失评估模型，用于根据宏观社会经济指标来预测地震灾害损失（毕可为，2009；陈棋福等，1999），模型如下：

$$LOSS = \sum P(I)F(I,GDP)GDP \qquad (2\text{-}15)$$

式中，$P(I)$ 为区域遭遇烈度 I 地震的概率，$F(I, GDP)$ 为该地区遭遇烈度 I 地震时 GDP 的损失值。这一方法模型以大样本资料的分析为基础，多用于全国、全球大尺度的损失评估，空间上精度较低。刘吉夫基于我国地震灾损调查数据建立了较小尺度的宏观社会经济易损性分析方法，适用于乡、县尺度，模型如下：

$$MDF = C \times A \times I^B \qquad (2\text{-}16)$$

式中，MDF 为 GDP 的损失率；C 为修正系数；A、B 表示震害调查统计的回归系数；I 为地震烈度。

上述两类地震直接经济损失预测方法综合来看，各有优缺点。建筑物易损性分析方法可以在分析和掌握现有评估单元中根据建筑结构分布特征和各建筑结构类型现有的易损性规律进行震害经济损失的预测，其计算结果的精度主要依赖于不同结构建筑物震害矩阵或易损性曲线的精度，涉及对城市群体建筑结构的排查和分析，需要的基础资料种类繁多、数量较大，地域差异明显，调查量和工作量都巨大。社会经济指标分析方法数据来源清晰、计算过程简单，但对地区受灾情况的预估在空间上精度较低，无法科学指导防灾规划和应急救灾策略的制定。因此，可以在参考已有的震害经验资料或建筑结构震害实验结果等形成的破坏概率取值、脆弱性方程等的基础上，采取类比的方法，对城市建筑震害损失情况进行预估。

（二）洪涝灾害直接经济损失的测度方法

目前，灾害损失的定量化评价的研究主要包括基于历史经验灾损数据的灾损函数构建与基于计算机软件的灾情模拟两种途径。

（1）洪涝灾损函数的构建

现阶段，国外常见的洪涝经济损失评估方法有可计算的一般均衡模型（Computable General Equilibrium）、投入—产出模型（Input-Output，IO）及其他经济计量模型（Avelino and Dall'Erba，2018；Okuyama，2007）。由于暴雨洪涝灾害发生的时空复杂性、灾害损失的基础调查资料比较少、部门资料调查存在交叉和空白等原因，投入—产出模型、可计算的一般均衡模型在灾害风险的预估研究中使用较少，没有权威的洪涝灾损灾前评估方法被普遍采用，并应用于城市综合防灾规划研究中。

灾前预评估主要是估算不同重现期洪涝情况下潜在的淹没范围，并根据区域内的社会经济情况对洪涝发生可能带来的损失进行测算。因此，建立简便有效的洪涝灾害直接经济损失评估方法，对潜在的洪涝影响进行准确的灾前损失预估，对城市洪涝管理和综合防灾减灾规划研究十分必要。

洪涝损失通常可以借助损失函数来描述。洪灾损失率是描述洪涝灾害直接经济损失的一个相对指标，它的确定是计算洪灾经济损失的关键。一般基于典型调查分析，主要通过调查本地以往的灾害损失情况用统计计量方法将淹没水深等因素与灾害损失进行关系曲线的拟合，建立不同淹没水深情况下各种承灾体的损失函数，或参考其他地区的洪涝损失函数并根据本地情况进行调整（冯民权等，2002）。以下整理了目前比较常用的损失函数包括财产损失率模型和平均损失率模型（表2-9）：

洪涝直接经济损失的灾损函数比较

表2-9

损失函数	公式	参数含义	说明
财产损失率模型	$$L = \sum_{i=1}^{n} \sum_{j=1}^{m} \mu_{ij} W_{ij}$$	L—洪涝直接经济损失 μ_{ij}—第 j 级灾损区域下第 i 种资产损失率的大小 W_{ij}—第 j 级灾损区域第 i 种资产的灾前价值 n—资产种类 m—淹没水深等级	模型参数 μ_{ij} 计算量大，且只考虑淹没水深因素。该方法需要基于较为全面的灾损数据库开展，实际可操作性不强
平均损失率模型	$$Y = \frac{L'}{A'}$$ $$L = A \times Y \times (1+k)^n$$	Y—典型洪灾人均损失率 L'—典型洪灾经济损失 A'—历史基准洪灾受灾人口 A—洪灾受灾人口 k—物价上涨率 n—距调查历史洪灾的年数	对典型地区某次历史洪灾损失进行测算，采用某一价格水平的人均损失或地均损失来预估相似地区的洪涝经济损失（考虑物价上涨因素）。对洪灾损失的影响因素考虑不全，但简单易操作
	$$W = \frac{L'}{B'}$$ $$L = B \times W \times (1+k)^n$$	W—典型洪灾的地均损失率 L'—典型洪灾经济损失 B'—历史基准洪灾受灾面积 B—洪灾受灾面积 k—物价上涨率 n—距调查历史洪灾的年数	

（2）基于计算机软件的灾情模拟

随着计算机技术的发展，将流域看作一个系统，通过输入降雨量、流域地表特征等数据资料，可以对洪涝灾情进行模拟，常见的模型有新安江模型，SAC模型，TOPMODEL模型、SWAT模型等（范晨璟，2016）。由于计算洪灾损失的函数都需要直接或间接地淹没灾情数据（如淹没水深、受灾人口、受灾面积等），通过水文模型估算不同降雨量情景下的淹没情况是灾情模拟和计算洪灾损失的基础。

在较大面积的环境中，20 世纪 50 年代由美国农业部开发的 SCS-CN（Soil Conservation Service Curve Number，水文模型：径流曲线数水文模型）水文模型可以根据地势、地形、土壤类型、土地利用类型等因素计算地表的透水渗水能力，从而了解降水对地表径流的关系。该模型在全世界范围内被广泛应用（Mishra and Singh，2003）。这一模型的假设基础是：集水区的实际入渗量与实际径流量之比等于集水区该降雨前的潜在的最大渗流量与潜在径流量之比（Mishra and Singh，2003）。公式表达如下：

$$\frac{F}{Q} = \frac{S}{Q_m} \tag{2-17}$$

$$Q_m = P - I \tag{2-18}$$

$$I = \gamma * S \tag{2-19}$$

$$Q = \begin{cases} \dfrac{(P-I)^2}{P+S-I}, & P \geqslant 0.2S \\ 0, & P < 0.2S \end{cases} \tag{2-20}$$

式中，F 为集水区的实际入渗量（单位：mm）；Q 为实际径流量（单位：mm）；S 为潜在的最大渗流量（单位：mm）；Q_m 为潜在净流量；P 为降雨总量（单位：mm），I 为径流产生前由于植物截留、填洼蓄水和初渗等原因构成的初损量；γ 为区域参数，根据下垫面性质和气候因子取值。

相关研究中，通常规定初损量 I 为该场降雨前潜在入渗量的 0.2（张改英，2014），即 γ 通常取 0.2。最大渗流量（S）可以通过径流曲线系数 CN 确定，国际上通用的换算公式为：

$$S = \frac{25400}{CN} - 254 \tag{2-21}$$

SCS-CN 水文模型的计算过程可以在 ArcGIS 软件中完成，并模拟降雨后径流与滞留面积——即潜在的淹没范围，从而进一步研究其对城市的潜在影响（丁锶湲，2018；张改英，2014）。这一水文模型的优势是可以根据不同土壤类型选择不同的 CN 系数，运算得到流量过程线，从而科学地模拟流域范围内的洪涝淹没范围和深度。

2.2.3.2 非经济损失的评价方法

（一）地震灾害伤亡人数（死亡率）的评估方法

人员伤亡评估是灾害应急工作中最重要的内容之一。从研究方法上看，地震人员伤亡数量的评估和预估方法主要分为三大类，一是从历史地震伤亡统计数据出发，以地震烈度为参数通过统计回归模型得到人员伤亡人数或伤亡概率公式和系数；二是从建筑物地震易损性角度出发，以房屋破坏率或倒塌数为参数，根据人口分布情况建立伤亡模型；三是采用灰色系统、模糊数学方法、层次分析法、BP 神经网络法、最大似然法等数学方法构建地震人员伤亡概率预测模型。

从研究结论上看，通常情况下，地震烈度越大，房屋破坏状态越严重，震亡人数的比例越大（Nichols and Beavers，2003；李永强，2009）。已有的研究表明：地震活动、震区地质地貌条件、地震烈度、断裂带位置（距离）、地震发生时间、当地人口密度、建筑物结构类型等因素都与地震灾害造成的生命损失显著相关（傅征祥等，1994；郭安薪等，2007；胡聿贤，1988；刘桂萍等，2015；习聪望，2016；许立红，2016；尹之潜，1992；1996；邹锟等，2008）。其中，建筑物的破坏和倒塌通常是地震中造成人员伤亡最主要的原因；而地震中死亡人数与倒塌的建筑物数量呈现较好的一致性。以下整理了国内外研究中比较成熟震亡人数或震亡概率模型（表 2-10）。

地震死亡人数/死亡率模型　　　　　　　　　　　　　　表 2-10

地震死亡人数/死亡率模型	参数含义	备注	文献
$ND = 10^{-2} \times NBD_c^{1.8} \times f_B \times f_{td} \times f_{sp}$	ND—某地区死亡人数估值 NBD_c—建筑物倒塌数量 f_B、f_{td}、f_{sp}—房屋类别修正系数、时间段修正系数、灾害规模修正系数	给出不同倒塌率情况下 f_{sp} 的取值	（刘锡荟等，1985）
$ND = 10^{-2} \times NBD^{1.3}$	ND—某地区死亡人数估值 NBD—建筑物倒塌数量	仅考虑建筑物倒塌数作为影响因子	（Okada，1992）

地震死亡人数/死亡率模型	参数含义	备注	文献
$\log RD = 12.479A^{0.1} - 13.3$ $ND = A_1 \times RD_1 \times \rho + A_2 \times RD_2 \times \rho + A_3 \times RD_3 \times \rho$	RD—死亡比 ND—某地区死亡人数估值 A—房屋毁坏比 A_1、A_2、A_3 分别为毁坏、严重破坏和中等破坏的面积 ρ—单位面积的平均人数	以房屋毁坏情况和人员密度为主要依据	（尹之潜，1992）
$\log_{10} RD = 9RB^{0.1} - 10.07$ $ND = f_t \times f_\rho \times RD \times M$	RD—死亡率 RB—房屋倒塌率（倒塌面积与全部建筑面积之比） ND—某地区死亡人数估值 f_t—地震发生时间修正系数 f_ρ—地区人口密度修正系数 M—地区总人数	给出地震发生时间修正系数 f_t（随着烈度增大，夜晚地震与白天地震的死亡率差别减小）和地区人口密度修正系数 f_ρ 取值表	（马玉宏等，2000）
$\log N_k(D) = a(D) + b(D)M$	M—震级 D—人口密度 $a(D)$、$b(D)$—平均人口密度的回归参数 $N_k(D)$—K 地的死亡人数估值	研究针对不同人口密度范围给出了参考的 a（D）、b（D）取值	（Badal et al.，2005）
$M = 0.08 exp(2.97 - 0.0097d)$	M—死亡率 d—到断层的距离（m）	利用 Chi-Chi 地震受害者属性数据库研究近断层地区的人类死亡率	（Pai et al.，2007）
$RD(I，GDP)$ $= \begin{cases} 6 \times 10^{-13} I^{9.849}, \\ \quad 人均GDP < 2700 \\ 9 \times 10^{-17} I^{14.977}, \\ \quad 人均GDP \geqslant 2700 \end{cases}$	$RD(I，GDP)$—不同烈度地震（I）造成的人员死亡率	采用我国 2004-20086 年 207 个破坏性地震损失调查分析得到	（王晓青等，2009）

（二）洪涝灾害伤亡人数（死亡率）的评估方法

洪水造成的生命损失同样不容忽视，特别是沿海洪水（如海啸）在这方面更具有灾难性。下表整理了在全球范围内不同洪水类型的典型事件特征和平均洪水死亡率（表 2-11），随着洪水影响程度的加重，疏散难度增加，平均死亡率的数量级也不断增大（Jonkman and Vrihling，2008）。大多数针对历史洪水灾害生命损失的研究表明，洪涝灾害造成的潜在生命损失的大小主要取决于两方面，一是洪水事件本身的特征，二是灾害预警的有效性（潜在受影响地区的人员提前疏散）（Jonkman，2014）。关于洪水灾害导致的死亡人数的评估研究主要分为微观尺度和宏观尺度两类：微观尺度的方法注重个体的情况与行为，考虑洪水对人的影响的参数值随着洪水事件的演变而变化，因此模型也需要考虑每个评估单元中人员撤离数量的变化（Aboelata，2005；Johnstone et al.，2006）；宏观尺度的方法关注整个区域的人口特征，通常基于决定死亡人数的最重要的因素进行分析，如洪水深度、流速、人口特征、报警时间等，主要参数一般通过专家判断或当地历史数据确定（Aboelata et al.，2003；Di Mauro et al.，2012；Koshimura et al.，2009）。

不同类型洪水事件的全球平均死亡率数量级　　　　表 2-11

洪水类型	影响的严重程度	疏散难度	全球死亡率（从大到小顺序）
海啸			0.1
溃坝	严重	有困难	0.01
山洪	↑	↑	0.001
其他沿海洪水（不含海啸）			0.0001
河流洪水	不严重	有可能的	
内涝			

注：这里洪水灾害的死亡率定义为死亡人数与受灾人数的比值。

　　目前，世界各地在沿海洪水、溃坝和内陆洪水领域的生命损失评估方法主要从淹没（倒塌）建筑物面积、堤防破坏情况、洪水规模（水深、面积）、疏散情况等方面的影响因素展开，构建死亡率（死亡人数）与部分影响因素的函数。博伊德（Boyd）基于美国新奥尔良 1965 年的贝齐（Betsy）飓风事件中与洪水直接相关的 51 人死亡的数据，提出了死亡率与风暴潮高度的线性关系（Boyd et al.，2005）；在 2005 年卡特里娜飓风引发新奥尔良大洪水后，机构间绩效评估工作组（Interagency Performance Evaluation Taskforce，IPET）提出了基于区域划分的飓风—洪水死亡率估测方法。首先，将飓风暴露人口分配到 3 个区域（撤离区域、安全区域、受损区域，每个区域分别有确定可估的死亡率值）；其次，将各地的洪水深度、建筑高度和人口年龄构成等数据用于确定这三类区域中的人口分布（IPET，2007）；瓦茨（Waarts）根据荷兰 1953 年北海风暴潮引起的大洪水死亡数据（1853 人死亡），构建了洪水死亡率与洪水深度的一般函数关系（Waarts，1992）；弗鲁温雅尔德（Vrouwenvelder）和斯汗霍斯（Steenhuis）考虑了洪水中的建筑物的倒塌比例、附近死亡人数比率、其他因素造成的死亡率以及受灾人口的疏散率等因素，并结合当地居民人数，构建出总死亡人数的预测模型（Vrouwenvelder and Steenhuis，1997）；翟国方等分析了日本洪水的数据，得出了受洪水影响的住宅建筑的数量与洪水造成的生命损失之间的函数关系，研究显示，死亡事故主要发生在 1000 多栋建筑物被淹没后，并随着淹没建筑物数量的增加而增加（Zhai et al.，2006）。下面整理了上述研究方法中提出的计算公式和参数内涵（表 2-12）。此外，还有一些学者从人类在流动的洪水中的不稳定性角度出发，基于水流速度、洪水深度、身高、体重等方面的数据进行建模，提出了洪水灾害的生命损失的估算方法（Abt et al.，1989；Pereira et al.，2017）。然而，对洪涝灾害伤亡人数的评估和分析研究主要以灾后针对某次大型洪水事件或几次洪水事件中生命损失的特征及其影响因素的研究为主，由于重大洪涝灾害的特殊性，因此，对于灾害发生前的生命损失的预评估方法往往很难具有普适性。

洪水灾害的死亡人数/死亡率模型　　　　　表 2-12

死亡人数/死亡率模型	参数含义	备注	文献
$F_D = 0.304.10^{-5}h$	F_D—死亡率 h—风暴潮高度	用于拟合死亡率模型的数据有限	（Boyd et al.，2005）
$F_D(h) = 0.665 \times 10^{-3} e^{1.16h}$ $F_D \leqslant 1$	F_D—死亡率 h—风暴潮高度	适用于沿海洪水与河流洪水的死亡率	（Waarts，1992）

死亡人数/死亡率模型	参数含义	备注	文献
$ND=(F_O+P_BF_R+P_SF_S)$ $\times (1-F_E)N_{PAR}$	ND—某地区死亡人数估值 F_O—其他因素导致的死亡人数 P_B—住宅区附近堤防破坏概率 F_R—建筑物的倒塌比例 P_S—风暴概率 F_S—受风暴影响的建筑倒塌比例 F_E—受影响人口的疏散率 N_{PAR}—居民人数	沿海洪水的风暴概率 P_S 取值为1，河流洪水的风暴概率 P_S 取值为 0.05；F_R 和 F_B 的取值不是根据历史数据分析得到，而是根据专家判断进行取值	(Vrouwenvelder and Steenhuis, 1997)
$\log_{10}(L)=a\times\log_{10}(H)-b$ $R=\dfrac{H^{a-1}}{n\times 10^b}$	L—伤亡人数 H—洪水淹没建筑物数量 a—斜率 b—截距 R—伤亡比例 n—每栋建筑中的居民人数	在淹没建筑数量超过一定分界点后，伤亡人数与淹没建筑数量的关系	(Zhai et al., 2006)

2.3　小结与展望

　　本章通过对自然灾害风险评价研究和自然灾害损失评估研究中相关的理论、方法、模型、系统及国内外研究进展进行综述，为本书对理论框架的设计和方法模型的构建提供思考与借鉴的平台。这里对前人研究中存在的不足进行梳理和当前相关领域的研究趋势梳理如下。

2.3.1　探索多学科方法在灾害风险评估领域的应用

　　自然灾害的发生无法避免，它总是不定期以各种形式影响着人类的生产和生活。自然灾害风险评估是灾害风险研究的核心，也是风险管理的重要内容。科学分析一种或几种灾害的发生对地方经济、社会和环境带来的潜在影响、风险等级排序及空间分布，可为城市空间发展提供可持续性和安全性方面的参考。各国对自然灾害问题的系统研究普遍始于本国或当地某次大型自然灾害的发生。从国内外研究进程和主体上看，美国、日本等国家对灾害损失曲线和灾害风险综合评估的研究均起步较早，随着灾害保险业务的兴起而发展，多为以地方政府、保险行业、金融机构或跨政府机构组织为主体开展灾害风险评估的研究和实践，相关风险评价模型和技术手段较为成熟。相对完整、公开的地区社会经济数据、行业财产损失数据等基础资料数据库的构建，有助于学界推动财产损失率曲线（易损性曲线）的研究及其他进一步完善经济计量模型的灾害风险和灾害损失评估方法，从而有效提高灾前灾损和风险的预评估研究的有效性，进而能够在实践中指导防灾减灾规划和建设工作的开展。

我国灾害风险的现代科学研究相对起步较晚，当前，从灾害系统理论出发对致灾因子、孕灾环境和承灾体分别建立评估模型仍是自然灾害风险评估的主要方式，如从灾害成因、自然条件、社会经济、防灾工程等角度模拟和预估灾害发生的概率及其可能的影响程度。过去，由于历史灾害损失调查统计数据库的不完善和不公开问题，大尺度或精细化的灾损曲线和理论模型研究受到影响，发展相对滞后。1998年的南方洪水和2008年的汶川大地震后，以洪涝和地震为代表的灾害损失评价和风险评估定量研究在我国进展明显加速。近年来，计算机技术的突破和多学科交叉研究的兴起，使得神经网络模型、大数据结构模型、信息扩散模型、动态可计算一般均衡模型、联合风险概率模型等一系列其他学科的模型和方法在灾害风险评估研究领域中被不断改进和应用。

2.3.2 强化灾害风险中损失的生命价值研究

生命的损失，属于非经济损失。死亡人数在灾害等级的评价中是无法避免的一个指标。一个人的生命值多少钱，固然没有被贴上价格的标签，但任何人、任何研究、任何制度都不能否认生命的价值。因此，在灾害损失和灾害风险评价的研究中，"生命的价值"这一概念不容忽视。

然而，自然灾害背景下，将人员伤亡影响与灾害经济影响置于同一维度进行分析的模型非常少。特别是以往在开展多灾种风险评估时，伤亡人数一直是灾害等级评估中无法避免的一个指标，而生命损失的货币化议题由于存在一定伦理上的争议，反而在"风险的综合"过程中被模糊带过，仅用人口密度、经济量等承灾体脆弱性指标来表示。现阶段，国内外绝大多数针对地震人员伤亡损失的研究仅止步于预期死亡率或预期人员伤亡数量的模型构建。对灾害损失程度的定义和评价始终存在经济损失和人员伤亡数量两个维度，生命价值理论与灾害损失和风险评价研究尚未有效衔接。在自然灾害背景下将人员伤亡损失与灾害经济损失在同一维度下进行测算和评价的研究非常少。一方面，在以往的灾害风险评价中，生命的损失由于难以货币化到与财产损失统一的维度中，容易被忽略；另一方面，在灾害中的损失评价研究目前还由于技术上或伦理上的原因仍然存在一定的空白。

环境经济学的生命价值理论中，统计学生命价值（VSL）的概念及其计算方法或能成为生命损失研究与灾害风险评价研究的重要衔接点。将灾害中生命折损所造成的价值流失，这一重要的非经济损失通过科学、严谨和合理的方法进行量化，并与经济损失实现数学维度上的统一，可以成为灾害风险研究的新方向，这将有助于人们对灾害风险的全面理解，也有利于风险管理和防灾减灾工作成效的定量评估。

2.3.3 多灾种综合风险的研究趋势下现有的评价方法仍存在不足

在复杂的自然灾害系统演化中，各种灾害发生的原因、强度、后果与频率都各不相同。随着人们对灾害风险认识的不断加深，单一风险的评估结果往往很难满足城市综合防灾的需要，灾害风险研究逐步向多灾种灾害风险的综合评估过渡，成为近几年灾害风险领域的热门研究方向。与单灾种风险的评价思路类似，现有的多灾种灾害综合风险的评价研究也是从灾害系统论出发，分别对致灾因子危险性、承灾体易损性（脆弱性）、孕灾环境敏感性等分系统进行评估。多灾种灾害综合风险的评价过程主要从两个视角进行，一是灾害叠加视角，二是灾害耦合视角。

灾害叠加视角下的多灾种灾害综合风险评估，通常分别考虑不同灾害，从致灾因子、孕灾环境等角度分别计算不同灾害的风险，在空间上对不同灾害风险结果直接或加权相加得到多灾种灾害综合风险，而评估者往往只对每一个灾种选取一到两个指标进行分级，或在单灾种风险评估结果的基础上直接（或加权）相加，这一过程不能科学、严谨地量化和反映出不同灾害在强度和频率上的差异，因此得到的综合风险与实际情况往往存在一定的不符；而灾害耦合视角下的多灾种灾害综合风险评估，主要是从灾害相互触发、耦合角度出发，对不同灾害间的致灾因子和孕灾环境的相互影响结果进行讨论和模拟，再叠加出综合风险，而评估者往往需要根据研究对象的实际情况较为主观地定义耦合规则，最终得到的耦合风险分析模型很难具有普适性，且适用于灾害链、耦合关系的灾害种类多属于同源致灾因子的灾害，在开展应对地震、洪涝、飓风等不同触发条件的自然灾害的城市综合防灾规划时，这样的风险研究视角无法满足需求。

可以说，这两种传统的"综合"思路和评价过程都或多或少地忽略了同一地区不同灾害发生频率的差异、同一灾害不同强度（或级别）的灾情发生频率的差异，以及不同灾害对承灾体造成后果的差异。因此，这两种传统均不能为城市灾害综合风险防范提供足够科学、直接和有效的指导。基于两种传统的风险"综合"思路仍存在的不足，未来的研究或许可以从灾害损失或灾害韧性的视角来研究多灾种风险，为灾害综合风险防范提供更科学和直观的依据。

2.3.4　适用于城市规划管理领域的灾害风险研究范式有待优化

随着人口、资本和产业在城市的不断聚集，灾害的发生往往造成更为严重的后果。如今，城市综合防灾规划是我国地方规划体系中的重要组成部分，其编制离不开对城市综合风险，特别是自然灾害风险的科学测度和系统分析。在单灾种风险评估转向多灾种风险评估的过程中较为重视人口、经济等客观定量的承灾体脆弱性指标，其中大部分研究在国家、区域层面或社区、街区层面开展。灾害综合风险评估研究在全球、国家或区域尺度采用定性一定量结合的方法，并根据灾害损失统计数据、自然灾变数据、地理信息数据等资料从致灾因子危险性、承灾体暴露度和易损性（或脆弱性）、孕灾环境敏感性等角度分析；在较小尺度下，如街区尺度，通常以建筑质量等精确数据为基础开展小范围区域的承灾体易损性评价，并通过参考或构建灾损函数对灾害期望损失进行预测。然而在现阶段，城市层面的中小尺度上灾害综合风险的定量研究较少，且没有形成权威和公认的研究范式。

在近年来的研究中，随着越来越多的社会经济要素被纳入到承灾体易损性分析和灾损曲线拟合的研究中，多变量灾损曲线成为研究和创新的主要方向，但理论方法与规划管理实践仍存在一定的脱节。一方面，理论上，将所有影响因素考虑在内的灾损曲线构建方法固然可以最大程度地接近完美，但由于人员伤亡等灾损统计资料的缺乏、各地经济社会发展基础的差异以及历次灾害的地域和时间的特殊性，要计算出实践中具有普适性的灾损经验公式仍然相当困难。另一方面，当前已开展的灾害风险评价研究以及灾害损失评价研究在理论、方法和分析框架上无法直接与城市综合防灾规划和应急管理有效衔接，一定程度上影响了现有灾害风险领域、灾害损失评估领域中方法模型和研究成果在城市空间的规划、建设、管理领域的积极应用。可以说，基于城市层面的、较小的评价单元的灾害风险综合评估研究，尚缺乏系统、可行的理论框架和方法模型的总结，继而不能更好地指导城市防灾规划、布局、建设与管理工作的开展。因此，未来研究应更多地面向城市层面的评估单元，有针对性地研究城市灾害风险评估理论、模型，以及尺度恰当、具有普适性的指标体系。

参考文献

［1］ ABOELATA M A，BOWLES D. LIFESim：a model for estimating dam failure life loss. Institute for water resources ［M］. 2005.

［2］ ABOELATA M，BOWLES，D，MCCLELLAND D A model for estimating dam failure life loss ［M］. 2003.

［3］ ABT S R，WITTIER，R J，TAYLOR A，LOVE D J. HUMAN STABILITY IN A HIGH FLOOD HAZARD ZONE ［J］. Journal of the

American Water Resources Association，1989，25（4）：881-890.

［4］ ARA S，TEKESIN C. The Monetary Valuation of Lifetime Health Improvement and Life Expectancy Gains in Turkey［J］. Int J Environ Res Public Health，2017，14（10）：1-17.

［5］ ARAYA-MUNOZ D，METZGER M，STUART J. A spatial fuzzy logic approach to urban multi-hazard impact assessment in Concepcion，Chile［J］. Science of the Total Environment，2017（576）：508-519.

［6］ ARMENIAN H K，NOJI E K，OGANESIAN A P. A case-control study of injuries arising from the earthquake in Armenia，1988［J］. Bull World Health Organ，1992，70（2）：251-257.

［7］ AVELINO A F T，DALL'ERBA S. Comparing the Economic Impact of Natural Disasters Generated by Different Input-Output Models：An Application to the 2007 Chehalis River Flood（WA）［J］. Risk Analysis，2018，39（1）：85-104.

［8］ BADAL J，VÁZQUEZ-PRADA M，GONZÁLEZ Á. Preliminary Quantitative Assessment of Earthquake Casualties and Damages［J］. Natural Hazards，2005，34（3）：353-374.

［9］ BELL R，& GLADE T. Multi-Hazard Analysis in Natural Risk Assessments［M］. 2004.

［10］ BENSON C，TWIGG J. Measuring Mitigation：Methodologies for Assessing Natural Hazard Risks and the Net Benefits of Mitigation［M］. Geneva：Provention Publications. 2004.

［11］ BERNAL G A，SALGADO-GÁLVEZ M A，ZULOAGA D，TRISTANCHO J，GONZÁLEZ D，CARDONA，O. Integration of Probabilistic and Multi-Hazard Risk Assessment within Urban Development Planning and Emergency Preparedness and Response：Application to Manizales，Colombia［J］. International Journal of Disaster Risk Science，2017，8（3）：270-283.

［12］ BIRKMANN J，CARDONA O，CARREN O M，BARBAT A，PELLING M，SCHNEIDERBAUER S，KIENBERGER S，KEILER M，ALEXANDER D，ZEIL P，WELLE T. Framing vulnerability，risk and societal responses：the MOVE framework［J］. Natural Hazards，2013，67（2）：193-211.

［13］ BLAIKIE P，CANNON T，DAVIS I. At Risk：Natural Hazards，

People's Vulnerability and Disasters [M]. London: Psychology Press. 2004.

[14] BOLLIN C, C CÁRDENAS, HAHN H , et. al. Disaster Risk Management by Communities and Local Governments [J]. Idb Publications, 2003.

[15] BOYD E, LEVITAN M L, VAN-HEERDEN I. Further specification of the dose -response relationship for flood fatality estimation. Paper presented at the US-Bangladesh workshop on innovation in windstorm/storm surge mitigation construction, National Science Foundation and Ministry of Disaster & Relief [M]. Dhaka, 2005.

[16] CAGNAN Z, SESETYAN K, ZULFIKAR C, DEMIRCIOGLU M B, KARIPTAS C, DURUKAL E, ERDIK M. Development of Earthquake Lossmap for Europe [J]. Journal of Earthquake Engineering, 2008, 12 (sup2): 37-47.

[17] CARREÑO M L, CARDONA O, BARBAT A H, SUAREZ D C, PEREZ M D P, NARVAEZ L. (b). Holistic Disaster Risk Evaluation for the Urban Risk Management Plan of Manizales, Colombia [J]. International Journal of Disaster Risk Science, 2017, 8 (3): 258-269.

[18] CATS. Consequences Assessment Tool Set, http://cats. saic. com/cats/models/cats_earthquake. html, 1999 (1): 03-20.

[19] Charles F. The Value of Life [J]. Harvard Law Review, 1969, 82 (7): 1415-1437.

[20] CHEN L, VANWESTEN J C & HH. Integrating expert opinion with modeling for quantitative multi-hazard risk assessment in the Eastern Italian Alps [J]. Geomorphology, 2016, 273 (15): 150-167.

[21] CHINH D, DUNG N, GAIN A. Flood loss models and risk analysis for private households in Can Tho City, Vietnam [J]. Water, 2017 (9): 313.

[22] CHOU Y J. Who Is at Risk of Death in an Earthquake? [J]. American Journal of Epidemiology, 2004, 160 (7): 688-695.

[23] COSTA L, KROOP P J. Linking Components of Vulnerability in Theoretic Framework and Case Studies [J]. Sustainability Science, 2013 (8): 1-9.

[24] CUTTER S L, ASH K D, EMRICH C T. The geographies of commu-

nity disaster resilience [J]. Global Environmental Change，2014，29 (29)：65-77.

[25] CUTTER S，BARNES L，BERRY M. A place-based model for understanding community resilience to natural disasters [J]. 2008，18 (4)：0-606. Global Environmental Change，2008.

[26] CUTTER S L. Vulnerability to environmental Hazards [J]. Progress in Human Geography，1996，20 (4)：529-539.

[27] DAVIDSON R. An urban earthquake disaster risk index. Report No. 121. The John A. Blume Earthquake Engineering Center，1997，Stanford.

[28] DE BLAEIJ A，FLORAX R J，RIETVELD P，VERHOEF E. The value of statistical life in road safety：a meta-analysis [J]. Accid Anal Prev，2003，35 (6)：973-986.

[29] DELMONACO G，MARGOTTINI C，SPIZZICHINO D. Report on new methodology for multi-risk assessment and the harmonisation of different natural risk maps [R]. ARMONIA，2006.

[30] DI MAURO M，DE BRUIJN K M，MELONI M. Quantitative methods for estimating flood fatalities：towards the introduction of loss-of-life estimation in the assessment of flood risk [J]. Natural Hazards，2012，63 (2)：1083-1113.

[31] DIAKAKIS M. Have flood mortality qualitative characteristics changed during the last decades? The case study of Greece [J]. Environmental Hazards，2016，15 (2)：148-159.

[32] DILLEY M. Natural disaster hotspots：a global risk analysis [R]. World Bank Publications，2005.

[33] DOOCY S，DANIELS A，PACKER C，DICK A，KIRSCH T D. The human impact of earthquakes：a historical review of events 1980-2009 and systematic literature review [J]. 2013，PLoS Curr，5.

[34] DOUCOULIAGOS H，STANLEY T D，VISCUSI WK. Publication selection and the income elasticity of the value of a statistical life [J]. Journal of Health Economics，2014，33：67-75.

[35] LOTKA D & A J. The Money Value of a Man. Revised Edition. By Louis I. New York：The Ronald Press Company，1946.

[36] DUTTA D，HERATH S，MUSIAKE K. A mathematical model for flood loss estimation [J]. Journal of Hydrology，2003，277 (1-2)：24-49.

[37] DUZGUN H S B, YUCEMEN M S. An Integrated Earthquake Vulnerability Assessment Framework for Urban Areas [J]. Natural Hazards, 2011, 59 (2): 1607-1617.

[38] EBERHART-PHILLIPS J E, SAUNDERS T M, ROBINSON A L, HATCH D, PARRISH R G. Profile of Mortality from the 1989 Lorna Prieta Earthquake using Coroner and Medical Examiner Reports [J]. Disasters, 1994, 18 (2): 160-170.

[39] ERDIK M, SESETYAN K, DEMIRCIOGLU M. Rapid Earthquake Hazard and Loss Assessment for Euro-Mediterranean Region [J]. Acta Geophysica, 2010, 58 (5): 855-892.

[40] European-Commission. A FEAT of earthquake research [R]. https://ec. europa. eu/programmes/horizon2020/en/news/feat-earthquake -research, 2016, 04-04.

[41] FEKETE A, TZAVELLA K, BAUMHAUER R. Spatial exposure aspects contributing to vulnerability and resilience assessments of urban critical infrastructure in a flood and blackout context [J]. Natural Hazards, 2017.

[42] FEMA. & NIBS. Earthquake loss estimation methodology-HAZUS97, Technical Manual [M]. Washington, D. C.: Federal Emergency Management Agency. 1997.

[43] FREEMAN J R. Earthquake Damage and Earthquake Insurance [M]. New York: McGraw-Hill, 1932.

[44] FRIEDMAN D G. Computer simulation in natural hazard assessment [M]. Boulder, CO: Institute of Behavioral Science, University of Colorado. 1975.

[45] GEM. Global Quake Model, http://www. globalquakemodel. org/gem/, 2009, 02.

[46] GROSSMAN M. On the Concept of Health Capital and the Demand for Health [J]. Journal of Political Economy, 1972, 80 (2): 223-255.

[47] GRUNTHAL G, THEIKEN A H, SCHWARZ J. Comparative risk assessment for the city of Cologne -Storms, floods, earthquakes [J]. 2006, 38 (1): 353-360.

[48] GUO E, ZHANG J, REN X, ZHANG Q, SUN Z. Integrated risk assessment of flood disaster based on improved set pair analysis and the

variable fuzzy set theory in central Liaoning Province, China [J]. Natural Hazards, 2014, 74 (2): 947-965.

[49] HANCILAR U, TUZUN C, YENIDOGAN C. ELER software-a new tool for urban earthquake loss assessment [J]. Natural Hazards and Earth System Sciences, 2010 (10): 2677-2696.

[50] HANSON S, NICHOLLS R, RANGER N. A global ranking of port cities with high exposure to climate extremes [J]. Climatic Change, 2011, 104 (1): 89-111.

[51] IPCC. Climate change: Impacts, adaptation, and vulnerability. Part A: Global and sectoral aspects. Contribution of working group II to the Fifth assessment report of the intergovernmental panel on climate change. 2014, Cambridge: Cambridge University Press.

[52] IPET. Performance evaluation of the New Orleans and Southeast Louisiana hurricane protection system—volumeVII: the consequences [M]. 2007.

[53] JAISWAL K S, WALD D J, EARLE P S, PORTER K A, HEARNE M. Earthquake Casualty Models Within the USGS Prompt Assessment of Global Earthquakes for Response (PAGER) System' [J]. Dordrecht: Springer Netherlands, 2011, 83-94.

[54] JI X, WENG W, FAN W. Cellular Automata-Based Systematic Risk Analysis Approach for Emergency Response [J]. Risk analysis: an official publication of the Society for Risk Analysis, 2008, 28 (5): 1247-1260.

[55] JOHANSSON P. On the Definition and Age-Dependency of the Value of a Statistical Life [J]. Journal of Risk and Uncertainty, 2002, 25 (3): 251-263.

[56] JOHNSTONE W, ALEXANDER D, UNDERWOOD D. LSM system V1. 0: guidelines, procedures and calibration manual [M]. 2006.

[57] JONKMAN S. Loss of Life Due to Floods: General Overview. In: Joost, J. L. M. B. (ed) [M]. Drowning. Berlin, Heidelberg: Springer. 2014.

[58] JONKMAN S N, VRIHLING J K. Lossof Life Due to Floods [J]. 2008, 1 (1): 43-56.

[59] JRC. Joint Research Centre -European Commission: Annual Report 2003 [R], 2004.

［60］ KAPPES M S, KEILER M, VON ELVERFELDT K, GLADE T. Challenges of analyzing multi-hazard risk: a review ［J］. Natural Hazards, 2012, 64 (2): 1925-1958.

［61］ KAZMIERCZAK A, CAVAN G. Surface water flooding risk to urban communities: analysis of vulnerability, hazard and exposure. Landscape & Urban Planning, 2011, 103 (2), 185-197.

［62］ KELLENS W. Analysis, perception and communication of coastal flood risks: Examining objective and subjective risk assessment = Analyse, perceptie en communicatie van overstromingsrisico's in kustgebieden: onderzoek naar objectieve en subjectieve risicobeoordeling. S. O. B. E. G. 2011.

［63］ KOSHIMURA S, OIE T, YANAGISAWA H, IMAMURA F. Developing Fragility Functions for Tsunami Damage Estimation Using Numerical Model and Post-Tsunami Data from Banda Aceh, Indonesia ［J］. Coastal Engineering Journal, 2009, 51 (3): 243-273.

［64］ LI M, WU W, WANG J. Simulating and mapping the risk of surge floods in multiple typhoon scenarios: A case study of Yuhuan County, Zhejiang Province, China ［J］. Stochastic Environmental Research and Risk Assessment, 2016, (31): 645-659.

［65］ LIANG N J, SHIH Y T, SHIH F Y, WU H M, WANG H J, SHI S F, LIU M Y, WANG B B. Disaster epidemiology and medical response in the Chi-Chi earthquake in Taiwan ［J］. Annals of Emergency Medicine, 2001, 38 (5): 549-555.

［66］ LIAO C, LIU J, PWU R, YOU S, CHOW I, TANG C. Valuation of the Economic Benefits of Human Papillomavirus Vaccine in Taiwan ［J］. Value in Health, 2009, 12: S74-S77.

［67］ LIAO Y H, HWANG L C, CHANG C C, HONG Y J, LEE I N, HUANG J H, LIN S F, SHEN M, LIN C H, GAU Y Y, YANG C T. Building collapse and human deaths resulting from the Chi-Chi Earthquake in Taiwan, September 1999 ［J］. Arch Environ Health, 2003, 58 (9): 572-578.

［68］ LIU X, LI J. Application of SCS model in estimation of runoff from small watershed in Loess Plateau of China ［J］. Chinese Geographical Science, 2008, 18 (3): 235-241.

［69］ LOZOYA J P, SARDÁ R, JIMÉNEZ J A. A methodological frame-work for multi-hazard risk assessment in beaches ［J］. Environmental Science & Policy, 14 (6): 685-696.

［70］ LUINO F, CIRIO C G, BIDDOCCU M, AGANGI A, GIULIETTO W, GODONE F, NIGRELLI G. Application of a model to the evaluation of flood damage ［J］. Geoinformatica, 2009, 13 (3): 339-353.

［71］ MADHESWARAN S. Measuring the value of statistical life: estima-ting compensating wage differentials among workers in India ［J］. Social Indicators Research, 2007, 84 (1): 83-96.

［72］ MANCINI M, LOMBARDI G, MATTIA S, OPPIO A, TORRIERI F. An Integrated Model for Ex-ante Evaluation of Flood Damage to Resi-dential Building. In: Stanghellini, S., Morano, P., Bottero, M. and Oppio, A ［M］. (eds), Appraisal: From Theory to Practice. Cham: Green Energy and Technolog. Springer. 2017.

［73］ MASKREY A. Disaster Mitigation: A Community based approach ［M］. Oxford: Oxfam. 1989.

［74］ MCBEAN E A G J. Flood depth—damage curves by interview survey ［J］. Journal of Water Resources Planning & Management, 1988, 114 (6): 613-634.

［75］ MERZ B, KREIBICH H, THIEKEN A, SCHMIDTKE R. Estima-tion uncertainty of direct monetary flood damage to buildings ［J］. Natu-ral Hazards and Earth System Science, 2004, 4 (1): 153-163.

［76］ MEYER V, SCHEUER S, HAASE D. A multicriteria approach for flood risk mapping exemplified at the Mulde river, Germany ［J］. Nat-ural Hazards, 2009, 48 (1): 17-39.

［77］ MIDDELMANN-FERNANDES, M H. Flood damage estimation be-yondstage^damage functions: an Australian example ［J］. Flood Risk Management, 2010, 3 (1): 88-96.

［78］ MILETI D S. Disaster by Design: A Resessment of Natural Hazards in the United States ［M］. Washington, DC: Joseph Henry Press. 1999.

［79］ MISHRA S K, SINGH V P. SCS -CN Method. Soil Conservation Service Curve Number (SCS -CN) Methodology ［J］. 2003, 42 (WSTL): 84-146.

［80］ Munich Re. Topic: Annual Review ［R］. Munich: Natural Catastrophes，2002.

［81］ NARAYAN P. Macroeconomic Impact of Natural Disasters on a Small Island Economy：Evidence from a CGE Model ［J］. Applied Economics Letters，2003，1 (10)：721-723.

［82］ NICHOLS J M，BEAVERS J E. Development and Calibration of an Earthquake Fatality Function ［J］. Earthquake Spectra，2003，19 (3).

［83］ NOURANI V，MANO A. Semi-distributed flood runoff model at the subcontinental scale for southwestern Iran ［J］. Hydrological Processes，2007，21 (23)：3173-3180.

［84］ NOURANI V，KISI Ö，Komasi M. Two hybrid Artificial Intelligence approaches for modeling rainfall – runoff process ［J］. Journal of Hydrology，2011，402 (1-2)：41-59.

［85］ NTAJAL J，LAMPTEY B L，MAHAMADOU I B，et al. Flood Disaster Risk Mapping in the Lower Mono River Basin in Togo，West Africa ［J］. International Journal of Disaster Risk Reduction，2017：S2212420916305684.

［86］ O'BRIEN J. Age，autos，and the value of a statistical life ［J］. Journal of Risk and Uncertainty，2018，57 (1)：51-79.

［87］ OKADA N.，TATANO H，HAGIHARA Y. Integrated Research on Methological Development of Urban Diagnosis for Risk and its Applications ［J］. 京都大学防灾研究所年报，2003：1-8.

［88］ OKADA S. Indoor-zoning map on dwelling space safety during an earthquake ［C］. The Third World Conference on Earthquake Engineering，1992.

［89］ OKUYAMA Y，HEWINGS G J D，SONIS M. Measuring Economic Impacts of Disasters：Interregional Input-Output Analysis Using Sequential Interindustry Model ［J］. 2004：77-101. Advances in Spatial Science，2014：77-101.

［90］ OSRE. Open Source Risk Engine ［J/OL］. http://www. opensourcerisk. org［2023-5-12］，2016 (1)：03-20.

［91］ PAGLIACCI F，RUSSO M. Multi-hazard，exposure and vulnerability in Italian municipalities ［J］. Chapters，2019.

［92］ PAI C，TIEN Y，TENG T. A study of the human-fatality rate in near-fault regions using the Victim Attribute Database ［J］. Natural Hazards，2007，42 (1)：19-35.

［93］　PARASURAMAN S. The impact of the 1993 Latur-Osmanabad（Maharashtra）earthquake on lives, livelihoods and property ［J］. Disasters, 1995, 19（2）: 156-169.

［94］　PAWAR AT, SHELKE S, KAKRANI A. RAPID ASSESSMENT SURVEY OF EARTHQUAKE AFFECTED BHUJ BLOCK OF KACHCHH DISTRICT, GUJRAT, INDIA. Indian J Med Sci, 2005, 59（11）: 488-494.

［95］　PEEK-ASA C, KRAUS J F, BOURQUE L B, VIMALACHANDRA D, YU J, ABRAMS J. Fatal and hospitalized injuries resulting from the 1994 Northridge earthquake ［J］. International Journal of Epidemiology, 1998, 27（3）: 459-465.

［96］　PEREIRA S, DIAKAKIS M, DELIGIANNAKIS G. Comparing flood mortality in Portugal and Greece under a gender and age perspective ［J］. EGU General Assembly-Geophysical Research Abstracts, 2017, 19.

［97］　PINHO R. Global Earthquake Model: Calculating and Communicating Earthquake Risk ［M］. 2010.

［98］　SALMAN A. M. et al. Flood Risk Assessment, Future Trend Modeling, and Risk Communication: A Review of Ongoing Research ［J］. Natural hazards review, 2018.

［99］　SCEMDOAG. State of South Carolina Hazards Assessment ［M］. 2005.

［100］　Schelling TC. 'The Life You Save May Be Your Own'. In: Chase, S. B. (ed). Problems in Public Expenditure and Analysis ［M］. Washington, DC: Brookings Institution. 1968.

［100］　SCHMIDT-THOM E P. The Spatial Effects and Management of Natural and Technological Hazards in Europ-Espon ⌊R⌋. 2006.

［101］　SCHNEIDER P J, SCHAUER B A. HAZUS-Its Development and Its Future ［J］. Natural Hazards Review, 2007（7）: 40-44.

［102］　SHARIFAN R A, ROSHAN A, AFLATONI M A J, ZOLGHADR, M. Uncertainty and Sensitivity Analysis of SWMM Model in Computation of Manhole Water Depth and Subcatchment Peak Flood ［J］. Procedia-Social and Behavioral Sciences, 2010, 2（6）: 7739-7740.

［103］　SILVA V, CROWLEY H, PAGANI M. Development of the Open Quake engine, the Global Earthquake Model's open-source software for seismic risk assessment ［J］. Natural Hazards, 2014, 72（3）: 1-19.

[104] SMITH A，MARTIN D，COCKINGS S. Spatio-Temporal Population Modelling for Enhanced Assessment of Urban Exposure to Flood Risk [J]. Applied Spatial Analysis and Policy，2016，9 (2)：145-163.

[105] SUJIT M，LEE R. A Nontraditional Methodology for Flood Stage-damage Calculation [J]. Water Resources Bulletin，1988：110-135.

[106] SULLIVAN K M，HOSSAIN S M M. Earthquake mortality in Pakistan [J]. Disasters，2010 (1)：178-183.

[107] SYNER-G. System Seismic Vulnerability and Risk Analysis for Buildings，Lifeline Networks and Infrastructures Safety Gain [J/OL]. http://www.vce. at/en/projects/syner-g-o[2023-05-12].

[108] TANAKA Y. Psychological Dimensions of Risk Assessment：Risk Perception and Risk Communication [J]. Progress in Nuclear Energy，1997，32 (3-4)：243-253.

[109] TANG J C S，VONGVISESSOMJAI S，SAHASAKMONTRI K. Estimation of flood damage cost for Bangkok [J]. Water Resources Management，1992，6 (1)：47-56.

[110] TANIDA N. What happened to elderly people in the great Hanshin earthquake [J]. BMJ，1996，313 (7065)：1133-1135.

[111] TIMMERMAN P. Vulnerability，resilience and the collapse of society：A review of models and possible climatic applications. Environment Monograph [M]，Toronto：Institute for Environment Studies. 1981.

[112] TURNER B L，KASPERSON R E，MATSON P A. A Framework for Vulnerability Analusis in Sustainability Science [J]. Proceedings of the National Academy of Sciences of the United States of America，2003，100 (14)：8074-8079.

[113] UN. Risk awareness and assessment in living with risk [R]. Geneva：UNISDER，UN，WMO，Asain Disaster Reduction Center. 2002.

[114] UNDHA. Mitigating Natural Disasters：Phenonmena，Effects and Options. A Manual for Policy Makers and Planners [M]. New York：United Nations. 1991.

[115] UNDP. Global Report：Reducing disaster risk：a challenge for development [M]. New York：United Nations Development Program. 2004.

[116] UNISDR. Living with Risk：A Global Review of Disaster Reduction

Initiative [M]. Geneva: UN Publications. 2004.

[117] VARNES D J. Landslide hazard zonation: a review of principles and practice [M]. Paris: United Nations Educational, Scientific and Cultural Organisation, 1984.

[118] VILLACIS C A, CARDONA C N. RADIUS Methodology: Guidelines for the Implementation of Earthquake Management Projects Geohazrad International [M]. California: Palo Alto. 1999.

[119] VISCUSI K, ALDY J E. Labor market estimates of the senior discount for the value of statistical life [J]. Journal of Environmental Economics and Management, 2007, 53 (3): 377-392.

[120] VISCUSI W. WHAT'S TO KNOW? PUZZLES IN THE LITERATURE ON THE VALUE OF STATISTICAL LIFE [J]. Journal of Economic Surveys, 2012, 26 (5): 763-768.

[121] VISCUSI W K, ALDY J E. The Value of a Statistical Life: A Critical Review of Market Estimates Throughout the World [J]. Journal of Risk and Uncertainty, 2003, 27 (1): 5-76.

[122] VROUWENVELDER A C W M, STEENHUIS C M. Tweede waterkeringen Hoeksche Waard, berekening van het aantal slachtoffers bij verschillende inundatiescenario's [M]. 1997.

[123] WAARTS P. Methode voor de bepaling van het aantal doden als gevolg van inundatie [M]. 1992.

[124] WEIS S, AGOSTINI V, ROTH L. Assessing vulnerability: an integrated approach for mapping adaptive capacity, sensitivity, and exposure [J]. Climatic Change, 2016, 136 (3): 615-629.

[125] WESTEN C V, KAPPES M S, LUNA B Q. Medium-Scale Multihazard Risk Assessment of Gravitational Processes [M]. Netherlands: Springer. 2014.

[126] WHITMAN R V. Damage Probability Matrices for Prototype Buildings [J]. Massachusetts, 1973 (1): 57-73.

[127] WILSON R. Earthquake Vulnerability Analysis for Economic Impact Assessment [M]. Washington, D. C. : Information Resources Mangement Office. 1982.

[128] YEH C H, LOH C H, TSAI K C. Overview of Taiwan Earthquake Loss Estimation System [J]. Natural Hazards, 2006 (37): 23-37.

[129] YIN Z E, YIN J, XU S, WEN J. Community-based scenario model-ling and disaster risk assessment of urban rainstorm waterlogging [J]. Journal of Geographical Sciences, 2011, 21 (2): 274-284.

[130] YU M. Regarding A population-based study on the immediate and pro-longed effects of the 1999 Taiwan earthquake on mortality [J]. Annals of Epidemiology, 2004, 14 (4): 309.

[131] YUE S, OUARDA T B M J, BOBEE B, LEGENDRE P, BRU-NEAU P. Corrigendum to'The Gumbel mixed model for flood frequen-cy analysis [J]. Journal of Hydrology, 1999, 226 (1-2): 88-100.

[132] ZHAI G, FUKUZONO T, IKEDA S. An Empirical Model of Effi-ciency Analysis on Flood Prevention Investment in Japan [J]. 2003.

[133] ZHAI G, FUKUZONO T, IKEDA S. AN EMPIRICAL MODEL OF FATALITIES AND INJURIES DUE TO FLOODS IN JAPAN [J]. Journal of the American Water Resources Association, 2006 (1): 863-875.

[134] ZHOU Q, MIKKELSEN P S, HALSNAES K, ARNBJERG-NIELSEN K. Framework for economic pluvial flood risk assessment considering climate change effects and adaptation benefits [J]. Journal of Hydrology, 2012 (414-415): 539-549.

[135] ZONENSEIN J, MIGUEZ M, MAGALHÃES L. Flood risk index as an urban management tool [C]. 11th International Conference on Urban Drainage, Edinburgh, UK, 2008.

[136] 毕可为. 群体建筑的易损性分析和地震损失快速评估 [D]. 大连理工大学, 2009.

[137] 曹玮. 洪涝灾害的经济影响与防灾减灾能力评估研究 [D]. 湖南大学, 2013.

[138] 陈丙咸, 黄杏元, 杨戊. 基于 GIS 的流域洪涝数字模拟和灾情损失评估的研究 [J]. 遥感学报, 1996, 11 (4): 300-314.

[139] 陈洪富. HAZ-China 地震灾害损失系统设计及初步实现 [D]. 中国地震局工程力学研究所, 2012.

[140] 陈洪富. 城市房屋建筑装修震害损失评估方法研究 [D]. 中国地震局工程力学研究所, 2008.

[141] 陈敏建. 水害损失函数与洪涝损失评估 [J]. 水利学报, 2015, 8 (46): 883-891.

[142] 陈棋福，陈凌. 利用国内生产总值和人口数据进行地震灾害损失预测评估 [J]. 地震学报，1997，(06)：83-92.

[143] 陈棋福，陈顒，陈凌. 全球地震灾害预测 [J]. 科学通报，1999，44 (1)：21-25.

[144] 陈香. 福建省洪涝灾害经济损失趋势分析 [J]. 北华大学学报（自然科学版），2007，(02)：170-175.

[145] 陈鑫连，谢广林. 航空遥感的震害快速评估与救灾决策 [J]. 自然灾害学报，1996，(03)：31-36.

[146] 丁锶湲. 基于数字技术的厦门雨涝易发地区灾害防控方法研究 [D]. 天津大学，2018.

[147] 杜乐佳. 基于工资风险法对我国劳动力生命价值的估计 [D]. 浙江财经大学，2017.

[148] 樊运晓，高朋会，王红娟. 模糊综合评判区域承灾体脆弱性的理论模型 [J]. 灾害学，2003，18 (3)：20-23.

[149] 范晨璟. 多灾种综合应对的避难场所选址优化方法研究 [D]. 南京大学，2016.

[150] 冯浩，张方，戴慎志. 综合防灾规划灾害风险评估方法体系研究 [J]. 现代城市研究，2017，(08)：93-98.

[151] 冯利华. 灾害损失的定量计算 [J]. 灾害学，1993，2 (8)：17-19.

[152] 冯民权，周孝德，张根广. 洪灾损失评估的研究进展 [J]. 西北水资源与水工程，2002，(01)：32-36.

[153] 傅湘，纪昌明. 洪灾损失评估指标的研究 [J]. 水科学进展，2000，(04)：432-435.

[154] 傅征祥，姜立新，李格平. 地震灾害生命损失的时空强分布特征分析 [J]. 地震，1994，(02)：1-10.

[155] 盖程程，翁文国，袁宏永. 基于 GIS 的多灾种耦合综合风险评估 [J]. 清华大学学报（自然科学版），2011，51 (5)：627-631.

[156] 高惠瑛，李清霞. 地震人员伤亡快速评估模型研究 [J]. 灾害学，2010，25 (S0)：275-277.

[157] 高建国，贾燕. 地震救援能力的一项指标——地震灾害发布时间的研究 [J]. 灾害学，2005，20 (1)：31.

[158] 高孟潭. 关于地震年平均发生率问题的探讨 [J]. 国际地震动态，1988，(01)：1-5.

[159] 高孟潭. 基于泊松分布的地震烈度发生概率模型 [J]. 中国地震，

1996，(02)：91-97.

[160] 高庆华. 中国自然灾害风险与区域安全性分析 [M]. 北京：气象出版社，2005.

[161] 高庆华. 自然灾害系统论概说 [J]. 科技导报，1991，(2)：51-54.

[162] 葛全胜，邹铭，郑景云. 中国自然灾害风险综合评估初步探究 [M]. 北京：科学出版社，2008.

[163] 郭安薪，侯爽，李惠等. 城市典型建筑地震损失预测方法Ⅱ：地震损失估计 [J]. 地震工程与工程振动，2007，27 (6)：

[164] 侯爽，郭安薪，李惠等. 城市典型建筑的地震损失预测方法Ⅰ：结构易损性分析 [J]. 地震工程与工程振动，2007，27 (6)：64-69.

[165] 胡丽. 台风灾情评估及其预估研究 [D]. 南京信息工程大学，2015.

[166] 胡少卿，孙柏涛，王东明. 基于建筑物易损性分类的群体震害预测方法研究 [J]. 地震工程与工程振动，2010，30 (03)：96-101.

[167] 胡聿贤. 地震工程学 [M]. 北京：地震出版社，1988.

[168] 黄崇福. 自然灾害风险评价：理论与实践 [M]. 北京科学出版社，2005.

[169] 黄崇福. 综合风险评估的一个基本模式 [J]. 应用基础与工程科学学报，2008，(03)：371-381.

[170] 黄敏，王健，王慧彦等. 地震灾害损失评估的统计学思考 [J]. 时代商业，2009，(17)：58-78.

[171] 黄涛珍，王晓东. BP 神经网络在洪涝灾损失快速评估中的应用 [J]. 河海大学学报（自然科学版），2003，(04)：457-460.

[172] 贾燕，高建国. 辽宁海城 7.3 级地震死亡人数年龄分布的分析 [J]. 中国地震，2004，(04)：72-76.

[173] 金子史郎. 世界大灾害 [M]. 济南：山东科学技术出版社，1991.

[174] 黎江林，苏经宇，李宪章. 区域地震灾害人员伤亡评估模型研究 [J]. 河南科学，2011，29 (07)：869-872.

[175] 李琼，周建中. 加权主成分分析法在洪灾损失评估中的应用 [J]. 人民黄河，2010，32 (06)：22-23.

[176] 李双双，杨赛霓，刘宪锋. 面向非过程的多灾种时空网络建模——以京津冀地区干旱热浪耦合为例 [J]. 地理研究，2017，(08)：1415-1427.

[177] 李永强，杨杰英，杨东生. 1996 年云南丽江 7.0 级地震人员死亡的社会学特征 [J]. 2011，6 (3)：284-290.

[178] 李永强. 云南人员震亡研究 [D]. 中国科学技术大学，2009.

[179] 李玉梅，陈静. 地震经济损失的评估 [J]. 怀化学院学报，2012，31 (8)：12-14.

[180] 刘爱华，吴超. 基于复杂网络的灾害链风险评估方法的研究 [J]. 系统工程理论与实践. 2015，35 (2)：466-472.

[181] 刘爱华. 城市灾害链动力学演变模型与灾害链风险评估方法的研究 [D]. 中南大学，2013.

[182] 刘桂萍，李纲，张小涛等. 云南省地震生命损失的区域特征研究 1 [J]. 震灾防御技术，2015，10 (1)：25-38.

[183] 刘静伟. 基于历史地震烈度资料的地震危险性评估方法研究 [D]. 中国地震局地质研究所，2011.

[184] 刘锡荟，李荷，何进. 地震损失估计和经济决策模型 [J]. 地震工程与工程震动，1985，(4)：3-14.

[185] 刘倬，吴忠良. 地震和地震海啸中报道死亡人数随时间变化的一个简单模型 [J]. 中国地震，2005，(04)：526-529.

[186] 卢颖，郭良杰，侯云玥等. 沿海城市多灾种耦合危险性评估的初步研究——以福建泉州为例 [J]. 灾害学，2015，30 (1)：211-216.

[187] 马玉宏，谢礼立. 地震人员伤亡估算方法研究 [J]. 地震工程与工程振动，2000，(04)：140-147.

[188] 马玉宏，赵桂峰，谢礼立等. 基于地震危险性特征分区的建筑物地震保险费率 [J]. 四川建筑科学研究，2009，35 (06)：197-200.

[189] 明晓东，徐伟，刘宝印等. 多灾种风险评估研究进展 [J]. 灾害学，2013，(01)：126-132.

[190] 聂高众，汤懋苍，苏桂武. 多灾种相关性研究进展与灾害综合机理的认识 [J]. 第四纪研究，1999，19 (5)：466-475.

[191] 潘耀忠，史培军. 区域自然灾害系统基本单元研究-Ⅰ：理论部分 [J]. 自然灾害学报，1997，(4)：3-11.

[192] 彭小辉，王常伟，史清华. 城市农民工生命统计价值研究：基于改进的特征工资模型——来自上海的证据 [J]. 经济理论与经济管理，2014，(01)：52-61.

[193] 齐玉妍，金学申. 基于历史地震史料记载的地震危险性分析方法 [J]. 2009，3 (4)：289-301.

[194] 秦四清，李培，薛雷等. 地震区危险性等级确定方法 [J]. 地球物理学进展，2015a，30 (4)：1653-1659.

[195] 秦四清，杨百存，吴晓娲等. 中国大陆某些地震区主震事件判识（Ⅰ）[J]. 地球物理学进展，2015b，30（6）：2517-2550.

[196] 秦雪征，刘阳阳，李力行. 生命的价值及其地区差异：基于全国人口抽样调查的估计 [J]. 中国工业经济，2010，（10）：33-43.

[197] 萨缪尔逊保罗. 经济学分析基础 [M]. 北京：北京经济学院出版社，1990.

[198] 尚志海，刘希林. 基于LQI的泥石流灾害生命风险价值评估 [J]. 热带地理，2010，30（3）：289-293.

[199] 申曙光. 灾害系统论 [J]. 系统辩证学学报，1995，（01）：102-106.

[200] 施伟华，陈坤华，谢英情等. 云南地震灾害人员伤亡预测方法研究 [J]. 地震研究，2012，35（3）：387-392.

[201] 石勇，许世远，石纯等. 洪水灾害脆弱性研究进展 [J]. 地理科学进展，2009，28（01）：41-46.

[202] 史培军，李宁，叶谦等. 全球环境变化与综合灾害风险防范研究 [J]. 地球科学进展，2009，（04）：428-435.

[203] 史培军. 再论灾害研究的理论与实践 [J]. 自然灾害学报，1996，5（4）：6-17.

[204] 史培军. 中国自然灾害风险地图集 [M]. 北京：科学出版社，2011.

[205] 孙龙飞. 城市地震灾害损失评估方法及系统开发研究 [D]. 西安建筑科技大学，2016.

[206] 孙振凯，顾建华. 地震灾害损失评估的新方法——航空测量法 [J]. 国际地震动态，2000，（05）：18-20.

[207] 唐彦东，于汐，王慧彦. 灾害损失基本内涵探讨 [J]. 防灾科技学院学报，2009，11（02）：108-113.

[208] 唐彦东，于汐. 灾害经济学 [M]. 北京：清华大学出版社，2016.

[209] 涂娉杰. 水害损失函数与洪涝损失评估研究 [J]. 黑龙江水利，2017，3（9）：60-63.

[210] 王慧彦，薛辉. 县域自然灾害综合风险区划图编制——以滦县为例 [J]. 自然灾害学报，2013，（03）：84-90.

[211] 王望珍，张可欣，陈瑶. 基于GIS的神农架林区多灾种耦合综合风险评估 [J]. 湖北农业科学，2018，（05）：49-54.

[212] 王晓青，丁香，王龙等. 四川汶川8级大地震灾害损失快速评估研究 [J]. 地震学报，2009，31（02）：205-211.

[213] 王晓青，张国民，傅征祥等. "2006-2020年中国地震危险区与地震灾

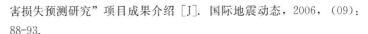

害损失预测研究"项目成果介绍 [J]. 国际地震动态, 2006, (09): 88-93.

[214] 王艳艳, 陆吉康, 郑晓阳等. 上海市洪涝灾害损失评估系统的开发 [J]. 灾害学, 2001, (02): 8-14.

[215] 王铮, 张丕远, 刘啸雷. 中国自然灾害的空间分布特征 [J]. 地理学报, 1995, (03): 248-255.

[216] 王铮, 张丕远, 刘啸雷. 中国自然灾害的空间分布特征 [J]. 地理学报, 1995, (03): 248-255.

[217] 王中山. 唐山地震人员伤亡概况及原因宏观分析 [J]. 灾害学, 1989, (02): 51-56.

[218] 文康, 李琪. 世纪防洪对策构想: 建立20个防洪减灾保障体系 [J]. 中国水利, 1997, (01): 40.

[219] 巫丽芸, 何东进, 洪伟. 自然灾害风险评估与灾害易损性研究进展 [J]. 灾害学, 2014, 29 (4): 129-135.

[220] 吴新燕, 吴昊昱, 顾建华. 1999年以来地震生命损失评估研究新进展1 [J]. 震害防御技术, 2014, 9 (1): 90-102.

[221] 吴志宜. 余姚市平原水网区洪涝模拟和预测的应用研究 [D]. 浙江大学, 2017.

[222] 习聪望. 地震灾害生命损失风险评估 [D]. 中国地震局兰州地震研究所, 2016.

[223] 肖先光. 地震损失的预测方法 [J]. 地震学刊, 1987, (1): 1-8.

[224] 徐超, 刘爱文, 温增平. 汶川地震都江堰市人员伤亡研究 [J]. 地震工程与工程振动, 2012, 32 (01): 182-188.

[225] 徐奎. 沿海城市暴雨潮位关联特性及洪涝风险分期控制研究 [D]. 天津大学, 2014.

[226] 许立红. 基于快速评估的地震人员伤亡研究 [D]. 防灾科技学院, 2016.

[227] 许闲, 张涵博. 中国地震灾害损失评估: 超概率曲线方法与经验数据 [J]. 保险研究, 2013, (09): 75-85.

[228] 薛晔, 陈报章, 黄崇福等. 多灾种综合风险评估软层次模型 [J]. 地理科学进展, 2012, 31 (03): 353-360.

[229] 薛晔, 刘耀龙, 张涛涛. 耦合灾害风险的形成机理研究 [J]. 自然灾害学报, 2013, (02): 44-50.

[230] 颜峻, 左哲. 自然灾害风险评估指标体系及方法研究 [J]. 中国安全

科学学报，2010，（11）：61-65.

[231] 燕群，康玉芳，蒙吉军. 基于防灾规划的城市自然灾害风险分析与评估研究进展 [J]. 地理与地理信息科学，2011，27（6）：78-83.

[232] 杨建朋. 洪灾损失评估地理分析方法研究 [D]. 北京建筑大学，2014.

[233] 杨娟，王龙，徐刚. 重庆市综合灾害风险模糊综合评价 [J]. 地球与环境，2014，（02）：252-259.

[234] 杨翼舲，张利华，黄宝荣等. 城市灾害应急能力自评价指标体系及其实证研究 [J]. 城市发展研究，2010，（11）：118-124.

[235] 杨远. 城市地下空间多灾种危险性模糊综合评价 [J]. 科协论坛（下半月），2009，（05）：145.

[236] 姚清林. 自然灾害链的场效机理与区链观 [J]. 气象与减灾研究，2007，30（3）：31-36.

[237] 叶欣梁，温家洪，邓贵平. 基于多情景的景区自然灾害风险评价方法研究——以九寨沟树正寨为例 [J]. 旅游学刊，2014，（07）：47-57.

[238] 殷杰，尹占娥，许世远. 上海市灾害综合风险定量评估研究 [J]. 地理科学，2009，（03）：450-454.

[239] 尹占娥，许世远，殷杰等. 基于小尺度的城市暴雨内涝灾害情景模拟与风险评估 [J]. 地理学报，2010，65（5）：553-562.

[240] 尹占娥. 城市自然灾害风险评估与实证研究 [D]. 华东师范大学，2009.

[241] 尹之潜，李树桢，杨淑文等. 震害与地震损失的估计方法 [J]. 地震工程与工程振动，1990，（01）：99-108.

[242] 尹之潜. 城市地震灾害预测的基本内容和减灾决策过程 [J]. 自然灾害学报，1995，（01）：17-25.

[243] 尹之潜. 地震灾害及损失预测方法 [M]. 北京：地震出版社，1996.

[244] 尹之潜. 地震灾害损失预测研究：中国地震工程研究进展 [M]. 北京：地震出版社，1992.

[245] 张改英. 基于 SCS-CN 方法的水文过程计算模型研究 [D]. 南京师范大学，2014.

[246] 张国胜，陈瑛，徐琛等. 生命价值、职业伤害成本低估与安全事故 [J]. 经济研究，2018，53（09）：182-198.

[247] 张会，李铖，程炯等. 基于"H-E-V"框架的城市洪涝风险评估研究进展 [J]. 地理科学进展，2019，38（02）：175-190.

［248］　张继权，冈田宪夫，多多纳裕一. 综合自然灾害风险管理［J］. 城市与减灾，2005，（02）：2-5.

［249］　张继权，蒋新宇，周静海. 基于多指标的多空间尺度暴雨洪涝灾害风险评价研究［J］. 灾害学，2010，25.

［250］　张加庆. 基于大数据的地震损失价值评估模型设计［J］. 地震工程学报，2018，40（02）：356-362.

［251］　张金水，贾增科. 城市地震灾害社会脆弱性评价指标体系研究［J］. 科技致富向导，2010，（36）：12-14.

［252］　张静怡，徐小明. 极值分布和 JKLLL 型分布线性矩法在区域洪水频率分析中的检验［J］. 水文，2002，22（6）：1-5.

［253］　张晓雪，赵晗萍，王方萍等. 基于情景分析的地震人员死亡快速评估［J］. 灾害学，2018，33（04）：197-203.

［254］　赵阿兴，马宗晋. 自然灾害损失评估指标体系的研究［J］. 自然灾害学报，1993，2（3）：1-7.

［255］　赵思健，黄崇福，郭树军. 情景驱动的区域自然灾害风险分析［J］. 自然灾害学报，2012，21（1）：9-17.

［256］　赵振东，郑向远，钟江荣. 地震人员伤亡的动态评估［J］. 地震工程与工程振动，1999a，19（4）：149-156.

［257］　赵振东，郑向远，钟江荣. 地震应急救灾与人员伤亡［J］. 自然灾害学报，1999b，（03）：80-86.

［258］　邹锟，刘关键，李幼平等. 地震伤亡危险因素的系统评价［J］. 中国循证医学杂志，2008，（07）：477-482.

第3章

城市自然灾害风险综合评价
研究的理论框架

3.1 理论基础

3.1.1 风险评价理论

尽管在不同行业和领域里，风险被赋予了诸多不同的含义，但通常都是从两个方面去描述：一是出现的可能性，即事件发生的概率，强调是否会发生；二是产生的后果，即事件发生的损失，强调确定发生后造成的结果。也就是说，对风险的评价和分析，始终无法绕开对这两个关键的基本要素的探究。自然灾害的发生通常被认为具有不确定性，但不可否认诸如地震、暴雨、洪涝等灾害的发生包含着"强度越大、发生概率越低"这一基本属性。正如 UNDRO 对自然灾害的定义，"由于某一特定自然现象、特定风险和风险元素引发的后果所导致的人们生命财产损失和经济活动的期望损失值"（UNDRO，1991），通过对某一灾害发生的期望损失值进行测度，可以合理、科学地对该灾害风险的大小进行定量的描述和评价。

进一步讲，当以"灾害期望损失值"对在灾害风险进行定义时，不同种类的灾害风险的风险大小，或不同强度的同一种灾害的风险大小，就可以直接相互比较；而在同一空间单元中的，不同种类，以及不同强度的同一种灾害的风险，也可以直接进行叠加。这一从"风险"概念的基本内涵出发的灾害风险研究视角，一方面，有效避免了同时评价和分析某地区所面临的多种不同灾害风险时"无法兼顾不同灾害在发生频率与发生后果上的差异"这一弊端；另一方面，也能在评价和分析灾害风险时兼顾到"强度越大、频率越低，强度越小、频率越高"这一自然灾害发生的基本属性。

3.1.2　资产评估理论

对灾害造成的损失进行评估，必然涉及对相关资产损失的估值。特别是对直接经济损失的评价，其本质是对灾害中损失的资产的价值进行评价。成本的变化、市场供需关系的调整、物价的变动、汇率的波动等因素都会对购买或重置某一资产所需要花费的实际货币量产生影响。在灾害风险研究中，对灾害损失的评价，包括经济损失和非经济损失在内，也都应考虑到这些因素，资产评估理论中的一些成熟的方法则可以有效地将灾害损失科学地货币化，从而与灾害风险评估、城市防灾减灾规划效益进行衔接。

在灾害损失的研究和分析中，评价者必须对不同类型和特征的资产损失选择合适的评估和测算方法，进行科学、合理的估值。其中，重置成本法中的"资产复原、重建"思维，现行市价法中的"根据市场参照物调整"思维，以及收益现值法中"基于折现率和年限的现值思维"等资产评估视角和方法均可以有选择、有调整、有改进地纳入到灾害损失的评价方法体系中。

3.1.3　生命价值理论

生命价值理论认为，生命的价值可以通过统计学进行货币化的估值。然而，由于道德伦理上的价值判断与生命资料数据可获得性上的限制等原因，关于生命价值的定量化研究在我国的进展一直相对落后。在自然灾害背景下，由于自然灾害在空间分布上的差异，以及自然灾害风险作为一种公共风险实际上无法通过市场交换等经济手段加以降低等原因，灾害中的统计学生命价值损失研究难度更大，在风险分析和防灾减灾领域中的研究和应用非常少（于汐等，2014）。但不可否认的是，生命价值理论及统计学生命价值（VSL）的概念，为灾害风险分析，特别是灾害损失评估中生命损失的定量化研究，提供了理论支撑和一个衔接经济损失与非经济损失的有效桥梁。

理论上，生命价值理论中的一些估价方法，如基于人力资本理论的人力资本法、基于风险交易理论的支付意愿法等，都可以在灾害 VSL 损失的评价中被借鉴和使用。但在构建灾害造成的 VSL 损失的测度方法时，必须明确两点。第一，灾害经济学中，评估统计学生命价值（VSL）主要是关注灾害造成的伤亡的风险和后果，并不涉及特定个人在灾害中的生死问题，或某个特定个体生命的价值高低问题。第二，在主流的两类 VSL 的计算方法中，人力资本法更关注个体对社会和其家庭的贡献，个体生命的损失也意味着其对社会和家庭贡献的损失；支付意愿法关注的则是微小的死亡风险的变化，通过观察或调查人们面对死亡这一不确定性事件的确定性的概率表达时，展现的不同行为或选择来推算 VSL。

3.1.4 灾害系统理论

灾害系统论的观点认为灾害发生的概率及其造成的损失，受到致灾因子、孕灾环境、承灾体等多种因素的共同影响。因此，从灾害系统论出发，评价者对灾害风险水平的评估和分析主要是通过对孕灾环境稳定性（敏感性）、致灾因子危险性和承灾体的易损性（脆弱性）这三方面的综合评估来进行，当前许多风险评价研究、实践以及多灾种综合风险评价也是这样做的。这一理论和评价思路，从系统论的角度去解析影响灾害发生概率及发生后果的各种要素。以最为常见的指标体系法为例，随着致灾因子、孕灾环境、承灾体这三方面指标数量的增加，理论上评价者对灾害风险水平的描述与测量也更为准确。在单灾种风险评价中，这一思路有助于较为全面、系统地描述和评价风险的大小；但在面对多种灾害风险语境时，如何"综合"灾害风险，无论是对单一灾害风险的"叠加"还是"耦合"，不同灾害在发生频率与后果上的差异都难以被准确地反映。

尽管如此，灾害系统理论对承灾体易损性（脆弱性）的关注却十分关键。在对自然灾害风险的研究中，配套设施的防灾减灾基础、灾害预警与管理水平、灾后应急救援能力等承灾体的灾害应对形式，无一不对灾害这一不确定事件的确定性结果产生实际的影响。针对这些应对形式的单独评价，以及对评价结果与灾害风险的综合分析，也恰恰有助于评价者对城市综合防灾减灾规划的制定、基础设施布局的优化以及应急管理水平的提升。

3.2　灾害损失视角下的城市自然灾害风险综合评价理论框架

城市灾害风险进行严谨、全面的测度以及科学、系统的灾害综合风险分析是城市综合防灾规划的基础，同时也为城市各类灾害应急预案、抗震防灾规划和防洪规划等的编制提供重要依据。在风险评价中，灾害发生的后果不容忽视，只有从发生损失和后果出发进行的风险评价，才能最直观地体现可能发生的特定自然现象而造成的预期损失的严重程度。

下图展示了城市自然灾害风险综合评价理论框架的构建逻辑与层级关系（图 3-1）。本书以城市自然灾害风险综合评估研究的需求为背景，面向城市综合防灾规划工作的开展，以风险评价理论、资产评估理论、生命价值理论和灾害系统理论为基础，构建灾害损失视角下城市综合风险研究框架。主要分为两部分内容：第一部分是灾害损失视角下的自然灾害风险评价框架；第二部分是在第一部分评价结果的基础上构建的城市灾害风险分析框架。

3.2.1　灾害风险的定量测度

风险包括风险发生的概率与其发生的后果。根据风险的基本定义，一个地区的某种潜在发生灾害的风险可以表示为其发生的可能性（Probability）与其发生带来的预期后果（Consequence）的乘积。在风险的概念中，期望值的含义，是从平均来看，可能发生的损失是多少，包含了事件发生的概率以及发生的后果。计算期望值，是将每个可能的结果乘以它对应的概率，最后求总和。类似地，在自然灾害领域，我们通过其"致灾因子可能造成的期望损失"，即损失的期望值，对自然灾害风险的大小进行描述和测量。

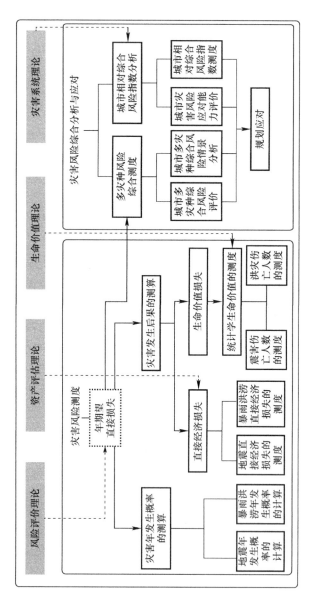

图 3-1 灾害损失视角下的城市综合风险研究框架示意图

结合风险的定义和自然灾害的基本属性，本书把城市不同自然灾害风险置于一年期的时间段内考虑，将一个地区某种自然灾害（特定强度）的年发生概率与该灾害发生的直接损失的乘积，定义为该灾害的风险，即，特定强度的灾害风险水平的大小等于该强度灾害造成的"年期望直接损失"。基于这一自然灾害风险水平的定义，对某种灾害风险水平的评价过程就主要包括两部分的测度：1）不同强度的灾害年发生概率的计算；2）不同强度的灾害发生时预期的直接损失的测度。

　　年发生概率则通过灾害的年超越概率进行计算得到。灾害损失包括经济损失和非经济损失两大类，其中经济损失包括直接经济损失和间接经济损失。由于灾害的间接损失包含因素众多，尚未有权威、统一的范畴，且通常间接损失的测量时间跨度较长，本书重点关注灾害发生期间和灾害发生后短期内可测量和预估的直接损失。这里所说的灾害直接损失，包括灾害造成的直接经济损失 L_{DE} 和因灾害带来的人员死亡从而造成的统计学生命价值的损失 L_{VSL}。因此，某一强度 I 的单一灾种灾害的年期望直接损失 Loss［风险值 Risk，年发生概率 Probability］的测度用公式可以表达如下：

$$Risk(I) = P(I) \times Loss(I) \qquad (3-1)$$

$$Loss(I) = L_{DE}(I) + L_{VSL}(I) \qquad (3-2)$$

　　这一风险测度理论框架的优势和创新之处，首先在于其有效将灾害后果与发生概率同时纳入考虑的灾害综合风险定量测度思路；其次，在这一灾害风险测度框架中，灾害损失的预评估将人的价值纳入考虑，也更为全面。具体包括以下基本特征：

　　（1）以风险评价理论的基本公式和灾害损失的基本构成要素为基础，结构简单清晰，因此也易于理解、推广与应用。这一灾害风险的测度思路和计算公式，适用于各种评价单元的尺度，大至区域、国家尺度，小至行政区、街道，甚至社区尺度。

　　（2）通过"年期望直接损失"的概念来定义和量化灾害风险，包含了不同强度、不同灾害在发生频率与发生后果上的差异。因此，这一评价过程得到的不同强度、不同灾害风险值可以在空间上进行直接叠加与比较，可以有效弥补传统的多灾种灾害风险评估研究中通过直接叠加单灾种灾害风险或耦合同源灾害风险得到多灾种灾害综合风险在科学性和全面性上的不足。

（3）关注灾害中生命价值的损失，引入经济学中统计学生命价值的概念，用于对灾害造成的潜在居民生命损失进行货币化计算，使灾害发生的后果（经济损失和非经济损失）被置于同一个维度进行比较和分析，这也是本书模型中的创新点之一。对灾害生命价值损失的评价主要从两部分展开——生命价值的量化和预期损失人数的评价。

灾害损失的预评估有助于政府更有针对性地制定灾害风险管理政策、救灾救助政策、保险政策等，也有助于在灾前对防灾减灾工程和灾害应对力量进行投资。在确保相应尺度基础数据的可获取性与可测量性的基础上，尺度越小的灾害风险评估精确度越高，研究结果后续对当地防灾规划和建设的指导意义和实践意义越高，而大尺度的灾害风险评估也有助于为保险政策和应急预案的制定提供依据。

3.2.2 灾害风险的综合分析与规划应对

在对城市不同自然灾害的年期望直接损失（风险）进行货币化测算的基础上，要进一步进行城市自然灾害风险的分析。分析内容主要包括两部分：一是灾害综合风险分析；二是相对综合风险分析。

3.2.2.1 城市灾害综合风险分析的内涵

城市往往同时面临多个自然灾害发生的威胁。尽管每一种灾害发生的概率并不大，但一旦发生总是会给城市的生产和人们的生活带来或多或少的影响。随着气候变化和城市化的发展，城市综合防灾规划对城市灾害风险综合分析提出了更高的要求。本书提出的灾害风险评价理论，通过计算不同强度的或不同灾害的"年期望直接损失"，为在城市空间尺度上不同强度的同一灾害，以及不同类型的灾害风险进行同时分析提供了计算与分析的有效基础。考虑到对灾害综合风险和不同灾害发生情境下的风险模拟需求，灾害风险分析部分主要从灾害综合风险的测度和城市灾害

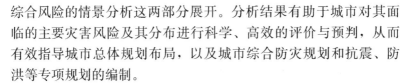

综合风险的情景分析这两部分展开。分析结果有助于城市对其面临的主要灾害风险及其分布进行科学、高效的评价与预判，从而有效指导城市总体规划布局，以及城市综合防灾规划和抗震、防洪等专项规划的编制。

（一）灾害综合风险评价

城市灾害综合风险值的大小，通过叠加不同灾害不同强度时的年期望直接损失进行测度。因此，计算灾害风险的期望值，将每种强度的潜在灾害风险的后果（即直接损失，总直接经济损失和统计学生命价值的总损失之和）乘以该强度该灾害对应的发生概率，最后求总和。在这一灾害综合风险测度模型下，考虑越多种类灾害，在对这些灾害不同强度灾情的发生频率及其发生后果进行分析的基础上，城市灾害综合风险的计算结果也会越大，而评估者对其综合风险水平的理解，以及对风险在空间上分布的掌握也会越为精确。

（二）灾害风险多情景分析框架

本书提出的城市灾害综合风险的情景分析的关注点，并非指两种或两种以上的某一强度的灾害刚好在同一时间发生（虽然这种情况发生的概率非常小），而是考虑到在某一次灾害事件会给城市基础设施和社会经济带来的直接影响期间，叠加出现下一个灾害事件的情况。因此，本书对城市多种灾害叠加出现的情景中的灾害风险进行这样的定义："城市在遭遇一定强度的灾害 H_1 并在其直接影响 C_1 尚未基本恢复如初之前，又遭遇一定强度的灾害 H_2 及其直接影响 C_2，甚至更多……的叠加风险。"为了对研究的时间跨度进行科学量化和统一，本书将这一"同时"遭受多个灾害的时间段设定为一年，通过计算不同强度不同灾害的年超越概率，得到一年内发生该强度该灾害的可能性。灾害综合风险的情景分析有助于为城市应急方案和综合防灾规划的编制提供一个基于不同灾害情景设定的城市自然灾害综合风险评估方法和分析视角。

3.2.2.2　相对综合风险分析的内涵

（一）灾害风险应对能力评价

自然灾害的发生固然难以预测也难以避免，如何加强城市综合防灾水平、保护城市免遭自然灾害的毁灭性打击一直以来都是备受国内外学术界和规划建设领域专家关注的重要课题。城市防灾的理念是具有全过程、多要素的内涵，通常从灾害发生前的预防（保障）工程和预警措施、灾害发生时的应急救援救助以及灾后长期的重建和恢复三大阶段进行考虑。城市的防灾减灾与应急响应水平则是城市抵御各种灾害侵袭、保障居民生命财产安全或将灾害损失和影响控制在一定范围内的关键。本书提出"城市灾害风险应对能力"这一概念来描述城市防灾减灾能力与应急响应水平的高低，以应对城市自然灾害的总风险。根据风险的定义，灾害风险的高低受其发生后果的大小以及发生概率这两方面变量的影响。假设城市自然灾害发生的概率不能人为地改变和调节，那么能够防止、减轻或控制灾害发生后果的各种途径，均可以纳入城市灾害风险应对能力的影响因素的考虑范围。在同一城市的不同地区，面对同样强度的灾害风险，灾害风险应对能力越强的地区实际受到的影响也会越小，反之亦然。

有关城市灾害风险应对能力的研究多围绕应急响应能力评价、城市抗震减灾能力评价、城市灾害韧性评价、承灾体暴露度、易损性（脆弱性）等方面展开（Cutter et al.，2008；Duzgun and Yucemen，2011；Turner et al.，2003；Weis et al.，2016；刘莉，2009；唐波等，2012；张风华等，2004a）。对不同影响因素（指标）的归纳分类主要有三种依据：一是根据灾害种类（地震、洪涝、地质灾害等），二是根据灾害发展过程（灾前预防、灾时救援、灾后恢复等），三是根据指标本身所属的类型（社会、经济、生态、物理、管理等方面）。本书在借鉴国内外现有研究及其所选指标的基础上，结合我国综合防灾现状和城市社区层面相关指标的统计特点，以及本书关注的城市内部风险分布差异及规划应对这一问题的需求，将"城市灾害风险应对能力"这一评价的总目标进一步分为：灾前预防与工程保障水平、灾情预警与统筹管理水平、灾后应急处置与救援水平3个层面的分系统指标。具体内涵如下：

（1）灾前预防与工程保障水平：灾前预防与工程保障水平指

标用于衡量灾前城市预防主要灾害侵袭所建设相关的基础设施工程配套建设水平与保障能力，具体包括：当地市政基础设施的排涝能力；当地提供应急避难空间的总量和分布的均衡性；当地人防设施供应能力；

（2）灾情预警与统筹管理水平：灾情预警与统筹管理水平指标用于衡量城市在灾害或事故发生前和灾害发生期间对风险的提前预警、实时监测以及灾时政府管理能力。具体包括：当地人防报警服务的覆盖情况、当地气象观测与预警水平、当地政府对突发事件的统筹协调管理水平；

（3）灾后应急处置与救援水平：灾后应急处置与救援水平指标用于衡量城市在灾害或事故发生时快速响应并开展救援救护工作的能力。具体包括：当地医疗系统提供应急救助服务的供应总量以及当地医疗设施服务分布的均衡性、当地社会治安响应力量的供应能力、当地应急救援力量的供应能力、当地应急疏散与救援救助的交通运输能力和应急力量的可达性。

（二）相对综合风险指数评价

自然灾害固然无情，但能否找到防灾工作的薄弱点，有针对性地对特定地区的灾害风险应对能力进行优化，适当平衡城市内部的灾害风险应对力量，是城市进行灾害风险管理与开展防灾减灾工作的一大思路。城市灾害风险应对能力固然越强越好，但不能为了片面追求高的灾害风险应对能力而忽略相关配套设施建设的经济与社会成本，两者之间应当存在一个适当的平衡。只有采用科学、定量的方法对城市内部的灾害风险应对能力分布进行综合分析和评估，才能使应急资源整备和防灾设施布局建设得到时间和空间上最优配置——城市灾害风险越高的地方，灾害风险应对能力也应当越强；而在城市灾害综合风险较低的地方，对防灾减灾工程和应急响应服务的投入则可以适当减少，才能在尽量安全的前提下追求资源配置的高效。因此，如何科学、定量地测量一个地区灾害应对能力及其面对的灾害综合风险是否协调，成为风险分析的关键。

城市所面对的灾害综合风险与其所具备的灾害风险应对能力

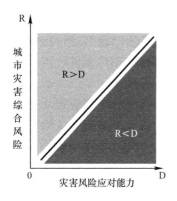

图 3-2　城市灾害综合风险与
其灾害风险应对能力相对
应协调的二维坐标系示意图

是一组相对立的概念：风险值越高、应对能力值越低的地方，实际面对的威胁与灾害发生的影响也越严重；反之，风险值越低、应对能力越强的地方，实际面对的威胁与灾害发生的影响也越轻（图 3-2）。

本书提出"相对综合风险"的概念，将城市灾害风险应对能力与城市灾害风险纳入同一语境中进行考量。在评估城市灾害风险应对能力和城市灾害综合风险及其分布的基础上，进一步计算城市相对综合风险指数，相对直接地表征出城市灾害风险应对能力与城市灾害风险的不匹配之处，特别是"高风险、低应对"的地方，从而有效地指导城市规划的布局、防灾减灾资源的有效配置、应急管理水平的提升以及城市基础设施的建设完善。相对综合风险分析部分包括城市灾害风险应对能力的指标体系评价，和城市相对综合风险指数的计算。当一个地区所面对的灾害综合风险与其灾害风险应对能力处于同大或同小的水平时，可以认为该地区既没有灾害风险应对资源的短缺的情况，也没有灾害风险应对资源过剩的情况。

3.3　理论框架的应用范围

FEMA 构建的 HAZUS 系统也从灾害损失的角度对灾害风险进行了研究，但与 HAZUS 系统所使用的方法不同的是，本书通过货币化并将直接经济损失与灾害伤亡造成的生命价值损失相结合的方法来评估城市灾害风险。其优势在于，通过计算"年度预期直接损失"，综合考虑灾害后果和灾害发生概率，为灾害风险提供了一种有效的定量测度途径。具体来说，这一评估理论框架的应用范围包括以下 3 个方面：

1) 以风险的基本概念为基础的框架，以清晰的结构来概念化灾害风险。有了相关数据，该框架可以方便地应用于从区域、国家规模到城市、街道甚至社区规模的各种评估单元，以及其他灾害情景下的城市风险评估。符合相关建筑规范，本书给出的参数范围内城市地震风险评估可以从政府部门或互联网上获取到相对完整的构建主要数据和社会经济数据。

2) 通过对年度预期直接损失的测算，可以比较不同情景、地点和时间段的灾害风险。这一方法也适用于计算多灾害综合风险，将各评价单元每年单个灾害的预期直接损失结果累积起来，进一步分析综合风险分布。在现实的风险损失预估中，地震、极端降雨等灾害造成的次生灾害造成的经济影响和城市生命线基础设施的破坏不容忽视。同时，对于火灾、地质灾害等其他城市灾害，经济损失的形式和程度需要单独讨论。

3) 该灾害风险评估理论框架认为，生命损失与灾害造成的经济影响同样重要。统计学生命价值（VSL）的概念的引入是具创新性的，目的是将地震造成的潜在死亡的生命损失货币化，以便使地震的直接后果（经济损失和非经济生命损失）可以在单一度量维度中被比较和计算。因此，灾害中 VSL 损失评估方法的改进也将丰富 VSL 评估文献，并有利于制定有针对性的灾害风险管理、救灾行动和保险政策，以及对防灾减灾项目投资的评估。

3.4　本章小结

以城市自然灾害综合风险研究需求为背景，面向城市综合防灾规划工作的开展，本章从灾害损失视角出发，基于对风险评价理论、资产评估理论、生命价值理论和灾害系统理论的梳理、解读和运用，并结合当前城市灾害风险研究的趋势与存在的问题，提出了城市自然灾害风险综合评价研究的理论框架。

这一研究框架包含了灾害风险测度、灾害风险分析与应对两部分。本书提出的灾害风险测度理论，以风险评价的基本原理为基础，构建灾害风险测度的理论模型。该模型结合了风险的定义和自然灾害的基本属性，把城市不同自然灾害风险置于一年期的时间段内考虑，将一个地区某种自然灾害（特定强度）的年发生概率与该灾害发生的直接损失的乘积，定义为该灾害的风险，即特定强度的灾害风险水平的大小等于该强度灾害造成的"年期望直接损失"；此外，创新性地将经济学中的统计学生命价值概念引入到灾害损失的定量研究中，充实了灾害损失定量化研究的范畴。

本章对相关理论对本书理论框架的意义、相关概念的提出及其内涵、灾害风险测度的基本方法思路、城市灾害综合分析的主要思路与内容等方面进行梳理。本章提出的研究视角、研究思路和论基础对第 4 章"城市自然灾害风险的测度与综合分析方法"中风险测度模型与风险分析方法的选择和构建，以及后文中实证研究的开展均具有重要的指导意义。

参考文献

［1］ CUTTER S，BARNES L，BERRY M．A place-based model for understanding community resilience to natural disasters ［J］．2008，18（4）：0-606．Global Environmental Change，2008，18（4）：598-606．

［2］ DUZGUN H S B，YUCEMEN M S．An Integrated Earthquake Vulnerability Assessment Framework for Urban Areas ［J］．Natural Hazards，2011，59（2）：1607-1617．

［3］ TURNER B L，KASPERSON R E，MATSON P A．A Framework for Vulnerability Analusis in Sustainability Science ［J］．Proceedings of the National Academy of Sciences of the United States of America，2003，100（14）：8074-8079．

［4］ UNDRO．Mitigating Natural Disaster Phenomenal Efficiencies and Options：A Manual for Policy Makers and Planners ［M］．New York：UN Publications．1991．

［5］ WEIS S，AGOSTINI V，ROTH L．Assessing vulnerability：an integrated approach for mapping adaptive capacity，sensitivity，and exposure ［J］．Climatic Change，2016，136（3）：615-629．

［6］ 刘莉．城市防震减灾能力标定及可接受风险研究 ［D］．中国地震局工程力学研究所，2009．

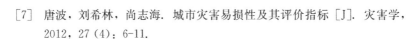

［7］　唐波，刘希林，尚志海. 城市灾害易损性及其评价指标 ［J］. 灾害学，2012，27（4）：6-11.

［8］　于汐，唐彦东，刘春平. 统计生命价值研究综述 ［J］. 中国安全科学学报，2014，24（09）：146-151.

［9］　张风华，谢礼立，范立础. 城市防震减灾能力评估研究 ［J］. 地震学报，2004，26（3）：318-329.

城市自然灾害风险的测度
与综合分析方法研究

4.1　灾害损失视角下城市自然灾害风险测度模型的构建

　　这部分以地震和暴雨洪涝灾害为例，全面考虑不同灾害强度下地震和暴雨洪涝灾害的发生的概率，以及对城市造成的潜在损失程度，评估灾害发生的可能性（年发生概率）及其造成的直接后果（直接经济损失和人员死亡），并通过计算一年期的时间段内的灾害的期望直接损失，来测度相应强度的灾害风险大小。各部分具体测度方法与模型如下：

4.1.1　灾害年发生概率的测度方法

4.1.1.1　地震年发生概率的测度方法

　　超越概率是指某地遭遇大于或等于给定地震烈度或地震动参数值的概率。描述地震活动性的随机过程模拟很多，目前应用最为广泛的是泊松分布模型（Poisson Distribution）（胡聿贤，2006）。泊松分布模型具有独立性、平稳性和不重复性 3 个基本特点。康奈尔（Cornell）类地震活动性模型基本假定为地震在每个潜在震源区内均匀分布（Cornell，1968），即未来地震发生为均匀的泊松（Poisson）公布过程，在空间上呈现完全随机性，而在时间上服从泊松分布。设潜在震源区总的年平均发生率为 $v = \sum_{l=1}^{N_s} v_l$，则所考虑区域内发生 n 次地震的概率计算公式如下：

$$P(N = n) = \frac{(vt)^n}{n!}e^{-vt} \tag{4-1}$$

假定发生 i 强度地震场地烈度发生概率 $P_T(I=i)$（T 为发生该强度地震的周期）具有独立同分布特征（各种地震烈度超越概率计算模型中均作出相同的假定），则所考虑区域内发生 n 次地震，烈度值等于 i 的概率为 $1-[1-P_1(I=i)^n]$。考虑所有可能发生的地震，公式（4-2）为高孟潭基于康奈尔类地震活动性模型推导出计算场地烈度发生概率的基本公式，并简化（高孟潭，1996）：

$$P_T(I=i) = \sum_{n=0}^{+\infty} \left\{ 1-[1-P_1(I=i)^n] \right\} \frac{(vt)^n}{n!} e^{-vt}$$

$$简化后得到：P_T(I=i) = 1 - e^{-vtP_1(I=i)} \qquad (4\text{-}2)$$

　　在我国，按照国家规定的权限批准，一般情况下，取 50 年超越概率为 10% 的地震烈度作为建筑抗震设防烈度、取 50 年设计基准期超越概率 10% 的地震加速度作为设计基本地震加速度。类似地，常遇地震（多遇地震动）和罕遇地震（罕遇地震动）分别指 50 年设计基准期内超越概率为 63% 和 2% 的地震烈度（地震动）[工程结构抗震设计中的常遇地震、设防烈度地震和罕遇地震的确定方法详见中国地震局工程力学研究所相关研究（洪峰等，2000）]。下表整理了常遇、设防烈度和罕遇三类地震的定义和按设计规范设防后的预期破坏描述（表 4-1）：

地震分类与设防预期性能目标　　　　　　　表 4-1

地震烈度		地震动		破坏情况描述/设防预期
分类	定义	分类	定义	性能目标
常遇地震	50 年超越概率 63%	多遇地震动	50 年超越概率 63%	基本完好
设防烈度地震	50 年超越概率 10%	基本地震动	50 年超越概率 10%	大部分（85%）基本完好和轻微破坏，无严重破坏
罕遇地震	50 年超越概率 2%	罕遇地震动	50 年超越概率 2%	大部分（85%）受到中等以上破坏，少数（5%-15%）严重破坏，无倒塌

　　注：地震烈度与地震动定义出自《中国地震动参数区划图》GB 18306-2015；设防预期性能目标出自《建筑抗震设计规范》GB 50011-2010。

　　根据国家标准《建筑抗震设计规范》GB 50011-2010，抗震设防烈度和设计基本地震加速度取值具有以下对应关系（表 4-2）。

建筑抗震设防烈度和设计基本地震加速度值的对应关系　表 4-2

抗震设防烈度	6	7	8	9
设计基本地震加速度值	0.05g	0.10(0.15g)	0.20(0.30) g	0.40g

注：g 为重力加速度。

在地震危险性分析中，烈度的年平均发生率、超越概率和平均重现周期 3 个量之间如果已知一个量，可求其他两个量（洪峰等，2000）。因此，根据上述公式与定义，在已知 50 年设计基准期内的某类 I 烈度地震发生的超越概率 $P_{50}(I, 0)$ 时，可以估算出该地震的年超越概率（在一年中发生的可能性），计算过程如下：

$$P_1(I, 0) = 1 - \left[1 - P_{50}(I, 0)\right]^{\frac{1}{50}} \tag{4-3}$$

因此，根据《中国地震动参数区划图》GB 18306-2015，在已知某地区设防烈度（或设计地震加速度）时，当地常遇地震、设防烈度地震和罕遇地震的年超越概率均可通过上式进行推算，计算结果见表 4-3。

常遇地震、设防烈度地震和罕遇地震的年超越概率计算结果　表 4-3

地震类型	基本定义	年发生概率（一年中发生的可能性）
常遇地震	50 年超越概率 63%	0.019688642
设防烈度地震	50 年超越概率 10%	0.002104992
罕遇地震	50 年超越概率 2%	0.000403973

4.1.1.2 暴雨洪涝年发生概率的测度方法

洪涝灾害是我国长期以来面临的最常见的自然灾害之一，降雨是城市发生洪涝的主要致灾因子。水文上通常用"多少年一遇"来描述某一量级的暴雨或洪涝，其本质是根据某地长期的水文记录，计算这一量级灾害事件的重现期。某地区这一量级的暴雨发生年平均发生概率与它的重现期为倒数关系，公式表达如下：

$$P_i = \frac{1}{T_i} \tag{4-4}$$

式中，P_i 为量级为 i 的暴雨的年平均发生概率；T_i 为量级为 i 的暴雨的重现期。

因此，在已知某地区常年极端降雨量与重现期时，可以计算其年发生率（表4-4）。

极端暴雨情景的年平均发生概率计算结果　表 4-4

重现期	2 年	5 年	50 年
年平均发生概率	0.5	0.2	0.02

4.1.2　灾害直接后果的测度方法

4.1.2.1　灾害直接经济损失的测度方法

（一）地震直接经济损失的测度方法

由于城市人口密集，房屋抗震性能普遍较差，地震灾害往往造成严重的社会经济损失。根据我国（不包括我国香港、澳门地区与台湾省）历年的地震灾害损失统计，随着我国经济社会的发展，同等震级下，地震带来的房屋倒塌破坏等直接经济损失越来越严重，同时，房屋倒塌破坏也是造成人员伤亡的主要原因（林向洋等，2018；苗崇刚等，1998；郑通彦等，2010）。因此，如何通过科学合理、操作简单的方式预测不同烈度的地震对城市可能带来的直接经济损失和人员伤亡影响，对有关部门制定防灾减灾规划、应急管理策略和巨灾保险的研究都具有重要意义。这部分内容，基于资产评估理论中的重置成本法和现行市价法的基本原理，在研究国内外较为成熟的地震经济损失预测理论的基础上改进评价方法并调整相关模型参数，从而构建适用于我国经济发达地区的城市地震直接经济损失预测模型，为城市综合防灾规划中抗震减灾策略提供依据。

（1）地震直接经济损失模型：地震灾害统计和灾损分析研究表明，地震时产生的巨大能量对建（构）筑物、基础设施造成破坏性影响，从而造成大量人员伤亡和经济损失。地震造成的各类建（构）筑物的直接经济损失一般主要包括两个部分：结构损失，即本身破坏后的修复费用或重建费用，以及室内财产损失，即室内固定资产（设备）遭到破坏造成的经济损失，不包括货币、国家政权等财产的损失。这些直接经济损失的大小均与房屋的破坏程度有关。

　　基于国内外已有的评估模型（Erdik et al.，2010；FEMA and NIBS，1997；Schneider and Schauer，2007；Whitman，1973；毕可为，2009；郭安薪等，2007；苗崇刚，2000；孙龙飞，2016），并参照我国历次地震造成的损失情况和相关标准，提出下列公式来计算在遭遇 I_i 烈度地震时城市建（构）筑的直接经济总损失：

$$L_{经}(I_i) = L_{建}(I_i) + L_{财}(I_i) \qquad (4\text{-}5)$$

$$L_{建}(I_i) = \sum_{n=1}^{N} \sum_{k=1}^{K} \sum_{j=1}^{5} P_k(D_j \mid I_i) \times l_{建}(D_j)_k \times (S_k)_n \times P_k \quad (4\text{-}6)$$

$$L_{财}(I_i) = \sum_{n=1}^{N} \sum_{k=1}^{K} \sum_{j=1}^{5} \gamma_1 \times \gamma_2 \times P(D_j \mid I_i)_{k,n} \times l_{财}(D_j)_k$$
$$\times \beta(S_k)_n \times \mu P_k \qquad (4\text{-}7)$$

　　式中，n 为第 n 个评估单元，$n \in N^*$（评估区总数）；j 为破坏等级，$j=1，2，3，4，5$（共分为 5 级破坏程度）；k 为建筑结构类型，$k=1，2，3，\cdots，K$（建筑结构类型总数）；$L_{经}(I_i)$ 为城市建构筑物地震直接经济总损失；$L_{建}(I_i)$ 为建构筑物自身破坏的经济损失；$L_{财}(I_i)$ 为建构筑物室内财产的经济损失；$P(D_j \mid I_i)_k$ 为第 k 类房屋 j 级破坏的破坏概率；$l_b(D_j)_k$ 为第 k 类房屋 j 级破坏的直接经济损失比；$(S_k)_n$ 为第 n 个评估区内第 k 类房屋总建筑面积（单位：m^2）；P_k 为 k 类房屋主体结构的重置单价；β 为中高档装修的建筑面积占房屋总建筑面积的比例系数；$l_d(D_j)_k$ 为第 k 类房屋 j 级破坏时室内财产的直接经济损失比；μ 为中高档装修重置单价与主体结构重置单价的比值系数；γ_1 为经济状况差异的修正系数；γ_2 为考虑不同用途的修正系数。

　　（2）损失分析相关参数确定与取值范围：根据标准《建（构）筑物破坏等级的划分》GB/T 24335-2009，震害预测中可将建（构）筑物的破坏状态 j 的划分为 5 级，分别是Ⅰ级：基本完好；Ⅱ级：轻微破坏；Ⅲ级：中等破坏；Ⅳ级：严重破坏；Ⅴ级：毁坏。分别可以模糊量化为 0.1、0.3、0.5、0.7、0.9 五级，被称为破坏指数（冯启民等，2007；徐敬海等，2002；尹之潜，1995b）。根据相关标准和相关研究，以下整理了这 5 个破坏状态的宏观描述与本书中各级破坏状态对应的破坏指数（实际破坏比例的参考取值）（表 4-5）。

破坏状态划分的宏观描述与对应模糊量化的
破坏指数取值

表 4-5

破坏状态		基本完好	轻微破坏	中等破坏	严重破坏	毁坏
宏观描述	结构	主要承重构件完好，个别非承重构件轻微破坏，可继续使用	个别承重构件出现可见裂缝，非承重构件有明显裂缝，不需或稍加修理可正常使用	多数承重构件出现轻微裂缝，个别非承重构件破坏严重，需要修理	多数承重构件严重破坏，局部倒塌，需要大修	多数承重构件严重破坏，结构濒于崩倒或已倒毁，无修复可能
	装修	基本无损坏，个别装修有可见裂缝	饰面出现可见裂缝；玻璃幕墙有个别玻璃碎落，稍加修理可继续使用	饰面有明显裂缝、变形或部分掉落，玻璃幕墙变形较大	严重变形，多处裂缝或掉落	大面积破碎或脱落
破坏指数取值范围		0-0.2	0.2-0.4	0.4-0.6	0.6-0.8	0.8-1.0
（中值）		(0.1)	(0.3)	(0.5)	(0.7)	(0.9)

　　根据建筑抗震设计规范和实际震害资料，工程结构在常遇地震（50 年超越概率 63%）时基本完好；在设防烈度地震（50 年超越概率 10%）时绝大多数（85%）基本完好和轻微破坏，无严重破坏；大震烈度地震（设防烈度高一度）时大部分（85%）受到中等以上破坏，少数（5%-15%）严重破坏，无倒塌；比大震烈度高一度地震时，少数（10%-15%）倒塌（谢礼立等，1996）。理论上，建构筑物遭遇地震时发生各级破坏的概率需要基于大量震害事故调查资料统计分析，或针对不同地区和建构筑物具体情况构建模型进行震灾模拟实验得到，均需要大量数据和分析工作作为支撑。由于 20 世纪 80 年代以来我国政府地震损失调查统计职能多次调整以及统计口径的变化，这方面原始数据较为零散，不便深入分析。因此，本书这部分参数的取值结合了中国地震局工程力学研究所等单位已有的研究。根据相关研究，以下确定了遭遇烈

度为Ⅵ-Ⅸ的地震时,设防烈度为Ⅵ-Ⅸ的建构筑物发生不同破坏程度的破坏概率(谢礼立等,1996;张风华等,2004b;张健等,2017),即本研究中的破坏概率($P(D_j \mid I_i)$)的取值(表4-6)。

不同设防烈度的建筑物遭遇不同烈度地震时的
破坏概率取值   表4-6

设防等级	破坏比	遭遇地震烈度				
		Ⅵ	Ⅶ	Ⅷ	Ⅸ	Ⅹ
Ⅵ度设防的建构筑物	D_1—基本完好	0.57	0.20	0.05	0	0
	D_2—轻微破坏	0.28	0.37	0.15	0.05	0
	D_3—中等破坏	0.15	0.28	0.27	0.30	0.33
	D_4—严重破坏	0	0.15	0.28	0.37	0.30
	D_5—毁坏	0	0	0.15	0.28	0.37
设防等级	破坏比	遭遇地震烈度				
		Ⅵ	Ⅶ	Ⅷ	Ⅸ	Ⅹ
Ⅶ度设防的建构筑物	D_1—基本完好	0.85	0.57	0.20	0.05	0
	D_2—轻微破坏	0.15	0.28	0.37	0.15	0.05
	D_3—中等破坏	0	0.15	0.28	0.27	0.30
	D_4—严重破坏	0	0	0.15	0.28	0.37
	D_5—毁坏	0	0	0	0.15	0.28
设防等级	破坏比	遭遇地震烈度				
		Ⅵ	Ⅶ	Ⅷ	Ⅸ	Ⅹ
Ⅷ度设防的建构筑物	D_1—基本完好	1.0	0.85	0.57	0.20	0.05
	D_2—轻微破坏	0	0.15	0.28	0.37	0.15
	D_3—中等破坏	0	0	0.15	0.28	0.27
	D_4—严重破坏	0	0	0	0.15	0.28
	D_5—毁坏	0	0	0	0	0.15
设防等级	破坏比	遭遇地震烈度				
		Ⅵ	Ⅶ	Ⅷ	Ⅸ	Ⅹ
Ⅸ度设防的建构筑物	D_1—基本完好	1.0	1.0	0.85	0.57	0.20
	D_2—轻微破坏	0	0	0.15	0.28	0.37
	D_3—中等破坏	0	0	0	0.15	0.28
	D_4—严重破坏	0	0	0	0	0.15
	D_5—毁坏	0	0	0	0	0

大量地震实例和房屋抗震模拟实验均表明，不同结构类型的建构筑物的抗震能力也不同，在同等设防烈度下，钢筋混凝土结构由于其自身结构特点，抗震能力比其他结构类型强很多（陈洪富等，2010；占昕，2015；张风华等，2004b），因此在实证研究中可根据建构筑物的结构和房屋现状对参数进行调整。

　　房屋震害损失比是指不同破坏等级的房屋或工程结构修复所需费用与重置费用的比值，随着破坏等级的变化而变化。应根据结构类型、破坏等级以及当地土建工程实际情况确定。下表整理了国家标准《地震现场工作　第 4 部分：灾害直接损失评估》GB/T 18208.4-2011 基于大量既有房屋震害数据的研究，给出了房屋震害损失比的取值参考（表 4-7）。

不同类型房屋震害损失比（单位：%）　表 4-7

房屋类型	损失比	破坏等级				
		D_1 基本完好	D_2 轻微破坏	D_3 中等破坏	D_4 严重破坏	D_5 毁坏
钢筋混凝土、砌体房屋	范围	0-5	6-15	16-45	46-100	81-100
	中值	3	11	31	73	91
工业厂房	范围	0-4	5-16	17-45	46-100	81-100
	中值	2	11	31	73	91
城镇平房、农村房屋	范围	0-5	6-15	16-40	41-100	71-100
	中值	3	11	28	71	86

　　中高档装修的总建筑面积比可通过抽样调查获得，下表整理了国家标准《地震现场工作　第 4 部分：灾害直接损失评估》GB/T 18208.4-2011 基于大量既有房屋震害数据的研究，给出的城市中高档装修房屋面积占比 β 取值参考（表 4-8）。

城市中高档装修房屋面积占比（单位：%）　表 4-8

城市规模		房屋类型	
		钢筋混凝土房屋	砌体房屋
大城市（人口≥100 万）	范围	31-55	12-35
	中值	43	19
中等城市（人口 20 万-100 万）	范围	17-35	5-11
	中值	26	8

续表

城市规模		房屋类型	
		钢筋混凝土房屋	砌体房屋
小城市	范围	8-15	2-5
(人口≤20万)	中值	12	4

中国地震局工程力学研究所基于震害现场抽样和专家咨询的研究表明，在相同破坏等级下，房屋装修破坏损失比要大于主体结构损失比，且在中等破坏及以上破坏等级下，房屋装修破坏损失比要远大于主体结构损失比（陈洪富，2008；陈洪富等，2010）。基于既有研究中的相关结论，下表整理了不同结构类型房屋的装修破坏损失比取值参考（表4-9）。

不同结构类型房屋的装修破坏损失比取值参考（单位：%）   表4-9

房屋类型	破坏等级				
	D_1 基本完好	D_2 轻微破坏	D_3 中等破坏	D_4 严重破坏	D_5 毁坏
钢筋混凝土房屋	2-10	11-25	26-60	61-90	91-100
砌体房屋	0-5	6-19	20-47	48-85	86-100

一般来说，房屋装修费用的成本（重置单价）与建构筑物功能、结构和城市经济发展情况等因素均相关，特别是中高档装修的震害重置费用在地震直接经济损失中的比重同样不容忽视。陈洪富通过在筑龙网、中国造价网、建材网上收集的数据对全国618个省市的工程和装修造价样本进行了统计分析，并提出了房屋装修重置单价占房屋主体结构重置单价的比值系数 μ 的建议值（表4-10）。

中高档装修重置单价与主体结构重置单价的比值系数（单位：%）   表4-10

城市规模		房屋类型	
		钢筋混凝土房屋	砌体房屋
大城市	范围	26-48	20-34
(人口≥100万)	中值	37	27
中等城市	范围	19-38	16-25
(人口20万-100万)	中值	29	21

城市规模		房屋类型	
		钢筋混凝土房屋	砌体房屋
小城市	范围	15-30	10-20
（人口≤20 万）	中值	23	15

同时，这一比例系数的实际取值也存在地区和建筑用途上的差异。方便起见，基于历史震害调查统计研究和当地专家的建议，美国灾害评估软件 HAZUS 采用的是室内资产总价和结构造价比（表 4-11）。

不同功能建筑物资产/结构造价比参考表　　　　表 4-11

结构用途	住宅	商业	医疗	工业	政府	中小学	大学
资产/结构造价	50%	100%	150%	150%	100%	100%	150%

国家标准《地震现场工作 第 4 部分：灾害直接损失评估》GB/T 18208.4-2011 对于经济状况差异的修正系数 γ_1 和考虑不同用途的修正系数 γ_2 给出了取值的参考范围（表 4-12）。

地区经济差异与不同建筑用途的调整系数参考取值　　　　表 4-12

经济发展水平	发达	较发达	一般
修正系数 γ_1	1.3	1.15	1.0
建筑用途	住宅	教育卫生	公共
修正系数 γ_2	1.0-1.1	0.8-1.0	1.1-1.2

一般来说，地震造成的直接经济总损失还包括自然资源的损失，即由灾害造成的自然资源储备量及自然资源的变化所引起的自然资源价值减少的量。需要首先根据受损自然资源的类型确定该类资源的实物计量单位，在明确受损资源影响范围的基础上，通过抽样调查或灾情普查的方式确定该类资源的实物损失量，最后通过受损资源的价值评估（价格）来计算该类资源的价值损失。由于实际困难，在估计地震损失的实践和研究中，一般不将这类损失纳入地震直接经济总损失的计算中（马玉宏等，2008）。因此，本书中，灾害造成的自然资源损失也没有计入期望直接总损

失的测度中。

（二）暴雨洪涝直接经济损失的测度方法

在全球气候变化的背景下，极端天气，特别是台风带来的暴雨天气所导致的平原水网区的洪涝灾害时有发生。洪涝在字面上可分为"洪"与"涝"，"洪"主要是描述邻水地区由于雨水积累增多，导致水面上升至饱和后发生外溢，使得周边地区出现积水的灾情，"涝"主要描述的是地势低洼或由于人工改造后大面积硬质地面的区域，由长时间降雨导致的地表径流大于积水排放量，从而产生地表积水的灾情。这一过程通常在汇水区上完成，可以通过降水量和透水渗水量计算地表径流的径流量。

从城市潜在的洪涝损失风险分析的视角出发，集成现有的关于洪涝潜在淹没区划分和洪涝灾损函数研究的思路和方法，综合考虑数据可获取性等因素，提出城市洪涝直接经济损失预评估模型。该模型由 3 个模块构成，分别是淹没范围模拟、洪涝灾损函数拟合和洪涝期望直接经济损失评价。具体评估过程如下：

（1）模块一：淹没范围模拟

淹没范围模拟模块在 ArcGIS 软件中实现，下图展示了模拟技术路线和过程（图 4-1）。

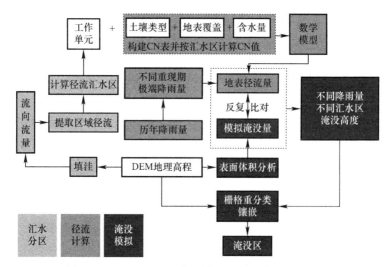

图 4-1　基于 SCS-CN 水文模型的淹没范围模拟过程

收集评估区 DEM 地理高程数据和当地河流水域数据。根据评估区 DEM 地理高程数据，在 ArcGIS 软件中通过填洼、流向流量分析，计算区域径流数据，生成评估区的径流汇水区作为该模块的工作单元。

收集评估区土壤类型和地表植被覆盖类型及当地历史降水数据，以当地长期的降水数据分析不同重现期的极端降雨量（不同重现期的降雨量数据通常可以从当地气象部门获取）。采用 SCS-CN 水文模型，根据评估地区土壤类型选择不同 CN 系数，计算不同重现期极端降雨量情景下的地表径流量。CN 在水文学中是用来确定降雨中有多少渗透到土壤或一个含水层中以及有多少变为表面径流的参数值，理论上不同土壤类型的 CN 值相对固定，通常取值在 30-100 之间，实际操作中可根据当地土壤含水量进行调整，$CN1$、$CN2$ 和 $CN3$ 这 3 个等级分别代表干旱、湿润和饱和含水量的地区或情景。在实证案例中，地区的地理气候环境决定当地土壤类型 CN 值的初始值。不同类型的土壤（地表覆盖类型）通过查表获得 CN 系数的值，根据当地实际情况可在一定范围内参考相关研究进行调整。地表径流的计算公式如下：

$$Q = \begin{cases} \dfrac{(P - 0.2S)^2}{P + 0.8S}, & P \geqslant 0.2S \\ 0, & P < 0.2S \end{cases} \qquad (4\text{-}8)$$

$$S = \frac{25400}{CN} - 254 \qquad (4\text{-}9)$$

式中，Q 为径流量（单位：mm）；P 为降雨总量（单位：mm）；S 为最大渗流量；式（4-9）为渗流量 S 与 CN 值的经验转换公式，CN 的取值在查表的基础上，综合当地土壤、地表覆盖类型现状进行确定。

表 4-13 列举文献中不同土壤类型和地表覆盖类型的 CN 初始值取值参考。

将上一步计算得到的地表径流量数值与根据 DEM 地理高程数据进行表面体积分析得到的模拟淹没量数值进行反复比对，得到某一极端降雨量情景下估算的淹没高度。最后，将此时计算得到

不同土壤类型和地表覆盖类型的CN初始值取值参考　　表4-13

子流域不同土壤类型的水文土壤组	
土壤类型	水文土壤组
硅铝质红壤（酸性岩红壤）	B
硅铝质红壤（中性岩红壤）	C
硅铝质红壤（砂质岩红壤）	A
红泥土	C
黄泥土	B
黄壤	B
潜育水稻土	D
渗育水稻土	D

子流域不同水文土壤组的不同土地覆盖类型的CN取值				
土地利用类型/地表覆盖类型	不同水文土壤组CN取值			
	A	B	C	D
森林	25	55	77	77
草地	49	69	84	84
火烧地	74	83	88	90
疏林地	45	66	83	83
水田	62	71	78	81
农村居民点	57	72	81	86
裸地	76	85	94	94
竹林	36	60	79	79

子流域不同水文土壤组的农耕土地不同覆盖类型的CN取值						
土地利用类型/地表覆盖类型			不同水文土壤组CN取值			
植被类型	耕作方式	水文状况	A	B	C	D
休耕地	裸地	无	77	86	91	94
	残差覆盖	差	76	85	90	93
		好	74	83	88	90
耕作作物	顺坡直垄	差	70	81	88	91
		好	67	78	85	89
	顺坡直垄	差	71	80	87	90
	残茬覆盖	好	64	75	82	85
	等高耕作	差	70	79	84	88
		好	65	75	82	86
小粒谷类	顺坡直垄	差	65	76	84	88
	等高耕作	好	63	75	83	87

的淹没高度与 DEM 地理高程数据在 ArcGIS 软件中进行栅格重分类和镶嵌，得到模拟的暴雨洪涝受灾范围的空间分布。

（2）模块二：洪涝灾损函数拟合

不同的降雨强度导致不同的淹没范围。对于同一地区，暴雨强度越大，洪涝受灾范围越大，通常经济损失也越大。下表整理了洪涝灾害直接经济损失统计通常包括的内容（表 4-14）。

洪涝灾害损失统计的主要内容 表 4-14

大类	内容	单位
基本情况	受灾范围：县（市）、乡（镇）	个
	受灾人口	万人
	倒塌房屋	万间
	死亡人口（总计、洪水灾害、山地灾害、其他）	人
	直接经济总损失	亿元
农林牧渔业灾损	农作物受灾面积（总计、其中粮食作物）	千 hm²
	农作物成灾面积（总计、其中粮食作物）	千 hm²
	农作物绝收面积（总计、其中粮食作物）	千 hm²
	减收粮食	万 t
	死亡大牲畜	万头
	水产养殖损失（面积、数量）	千 hm²、万 t
	统领沐浴液直接经济总损失	亿元
工业交通运输业灾损	停产工矿企业	个
	铁路中断	条、次
	公路中断	条、次
	毁坏路基（面）（铁路、公路）	km
	损坏输电线路	km
	损坏通信线路	km
	工业、交通业直接经济损失	亿元
水利设施灾损	损坏水库（大中型、小型）	座
	水库垮坝（大中型、小一型、小二型）	座
	损坏提防（处数、长度）	处、km
	提防缺口（处数、长度）	处、km
	损坏情况（护岸、水闸、塘坝、灌溉设施、机电井、水文测站、机电泵站、水电站）	处、座、眼、个
	水利设施直接经济损失	亿元

在构建暴雨洪涝直接经济损失预测模型时，由于缺少房屋、水利设施和交通运输设施的灾损空间分布数据，而通常每次暴雨洪涝灾害的农作物受灾面积都记录较为完整，本着科学性和高效性原则，这里构建了降雨强度、暴雨洪涝农作物受灾面积与直接经济总损失的多元线性回归函数公式（4-10）如下：

$$L(T_i) = f[A_{淹}(T_i), I_{降}(T_i)]$$
$$= b_0 + b_1 \times I_{降}(T_i) + b_2 \times A_{淹}(T_i) \tag{4-10}$$

式中，$L(T_i)$ 为重现期为 T_i 的暴雨导致的洪涝带来的直接经济损失（单位：万元）；$I_{降}(T_i)$ 为评估区遭遇重现期为 T_i 的暴雨时的降雨强度，以日均降雨量表示（单位：mm）；$A_{淹}(T_i)$ 为重现期为 T_i 的暴雨导致的农作物受灾面积（单位：万 m^2），b_0、b_1、b_2 为模型系数。

收集评估区历史洪涝灾害损失调查统计数据，筛选当地不同重现期的暴雨导致的洪涝事件的农作物受灾面积数据和直接经济损失数据，并分别构建回归方程，得到该地区遭遇暴雨洪涝风险时的灾损函数系数 b_0、b_1 和 b_2。此外，由于 100 万的直接经济损失在 10 年前和 10 年后的价值含义不同，因此，在灾损函数的模拟和计算中需要考虑不同时期经济发展和物价上涨因素。这里参考我国统计局的一般做法，通过国内 GDP 不变价增长率对不同年份暴雨洪涝灾损数值进行换算和调整。以折算为到 2018 年的现值为例，下表整理了 2005 年以来全国不变价的 GDP 增长率（表 4-15）计算公式（4-11）如下：

$$L_{2018} = L_n \times (GDPI_{2018} + 1) \times (GDPI_{2017} + 1)$$
$$\times \cdots \times (GDPI_{n+1} + 1) \tag{4-11}$$

式中，$GDPI_m$ 为第 m 年的 GDP 不变价增长率，m 代表年份，这里取值为 n，$n+1$，$n+2$，$\cdots$，2018；n 代表灾害发生的年份（取值表 4-15），这里取值 2005，2006，2007，$\cdots$，2016；L_n 为灾害发生年份的灾害直接总经济损失的数额；L_{2018} 为该次灾害直接总经济损失在 2018 年的现值。

全国不变价 GDP 增长率 $GDPI_m$ 取值　　　　表 4-15

年份	国家 GDP 不变价增长率
2005	11.40%
2006	12.70%
2007	14.20%
2008	9.70%
2009	9.40%
2010	10.60%
2011	9.50%
2012	7.90%
2013	7.80%
2014	7.30%
2015	6.90%
2016	6.70%
2017	6.80%
2018	6.60%

注：数据来源：wind 万得金融数据库。

（3）模块三：洪涝期望直接经济损失评价

对全市区暴雨洪涝的直接总经济损失及其分布情况进行预测和计算时，这里提出如下假设作为前提：同一重现期暴雨洪涝情景下，社区单元的直接总经济损失与全市域直接经济总损失之比等于该社区单元潜在淹没面积与全市域潜在淹没面积之比。

首先需对模型中的变量降雨强度、农作物受灾范围与直接经济总损失两两进行相关性检验。采用 Correl 函数计算两两线性相关关系的相关性，当相关系数 r∈[0.9，1] 时，为高度相关，r∈[0.75，0.9) 时，为显著相关，r∈[0.5，0.75) 时，为一般相关。

根据模块一的暴雨洪涝模拟结果，在 ArcGIS 软件中统计不同重现期的降雨量情景下的各评估单元中潜在淹没的农林用地面积，估算重现期为 T_i 的暴雨情景下，各评估单元预期的直接经济损失。公式（4-12）如下：

$$L(T_i)_n = b_0 + b_1 \times I_降(T_i) + b_2 \times A_淹(T_i)_n \qquad (4-12)$$

式中，$L(T_i)_n$ 为重现期为 T_i 的暴雨情景下第 n 个评估单元的预期直接经济损失；$I_降(T_i)$ 为评估区遭遇重现期为 T_i 的暴雨时的降雨强度；$A_{\text{淹}}(T_i)_n$ 为重现期为 T_i 的暴雨情景下第 n 个评估单元的农林用地面积；b_0、b_1 和 b_2 分别为经济损失调整系数、降雨量灾损系数和受灾面积灾损系数。

4.1.2.2　灾害背景下生命价值损失的测度

灾害发生的后果中，生命的损失不容忽视。然而现阶段，国内外绝大多数对灾害人员伤亡损失的研究仅止步于预期死亡率或预期人员伤亡数量的模型构建。对灾害损失程度的定义和评价始终存在经济损失和人员伤亡数量两个维度。在自然灾害背景下将人员伤亡损失与灾害经济损失在同一维度下进行测算和评价的研究则非常少。

本书关注灾害中生命价值的损失，引入经济学中统计学生命价值的概念，用于对灾害造成的潜在居民生命损失进行货币化计算，将灾害发生的后果（经济损失和非经济损失）置于同一个维度进行比较和分析，这也是本研究模型中的创新点之一。这里对灾害生命价值损失的评价主要从两部分展开——生命价值的量化和预期损失人数的评价。

（一）统计学生命价值的量化方法

灾害带来的死亡风险不同于工作或生活中的一般死亡风险，特别是面对地震这类无法预测发生时间的重大自然灾害，人们通常难以通过购买特定的防护产品来降低这一风险的死亡概率或在接受一定经济补偿的情况下增加这一风险的死亡概率。也就是说，自然灾害情境下的个体对其死亡风险的规避和对自身价值的判断与不同个体自身的风险认知、可接受度、个体的收入和受教育水平等因素没有直接关系，也难以通过显示性偏好方法或叙述性偏好方法去间接地测算统计学生命价值，因此这里不采用支付意愿法测算统计学生命价值。人力资本法将个人看作一种资本，人的过早死亡则是这一资本的损失，通常用工资收入代表一个人的生产能力，在考虑贴现率的情况下对人力资本进行估算，即 VSL。与基于风险交易理论的 VSL 测算方法相比，人力资本法更便于理解，所需的数据也易于收集，但传统的人力资本法仅适用于拥有工资收入的群体，对儿童、老人以及自给自足的农民和个体户群体并不适用。杨宗康在研究中改进了人力资本法，提出将死者生前的人力资本投入、预期的终生收入以及死亡造成的精神损失均纳入生命价值的测算中（杨宗康，2010）。这一思路在一定程度上拓宽了人力资本法的适用范围，这一点可以为本研究所借鉴，但由于精神损失的界定与测算在学界仍然具有争议，因此本书中对这部分价值暂不作讨论。

本研究改进传统人力资本法，将 VSL 看作人力资本总投入和人力资本总收入之和，即将居民预期寿命、人力资本投入、人力资本收入、工资收入年限、受教育年限、人力资本投入增长率、人力资本收入增长率、贴现率等因素纳入 VSL 的测算模型中。在传统的人力资本法中，收入损失的年限通常设定为退休时间与实际死亡年龄之差，只考虑损失工资收入的年限过于局限，不能体现终身收入这一概念，也导致适用人群范围的缩小。如果将人力资本收入按照人均可支配收入进行计算，包括人均工资性收入、人均经营净收入、人均财产净收入和人均转移净收入，则在适用收入类型和适用年龄段两方面都进行了延伸。具体来说，工资性收入是指就业人员通过受雇于单位或个人、从事各种自由职业、兼职和零星劳动等各种途径得到的全部劳动报酬和各种福利；经营净收入是指住户或住户成员从事生产经营活动所获得的净收入，即全部经营收入中扣除经营费用、生产性固定资产折旧和生产税之后得到的收入；财产净收入是指住户或住户成员将其所拥有的金融资产、住房等非金融资产和自然资源交由其他机构单位、住户或个人支配而获得的回报并扣除相关的费用之后得到的收入，包括利息净收入、红利收入、储蓄性保险净收益、转让承包土地经营权租金净收入、出租房屋净收入、出租其他资产净收入和自有住房折算净租金等；转移净收入是指国家、单位、社会团体对住户的各种经常性支付转移和住户之间的经常性收入转移，包括养老金或退休金、社会救济和补助、政策性生产补贴、政策性生活补贴、救灾款、经常性捐赠和赔偿、报销医疗费、住户之间的赡养收入、本住户非常住成员寄回带回的收入等。但在现代社会，退休人员依旧可以拥有多元化的收入，如经营性收入、财产净收入和转移净收入等，同样在社会上依旧扮演着重要的角色。因此，本研究在考虑人力资本投入的基础上，将人力资本收入的概念进行拓展，同时将人力资本收入损失的年限界定为预期寿命与实际死亡年龄之差，以求尽可能地覆盖全社会所有人群。

本书这部分探讨的是地震灾害造成的一个地区的预期死亡人数带来的生命价值的损失。即一定烈度的地震在本地区期望生命损失与这一地区的预期震害预期人员死亡数量与当地统计学生命价值的乘积。研究对象是城市中各年龄段中各种个人属性都处于城市平均水平的人，其在灾害中死去会对这个社会造成的直接影响——统计学生命价值的损失，最终得到当地全体居民自然灾害背景下的平均 VSL。在不考虑同一烈度地震中死亡率在不同年龄段中的分布的前提下，对当地在地震中死亡的一位"平均"居民造成的 VSL 的损失进行货币化的测算。这一居民的死亡年龄为当地人口平均年龄，预期寿命为当地居民预期寿命，人力资本的损失包括其未具有收入时的人力资本总投入的损失，以及在实际死亡时所损失的未来总收入。居民平均 VSL 的计算公式如下：

$$VSL = VSL_1 + VSL_2 \tag{4-13}$$

$$VSL_1 = X + X \times \left(\frac{1+\alpha}{1+\beta}\right) + X \times \left(\frac{1+\alpha}{1+\beta}\right)^2$$
$$+ \cdots\cdots X \times \left(\frac{1+\alpha}{1+\beta}\right)^{i-1} \tag{4-14}$$

$$VSL_2 = Y + Y \times \left(\frac{1+\gamma}{1+a}\right) + Y \times \left(\frac{1+\gamma}{1+a}\right)^2$$
$$+ \cdots\cdots Y \times \left(\frac{1+\gamma}{1+a}\right)^{n-1} \tag{4-15}$$

式中，VSL_1 为人力资本总投入；VSL_2 为人力资本总收入；X 为人力资本支出（包括教育、医疗、生活上的消费）；Y 为人力资本收入（根据古典经济学基本理论，人均收入可代表人力资本）；α 为贴现率；β 为过去人力支出的增长率（采用近几年人均支出指标的平均增长率）；γ 为人力资本未来增长率（采用近几年人均可支配收入指标的平均增长率）；i 为人力资本投入的年限（一般计为受教育年限、平均未工作年龄，认为不具有收入能力）；

n 为收入损失的年限（计为平均期望寿命与实际死亡年龄之差）。

（二）震害伤亡人数的测度方法

在灾害损失视角下的城市地震风险研究中，历史伤亡数据方法和数学方法一方面需要大量历史灾情数据作为建模的基础，另一方面得到的震害伤亡预测结果在空间上精度较低，通常以城市或区县为单位，因此，它们对城市空间层面、面向综合防灾规划编制的城市地震风险评价研究指导意义都不大。相比之下，基于建筑易损性分析的地震人员伤亡模型，可以在建筑震害预测的基础上，较为精确地预测城市遭遇不同烈度地震时，震害伤亡损失在较小尺度空间中的分布情况。

现有的震害资料和相关研究都说明，对于在城市中发生的地震，房屋破坏状态对人员伤亡数量的影响最为直接，可以说人员伤亡数是工程结构地震易损性的函数。本书在对地震中潜在损失人口进行预测时，考虑到震害伤亡的主要影响因素和震害预评估的数据获取情况，因此从建筑结构易损性出发，以房屋破坏比为主要参数，综合考虑在室人员密度、当地人口密度、地震影响烈度等要素，通过不同情境下的人员死亡率期望值和评估区受灾人口总数，计算评估区内震害预期人员死亡数量。因此，构建震害预期死亡人数计算公式如下：

$$ND(I_i) = \Big(\sum_{k=1}^{4} A_3(D_3 \mid I_i)_k \times RD_3 + \sum_{k=1}^{4} A_4(D_4 \mid I_i)_k \times RD_4$$
$$+ \sum_{k=1}^{4} A_5(D_5 \mid I_i)_k \times RD_5 \Big) \times \rho \times f_\rho \qquad (4\text{-}16)$$

式中，$ND(I_i)_n$ 为遭遇烈度 I_i 的地震时第 n 个评估单元的预期死亡人数；k-建筑结构类型，根据厦门市建筑现状数据，分为一般高层建筑、预制板房、危房和其他建筑四类，分别用 k_1、k_2、k_3、k_4 表示；$A_3(D_3 \mid I_i)_k$、$A_4(D_4 \mid I_i)_k$、$A_5(D_5 \mid I_i)_k$ 分别表示城市建构筑物遭遇烈度为 I_i 的地震时中等破坏（D_3）、严重破坏（D_4）和毁坏（D_5）状态的第 k 类建筑的建筑面积（m^2）；RD_3、RD_4、RD_5 分别为城市建构筑物遭遇地震时中等破坏（D_3）、严重破坏（D_4）和毁坏（D_5）状态时对应的死亡率；ρ 为室内人员密度；f_ρ 为人口密度修正系数。

在实证研究中，A_3、A_4、A_5 的数值根据案例城市各类建筑的建筑面积统计和各类建筑在不同地震情况下 D_3、D_4、D_5 级破坏的破坏概率取值进行计算。参考国内外采用同样也以结构易损性、地震烈度等为主要参数的经典研究成果，下表为本书中使用的不同建构筑物结构的破坏状态所对应的死亡率取值（表 4-16）。

研究	不同破坏状态对应的死亡率				表 4-16
	破坏状态下的死亡率取值（范围）				
	D_1	D_2	D_3	D_4	D_5
（尹之潜，1992）	0	0	1/100000	1/1000	1/60
（Anagnostopoulos and Whitman，1977）	0	0	$0-9\times10^{-5}$	$8\times10^{-5}-1\times10^{-3}$	$1.8\times10^{-4}-2.7\times10^{-3}$

在室人员密度是指建筑物内单位面积的平均人数，因此不同地区、不同功能以及不同时间段内的 ρ 的取值都是不一样的。下表中整理了根据尹之潜（尹之潜，1992）对我国震害人员死亡数据资料的统计分析，得出在世人员密度计算公式（表 4-17）。考虑到在其他条件相同的条件下，人口密度越高的地区，伤亡人数通常越多。参考相关研究，这里也采用人口密度修正系数（通常取值 0.8-1.2）来修正震害与其死亡人数，表 4-18 中为本书的参考取值（马玉宏等，2008）。

不同情景的在室人员密度计算公式	表 4-17
震发时间	公式
6 时-8 时；16 时-19 时	$\rho=\dfrac{3}{5}\times\dfrac{m}{A}$
8 时-16 时	$\rho=\dfrac{4}{5}\times\dfrac{m}{A}$
19 时-次日 6 时	$\rho=\dfrac{9}{10}\times\dfrac{m}{A_r}$

注：式中，ρ 为在室人员密度；m 为评估区内的总人口数；A 为城市预测区内的住宅、公用建筑、宾馆、厂房的建筑面积之和；A_r 为城市预测区内的住宅、宾馆、公寓和招待所的建筑面积之和。

人口密度修正系数取值			表 4-18
人口密度	<50 人/km²	50-200 人/km²	200-500 人/km²	>500 人/km²
修正系数	0.8	1.0	1.1	1.2

需要注意的是，本书计算出的震害预期死亡人数，代表的是一种死亡概率，或是指地震对城市居民的造成的潜在生命威胁。如根据模型推算得出，某一评价单元在设防烈度的地震中的预期死亡人数为 20 人时，这里的 20 人并非指特定的某 20 个人，且永远无法知道是哪 20 个居民因潜在发生的该烈度的地震而死亡。这里对评价对象在遭遇某一烈度地震时，预期导致的死亡人数的测算结果，与上一小节中统计学生命价值计算结果的乘积，即可得到该烈度地震情况下，该评价对象预期的统计学生命价值的损失，与此时的期望直接经济损失可以直接相加，得到的总的直接损失。

4.2　城市自然灾害风险综合分析方法与模型

4.2.1　城市灾害综合风险的评价与分析

4.2.1.1　城市灾害综合风险水平的评价方法

本书将城市不同类型的自然灾害风险置于一年期的时间段内考虑，一个地区某个灾害的年发生概率与该灾害发生的直接损失的乘积，即某地区某种灾害的全概率年期望直接损失定义为该地区该种灾害的风险。需要注意的是，这里的"一年期时间段"并非特指某一年，而是任意一年，某一强度的某种灾害发生的可能性在每一年是相同的。一个地区在一年期的时间段内，所面临几种灾害的综合风险即为这几种灾害的全概率年期望直接损失之和。公式表达如下：

$$R_{综} = \sum_{m=1}^{M} R_m = \sum_{m=1}^{M} \sum_{t_m}^{T_m} L(t_m)_m \times P(t_m)_m \tag{4-17}$$

式中，$R_{综}$ 为该地区灾害综合风险；R_m 表示第 m 种灾害的风险值；M 为参与该地区灾害综合风险评估的自然灾害风险总数；t_m 为考虑第 m 种灾害发生的第 t_m 种强度，T_m 为考虑第 m 种灾害发生的强度的个数；$L(t_m)_m$ 为发生第 t_m 种强度的第 m 种灾害造成的直接总损失；$P(t_m)_m$ 为发生第 t_m 种强度的第 m 种灾害的年发生概率（年超越概率）。

本书以地震和暴雨洪涝这两种危害最大也最为常见的城市灾害为例，测算和分析城市灾害综合模型，其结果的意义是该城市所面临的地震和暴雨洪涝这两种灾害的总风险，并非所有可能遇到的自然灾害的总风险。

4.2.1.2　城市灾害综合风险情景分析方法

基于本书对城市面临多种自然灾害情景时的综合风险的定义："城市在遭遇一定强度的灾害 H_1 并在其直接影响 C_1 尚未基本恢复如初之前，又遭遇一定强度的灾害 H_2 及其直接影响 C_2，甚至更多……的叠加风险"，该灾害情景下的城市灾害综合风险值（及其分布）可以通过计算此时两个或两个以上不同强度的不同灾害的年期望损失之和进行计算，公式表达如下：

$$
\begin{aligned}
(R_{综})_n &= (R_1)_n + (R_2)_n + \cdots \\
&= L(t_1)_n \times P(t_1)_n + L(t_2)_n \times P(t_2)_n + \cdots
\end{aligned} \tag{4-18}
$$

式中，$(R_{综})_n$ 为第 n 个评价单元的综合风险，用该评价单元的各种不同强度的灾害的风险 $(R_1)_n$，$(R_2)_n$，…之和来表示；$L(t_1)_n$、$L(t_2)_n$、…分别为第 n 个评价单元出现重现期为 t_1、t_2、…的不同强度的自然灾害造成的损失；$P(t_1)_n$、$P(t_2)_n$、…分别为第 n 个评价单元出现重现期为 t_1、t_2、…的不同强度的自然灾害的年超越概率。

通常，地震烈度越高、发生频率越低、地震强度越大，直接损失越严重，重现期越长的极端降雨、发生频率越低、降雨强度越大，致洪致涝后果越严重。城市灾害综合风险情景分析模型是基于前文中已构建的地震、洪涝灾害在年超越概率和直接损失的计算模型的衍生。基于前面的研究，这里以一年内发生不同烈度的地震和不同量级暴雨洪涝为例，可以设置 9 种不同强度、不同种类灾害叠加出现的情景，从而对城市灾害综合风险进行叠加分析（表 4-19），对城市可能遭遇两种不同强度灾害情景下城市面临的总风险及其分布进行定量研究。

城市灾害综合风险分析的情景设置 表 4-19

暴雨洪涝　地震	2 年一遇	5 年一遇	50 年一遇
常遇地震	情景一	情景二	情景三
设防烈度地震	情景四	情景五	情景六
罕遇地震	情景七	情景八	情景九

在实证研究中，城市灾害综合风险情景分析的情景设置，一方面需要以灾害损失视角下的单灾种灾害风险（如地震、暴雨洪涝）的测度结果为基础；另一方面需要结合城市相关防灾工程设防标准来确定。通常，等于或高于相关防灾工程设防标准的灾害强度，是进行城市灾害风险情景分析的重要切入点，有助于有针对性地发现问题、解决问题。当然，在对其他种类的自然灾害不同强度的发生概率和发生后果（直接损失）进行评估的基础上，也可以进一步推进更全面的城市灾害综合风险的情景分析。

4.2.2 城市相对综合风险指数分析框架

4.2.2.1 城市灾害风险应对能力评价模型

（一）评价指标体系的构成要素

根据第 3 章中的定义，城市灾害风险应对能力是指"一座城市在面对主流灾害时，能够抵御各种灾害侵袭、保障居民生命财产安全或将灾害损失和影响控制在一定范围内的能力。"与城市灾害风险这一概念相对应。城市灾害风险应对能力涉及多个维度和尺度的要素，对其进行评价的关键，是如何将一个多尺度、多维度的多指标问题统一在一个维度和空间中实现综合评价，因此可以通过构建指标体系对这问题进行不断细化。下图为城市灾害风险应对能力的评价思路（图 4-2）。

城市灾害应急响应能力评价以城市内部各评价单元防灾减灾与应急响应系统为评价对象，在对相关指标组进行数据收集和定量分析的基础上，根据一定的评价模型对城市灾害应急响应能力进行系统、客观的描述与评价。由于灾前预防与工程保障水平、灾情预警与统筹管理水平、灾后应急处置与救援水平这 3 个指标层本身具有不可测度性，这里将上述指标层进一步分解为若干个子指标，从而形成内容系统、结构合理的城市防灾减灾能力定量评价指标递阶结构，包括综合评价指标、分系统评价指标和单项评价指标 3 个层次（图 4-3）。其中，第三层单项评价指标具有结构单一、容易测度、横向可比较、易于统计量化等特征，指标筛选原则在下一节中作具体阐述。

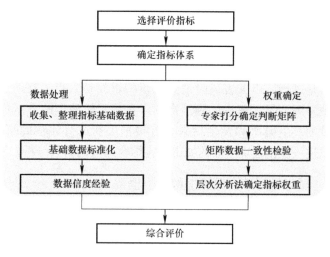

图 4-2　城市灾害应急响应能力评价思路

图 4-3　城市灾害风险应对能力评价指标体系的层级关系

（二）评价指标的筛选与确定

采用指标体系法进行评价，能否科学地选择出适用的评价指标直接影响评价结果的准确性，因此应该首先确立指标选择的原则。指标体系的设计应该建立在科学、客观的基础上，全面、有效地反映城市灾害风险应对能力在灾前、灾中和灾后各个阶段的特征，且指标体系的繁简程度应当适宜。参考该领域其他采用指标体系法进行评估的研究（刘莉，2009；周彪，2010），城市灾害风险应对能力的评价指标筛选应遵循以下原则：

（1）相关性与代表性

所选指标应该与城市灾害风险应对能力密切相关，过多相关性较小的指标会使指标体系过于冗余，因此需要有效剔除与评价对象和定义不相符、不相关的指标；评价城市灾害风险应对能力可以从灾前预防与工程保障水平、灾情预警与统筹管理水平、灾后应急处置与救援水平等多个维度和尺度进行描述，如果每个维度和尺度均采用大量指标进行测量，在实践中则缺乏可操作性，因此每个方面应该选择少数可以反映这方面水平的代表性指标来说明问题即可。

（2）全面性与层次性

所选指标应该尽可能全面地考虑不同类型的城市灾害风险对城市生产和生活造成的影响，以及灾前预防与工程保障水平、灾情预警与统筹管理水平、灾后应急处置与救援水平等灾害风险响应的各个方面；根据层次分析法递阶层次的结构特征，所选指标需要由宏观到微观、由抽象到具体、层次性地描述城市灾害风险应对能力。

（3）易测量性与可获得性

指标的选择是为评价体系服务，如果选取了难以测量或难以获取的指标，那么则降低了整个指标体系在应用中的可行性，因此，指标应当结构简单，便于收集、统计和量化计算。

（4）可比性与客观性

评价城市灾害风险应对能力的目的在于分析当前城市内部防灾减灾现状，客观反映城市内各地区之间防灾减灾能力与应急响应水平的差异，发现不足并有针对性地进行提升。因此，应当注意选择在城市内部横向可比的、客观可量化的评价指标。对于以全市域为统计口径的指标，由于不具有评价单元间的横向可比性的指标，以及主观性较强，不便量化的指标，不列入考虑或选择其他指标进行代替。

本书将城市不同自然灾害风险置于一年期的时间段内考虑，将一个地区某个灾害的年发生概率与该灾害发生的直接损失的乘积定义为该地区该种灾害的风险，从而进行评价。因此，在对城市灾害风险应对能力进行评价时，也主要针对灾前预防能力、灾中响应管理能力和灾后短期的应急救援能力这三个阶段进行评价，而对灾后长期的恢复能力暂不纳入考虑。

依照上述指标筛选原则和指标体系层级关系，参照相关论文以及其他相关行业标准，对适用于城市内部空间分析和比较的城市灾害风险应对能力的主要影响因素进行了归纳和分类，建立了三级指标体系，其中总目标层指标 1 个，分系统准则层指标 3 个，指标层指标 12 个指标，属性均为正向（表 4-20）。

城市灾害风险应对能力评价指标体系　　　　　　　　　　　表 4-20

一级指标	二级指标	三级指标	指标内涵	单位
A 城市灾害风险应对能力	B1 灾前预防与工程保障水平	C1 雨水管网密度	当地市政基础设施的排涝能力	km/km²
		C2 人均应急避难场所面积	当地提供应急避难空间的总量和分布的均衡性	m²
		C3 应急避难场所个数		个
		C4 地下人防工程个数	当地人防设施供应能力	个
	B2 灾情预警与统筹管理水平	C5 人防报警点个数	当地人防报警服务的覆盖情况	个
		C6 各级气象观测站点个数	当地气象观测与预警水平	个
		C7 各级应急指挥中心个数	当地政府对突发事件的统筹协调管理水平	个
	B3 灾后应急处置与救援水平	C8 每千人拥有医院病床数	当地医疗系统提供应急救助服务的供应总量以及设施分布的均衡性	张
		C9 医院个数		个
		C10 派出所个数	当地社会治安响应力量的供应能力	个
		C11 消防站个数	当地应急救援力量的供应能力	个
		C12 路网密度	当地应急疏散与救援救助的交通运输能力和应急力量的可达性	km/km²

（三）评价指标的标准化处理与权重确定

本书提出的城市灾害风险应对能力评价指标体系中的指标均为正向指标，即指标数据越大，其所在的二级指标值越大，测算得到的城市灾害风险应对能力也越强。由于城市灾害风险应对能力的评价指标具有不同单位，因此不能直接对数据进行计算，需要通过数据标准化处理，即在消除量纲的基础上再进一步在评价模型中计算和分析。标准化后的所有数据的最小值为 0，最大值为 1，常用的标准化方法包括极值法、均值化法和标准化法。这里采用极值法对原始数据矩阵 a 进行线性变换，得到标准化后的新数据矩阵 A。正向指标的标准化公式如下：

$$A_i = \frac{a_i - \{a_{min}\}}{\{a_{max}\} - \{a_{min}\}} \times 100 \tag{4-19}$$

式中，A_i 为某指标第 i 个数据标准化后的结果；a_i 为该指标第 i 个数据的原始值；$\{a_{min}\}$ 为该指标所有原始数据中的最小值；$\{a_{max}\}$ 为该指标所有原始数据中的最大值。

信度检验是对指标数据可靠程度进行的检验。信度系数越高，指标稳定性越高，基于数据的分析结果越稳定和可靠。常见的信度检验方法包括克隆巴哈信度系数法、重测信度法折半信度法、与复本信度法等。不同的信度检验方法原理不同。克隆巴哈信度系数法在目前社会研究中和指标体系评价中最为常用，数据信度检验可操作性和可行性最高。本书采用该系数作为城市灾害风险应对能力评价指标的信度检验标准。该方法采用 α 信度系数（Cronbach's Alpha），依据一定公式对数据内部的一致性进行测量，测量公式如下：

$$\alpha = \frac{n}{n-1} \times \left(1 - \sum \frac{S_i^2}{S_t^2}\right) \tag{4-20}$$

式中，α 为信度系数；n 为指标总个数；S_i^2 为每个指标各数据的方差；S_t^2 为所有指标总数据的方差。

该系数越高，说明数据可信度越高，通常 α 高于 0.80 被认为是可接受的。

城市灾害风险应对能力包含了灾前预防与工程保障水平、灾情预警与统筹管理水平、灾后应急处置与救援水平等市政建设、公共安全、应急管理、灾害学等多学科交叉问题。系统理论中的层次分析法（Analytic Hierarchy Process，AHP）为处理这类问题提供了系统分析和系统综合的有效模型，通过定性与定量结合、层次化和系统化的分析，将一个目标问题不断分解为相对简单多个因素（集）进行求解，再逐级综合。这里采用专家打分法与层次分析法相结合的方式确定指标体系中各分系统指标及单项指标因素的权重。

本研究邀请多名相关领域专家参与调查问卷（附表1），对本城市灾害风险应对能力评价指标体系进行意见征询，采取匿名发表意见的形式，专家之间没有横向联系和讨论。在确保参与打分的相关专家熟悉并了解各级指标基本含义的前提下，对一级指标"城市防灾减灾能力"中的3个二级指标的重要性，以及各二级指标下的多个三级指标的重要性分别进行两两比较，选择1、3、5、7、9及其倒数对两两相比的重要性进行标度，构成判断矩阵。并将回收的专家打分数据汇总整理，构成判断矩阵B，公式如下：

$$B = [B_{ij}]_{n \times n} = \begin{vmatrix} B_{11} & \cdots & B_{1n} \\ \vdots & & \vdots \\ B_{n1} & \cdots & B_{nn} \end{vmatrix} \tag{4-21}$$

式中，i，$j=1$，2，$\cdots$，n；$B_{ij}>0$；$B_{11}=1$；$B_{ij}=1/B_{ji}$。

在数学中，当n阶对比矩阵的最大特征值$\lambda_{max}=n$时，该矩阵为一致阵；如$\lambda_{max}>n$，用于层次分析的数据矩阵需进行一致性检验。一致性比率CR越小越好，当$CR<0.1$时，可以认为该判断矩阵具有满意的一致性，否则需要对判断矩阵进行调制，直至$CR<0.1$。一致性检验的步骤及计算公式（4-22）至（4-25）如下：

（1）用方根法计算判断矩阵B的特征向量W及最大特征值λ_{max}：

先计算判断矩阵B每行指标值乘积的n次方根：

$$\overline{W_i} = \sqrt[n]{\prod_{i=1}^{n} B_{ij}} \tag{4-22}$$

对向量$\overline{W} = (\overline{W_1}, \overline{W_2}, \cdots, \overline{W_n})^T$（$T$为匿名打分的专家数量）作归一化处理：

$$W_i = \frac{\overline{W_i}}{\sum\limits_{i=1}^{n} \overline{W_i}} \quad i=1,2,\cdots,n; \tag{4-23}$$

则 $W=(W_1, W_2, \cdots, W_n)^T$ 为判断矩阵 B 的特征向量；

计算判断矩阵 B 的最大特征值：

$$\lambda_{max} = \sum_{i=1}^{n} \frac{(CW)_i}{nW_i} \tag{4-24}$$

（2）计算 CI：

$$CI = \frac{\lambda_{max} - n}{\lambda_{max} - 1} \tag{4-25}$$

（3）通过查表 4-21，得到 n 阶矩阵的平均随机一致性指标 RI 的取值。

平均随机一致性指标取值表　　　　　　表 4-21

n 阶	3	4	5	6	7	8	9
RI	0.58	0.9	1.12	1.24	1.32	1.41	1.45

（4）计算一致性比率 CR 的公式如下：

$$CR = \frac{CI}{RI} \tag{4-26}$$

最后，根据层次分析法，采用计算结果集结加几何平均的方法对所有通过一致性检验的专家打分数据进行计算结果的群决策数据集结。该过程首先分别计算各专家判断矩阵，将计算得到的所有专家的排序权重均值作为集结结果并使用几何平均求均值，最后利用集结后的判断矩阵的排序权重计算得到总排序权重。

（四）城市灾害风险应对能力的计算方法

（1）综合评价指标的计算

综合评价法是使用应用与评价指数最为广泛的方法，即综合评价指标等于三级指标的标准值与各评价指标权重值的乘积之和。本书对各评价单元的城市灾害风险应对能力的计算也采用该方法，计算公式（4-27）如下：

$$D = \sum_{j=1}^{m} \omega_j \times A_{ij}$$
$$i=1,2,\cdots,n, j=1,2,\cdots,m \tag{4-27}$$

式中，D 为城市灾害风险应对能力的综合评价值；ω_j 为第 j 个三级指标对一级指标的权重；A_{ij} 为第 j 个三级指标第 i 个数据的标准值。

（2）二级评价指标的计算

城市灾害风险应对能力由灾前预防与工程保障水平、灾情预警与统筹管理水平、灾后应急处置与救援水平 3 个分系统评价指标组成，各部分评价结果等于其对应的三级指标的标准值与各三级指标对该二级指标权重的乘积之和，计算公式（4-28）如下：

$$d = \sum_{j=1}^{t} \upsilon_j \times A_{ij}$$

$$i = 1,2,\cdots,n, j = 1,2,\cdots,t \tag{4-28}$$

式中，d 为城市灾害风险应对能力的分系统评价指标的评价值；υ_j 为第 j 个三级指标对二级指标的权重，共 n 个三级指标；A_{ij} 为第 j 个三级指标第 i 个数据的标准值，共 t 个评价单元数据。

4.2.2.2 城市相对综合风险指数的计算模型

本书提出"相对综合风险指数"（Relative Comprehensive Risk Index，用 I 表示），用于客观描述和评价城市灾害风险与灾害风险应对能力的对比与协调的相对风险状态。I 值越大，即相对风险越高，说明该地区的灾害综合风险（R）相对其灾害风险应对能力（D）更大，更危险；I 值越小，即相对风险越小，说明该地区的灾害综合风险（R）相对其灾害风险应对能力（D）更小，更安全。

相对综合风险指数的测算需要以事先评价确定的城市灾害综合风险与城市灾害风险应对能力测算结果为基础，通过每个评价单元内的灾害综合风险与灾害风险应对能力的标准值之比确定 I 的值，并对所有结果进行科学分级分类，从而在城市空间中有效地展示。具体测算思路与过程如下：

（1）基础数据的标准化

根据上文，城市灾害综合风险值是基于年期望直接损失评价的结果，其结果数据跨度较大且带有单位（元），而城市灾害风险应对能力值是通过指标体系法基于标准化后的指标数据计算得到的，其结果数据值在 0 到 1 之间，且无单位。因此，进一步分析前，需首先对两组数据进行标准化无量纲处理，这里采用极值法处理数据，将数据集合 $\{R_n, D_n\}$ 转化为集合 $\{R'_n, D'_n\}$，公式 [(4-29)，(4-30)] 如下：

$$R'_n = \frac{R_n - \{R_{min}\}}{\{R_{max}\} - \{R_{min}\}} \times 100, R'_n \in [0,1] \tag{4-29}$$

$$D'_n = \frac{D_n - \{D_{min}\}}{\{D_{max}\} - \{D_{min}\}} \times 100, D'_n \in [0,1] \tag{4-30}$$

式中，R'_n 为第 n 个评价单元的城市灾害综合风险值的标准值；R_n 为第 n 个评价单元的城市灾害综合风险值的原始值；$\{R_{min}\}$ 为所有评价单元中城市灾害综合风险值原始值的最小值；$\{R_{max}\}$ 为所有评价单元中城市灾害综合风险值原始值的最大值；D'_n 为第 n 个评价单元的城市灾害风险应对能力值的标准值；D_n 为第 n 个评价单元的城市灾害风险应对能力值的原始值；为所有评价单元中城市灾害风险应对能力值原始值的最小值；$\{D_{max}\}$ 为所有评价单元中城市灾害风险应对能力值原始值的最大值。

（2）"相对综合风险指数"的计算公式（4-31）如下：

$$I_n = \frac{R'_n}{D'_n}, \quad I \in [0, +\infty) \tag{4-31}$$

式中，I_n 为第 n 个评价单元的相对综合风险指数值；R'_n 为第 n 个评价单元的城市灾害综合风险值的标准值；D'_n 为第 n 个评价单元的城市灾害风险应对能力值的标准值。

（3）"相对综合风险指数"的分级分类：

理论上，当某地区的 $I=1$ 时，$R'_n = D'_n$，即其灾害综合风险的标准值与灾害风险应对能力的标准值相等，此时该地区既没有面临过高的灾害风险，也没有过高的灾害风险应对能力（过剩的防灾减灾资源），是比较理想的相对风险状态。通过对所有评价单元的相对综合风险指数评价结果进行分级和分类，可以进一步划分出高相对风险、较高相对风险、中等相对风险、较低相对风险和低相对风险 5 类，分别与"风险过高""风险较高""安全""应对能力较强"和"应对能力过强" 5 种相对风险状态对应。

自然间断点分级法（简称自然断裂法）的原理是基于数据自

身的断点特征作为分类间隔点，对数据集内部数据进行分组聚类，聚类的结束条件是组内方差最小、组间方差最大。通过自然断裂法对数据集合分类可以在数据值差异相对较大的位置设置分级边界，从而得到的组间差异最大化的分类结果，这一方法在地图分级算法中最为常用。这里也采用自然断裂法对所有评价单元的相对综合风险指数评价结果构成的集合 $u = \{I_1, I_2, I_3, \cdots, I_n\}$ 进行分类，并在 ArcGIS 软件工作平台的数量分类功能中，取 m 个自然间断点进行聚类运算，得到 $(m+1)$ 组自然断裂的数据集。将 $I=1$ 所位于的数据集标定为中等相对风险，该组数据中的评价单元灾害综合风险与灾害风险应对能力较为相称，是比较理想的相对风险状态；数据值越大的数据集相对风险越高，灾害综合风险大于灾害风险应对能力越多，也意味着这组评价单元中需要增加更多的灾害风险应对资源的投入；数据值越大的数据集相对风险越低，灾害风险应对能力大于其面临的灾害综合风险越多，也意味着这组评价单元中有更多的灾害风险应对资源的过剩。

4.3　本章小结

本章以第 3 章"城市自然灾害风险综合评价研究的理论框架"为指引，对一系列城市自然灾害风险测度模型与综合分析方法分别进行了研究。首先，城市自然灾害风险测度模型的构建，分为灾害年发生概率的测度和灾害直接后果的测度两方面。本章以地震和暴雨洪涝灾害为例，集成、优化或构建了包括直接经济损失的测度与统计学生命价值损失的测度两部分在内的一系列灾害直接后果的测度方法与模型。

其次，提出了一套多元化的城市自然灾害风险分析方法，分为综合风险分析和相对综合风险分析两方面，其中，综合风险分析包括城市灾害综合风险评价和城市灾害综合风险情景分析两部分，相对综合风险分析则在构建城市灾害风险应对能力评价模型的基础上提出了城市相对综合风险指数评价方法。

本章中提出的所有方法和模型，均在厦门市的城市自然灾害

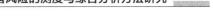

风险综合评估研究中进行了实证，即本书第 5 章、第 6 章的内容。

参考文献

［1］　CORNELL C A. Engineering Seismic Risk Analysis ［J］. Bulletin of the Seismological Society of America，1968，5 (58)：1583-1606.

［2］　ERDIK M，SESETYAN K，DEMIRCIOGLU M. Rapid Earthquake Hazard and Loss Assessment for Euro-Mediterranean Region ［J］. Acta Geophysica，2010，58 (5)：855-892.

［3］　FEMA & NIBS. Earthquake loss estimation methodology-HAZUS97，Technical Manual ［M］. Washington D. C. ：Federal Emergency Managemnt Agency. 1997.

［4］　SCHNEIDER P J，SCHAUER B A. HAZUS-Its Development and Its Future ［J］. Natural Hazards Review，2007 (7)：40-44.

［5］　WHITMAN R V. Damage Probability Matrices for Prototype Buildings ［J］. Massachusetts，1973 (1)：57-73.

［6］　毕可为. 群体建筑的易损性分析和地震损失快速评估 ［D］. 大连理工大学，2009.

［7］　陈洪富，孙柏涛，孙得璋. 地震经济损失评估之装修破坏损失比厘定研究 ［J］. 震灾防御技术，2010，5 (2)：248-256.

［8］　陈洪富. 城市房屋建筑装修震害损失评估方法研究 ［D］. 中国地震局工程力学研究所，2008.

［9］　冯启民，王华娟. 群体建筑物地震破坏概率模型研究 ［J］. 地震工程与工程振动，2007，(04)：24-29.

［10］　高孟潭. 基于泊松分布的地震烈度发生概率模型 ［J］. 中国地震，1996，(02)：91-97.

［11］　郭安薪，侯爽，李惠等. 城市典型建筑地震损失预测方法Ⅱ：地震损失估计 ［J］. 地震工程与工程振动，2007，27 (6)：

［12］　洪峰，谢礼立. 工程结构抗震设计中小震、中震和大震的确定方法 ［J］. 地震工程与工程振动，2000，(02)：1-6.

［13］　胡聿贤. 地震工程学 ［M］. 北京：地震工程出版社，2006.

［14］　林向洋，郑通彦，文鑫涛. 2017 年中国大陆地震灾害损失述评 ［J］. 防灾科技学院学报，2018，20 (03)：52-58.

［15］　刘莉. 城市防震减灾能力标定及可接受风险研究_［D］. 中国地震局工程力学研究所，2009.

［16］ 马玉宏，赵桂峰. 地震灾害风险分析及管理［M］. 北京：科学出版社，2008.

［17］ 苗崇刚，杜玮. 1997 年中国大陆地震灾害述评［J］. 自然灾害学报，1998，（02）：102-106.

［18］ 苗崇刚. 地震灾害损失评估［J］. 自然灾害学报，2000，9（1）：105-108.

［19］ 孙龙飞. 城市地震灾害损失评估方法及系统开发研究［D］. 西安建筑科技大学，2016.

［20］ 谢礼立，张晓志，周雍年. 论工程抗震设防标准［J］. 地震工程与工程振动，1996，（4）：14-29.

［21］ 徐敬海，刘伟庆，邓民宪. 建筑物震害预测模糊震害指数法［J］. 地震工程与工程振动，2002，（06）：84-88.

［22］ 尹之潜. 城市地震灾害预测的基本内容和减灾决策过程［J］. 自然灾害学报，1995（01）：17-25.

［23］ 占昕. 建筑全寿命费用评估及地震直接损失模糊综合评价［D］. 长沙理工大学，2015.

［24］ 张风华，谢礼立，范立础. 城市建构筑物地震损失预测研究［J］. 地震工程与工程振动，2004，（03）：12-20.

［25］ 张健，潘文等. 基于烈度差的城市建筑地震易损性评估［J］. 地震工程与工程振动，2017，37（04）：77-84.

［26］ 郑通彦，李洋，侯建盛等. 2008 年中国大陆地震灾害损失述评［J］. 灾害学，2010，25（2）：112-118.

［27］ 周彪. 城市防灾减灾综合能力的定量分析［J］. 防灾科技学院学报，2010，12（1）：104-112.

城市灾害风险综合评价的实证
——以厦门市为例

5.1　实证案例选择及数据来源

5.1.1　案例地区域概况

本书选择福建省厦门市作为实证研究案例。厦门市位于福建省东南沿海，地处东经 117°53′-118°26′、北纬 24°25′-24°54′之间。厦门市具有极为重要的经济与社会的战略地位，是福建省对外连接的重要节点以及我国大陆面对台湾省的重要窗口。厦门市由厦门岛、鼓浪屿和内陆沿海地区构成。本研究实证的范围是厦门市行政区划范围，陆域 1699km² （包括 981km² 的生态控制线，640km² 的建设用地增长边界和 78km 的滩涂），包括厦门市本岛（思明区、湖里区）和岛外的 4 个区（海沧区、集美区、同安区和翔安区）。

5.1.2　当地自然灾害风险概况

厦门市地处东亚大陆的东南缘，西临西太平洋，距北回归线约 1.5°，为南亚热带海洋性季风气候。气候特征为夏长冬短、气候温和、冬无严寒，雨量充沛。年平均温度 20.6℃，年平均降水量 1315.1mm；沿海地区多风且风速较大，年平均风速 3.2m/s，主导风向为东风。夏秋两季沿海地区受台风影响比较明显。地理和自然气候条件使得厦门在面对台风、风暴潮等灾害时受影响较为严重。厦门城市自然灾害主要类型有暴雨、台风、洪涝等气候性灾害和地震、滑坡、崩塌等地震地质灾害。

厦门市位于滨海断裂（长乐—诏安）地震带的中段，并地处我国台湾省西带（新竹—高雄一带）以西 200km-300km 处，其地质构造决定了厦门地区的地震易发性。历史上南澳地区和台湾省曾多次发生 6 级以上地震，周边强震对厦门地区造成了不同程度的破坏影响。虽然厦门地区历史上没有发生破坏性地震的记录，但断裂带在近代仍有较强烈活动，地壳运动仍然明显，现代小震活动集中在厦门—漳浦海外，小震震源深度为 10km-30km。市区的同安天马、灌口、九龙江口、本岛的东北外海和南侧滨海有相对成丛的微震活动。地震一旦发生，对城市可能造成毁灭性的打击，且地震的爆发通常伴随一系列次生灾害，例如火灾、水灾、滑坡、泥石流等，从而造成城市生态环境破坏、生产线工程破坏、生命线工程破坏等后果，对人民生命财产安全产生严重威胁。根据《中国地震烈度区划图》（1990）《建筑抗震设计规范》GB 50011-2010 和《中国地震动参数区划图》GB 18306-2015，厦门市思明区、海沧区、湖里区、集美区、同安区和翔安区的抗震设防烈度均为 7 度，设计基本地震加速度值为 0.15g。

厦门市的暴雨洪涝灾害主要分为两种：一种是伴随台风的暴雨，另一种是非台风暴雨，总体上呈现出局地性强、短时强度大、台风导致暴雨损失惨重的特点。伴随着暴雨的是城市内涝，导致水浸、交通中断等事件的发生，还可能引起山体滑坡、山泥倾泻等地质灾害，成为威胁厦门城市安全的重大灾害。厦门每年 4 月 15 日至 10 月 31 日为汛期，其中 7-9 月为主汛期。据有关灾情统计，厦门平均约 6 年发生一次洪涝灾害，尤其是厦门本岛、海沧、杏林、集美、西柯等沿海新区及旧城区，沿海区域地势低洼，一旦同时遭遇热带风暴形成的暴雨及海潮顶托，排水不畅，极易形成局部短时洪涝，灾情损失甚大。台风在厦门具有季节性强、频率高、降雨强度大、影响范围广的特点。台风灾害引发的风暴潮和洪水等次生灾害，对当地经济社会发展和居民生命财产安全威胁极大。7-9 月是台风登陆厦门次数最多、等级最高的月份，台风引起的暴雨或大暴雨则会不同程度地引发内涝、山洪、滑坡和泥石流等次生灾害。每次台风的形成条件、登陆时间与地点差异较大。据《厦门市水利志》近 60 年的统计，厦门市平均每 1.6 年发生一起重大的台风灾害，造成严重的财产损失。

5.1.3　数据资料与来源

本实证研究中涉及的城市灾害风险评估属于《厦门市总体规划（2017-2035）》编制前期中的《厦门市综合防灾体系与韧性城市建设实施路径研究》专题研究中部分内容的延伸，因此，相关灾害的历史灾情和城市防灾设施相关的资料收集工作与总体规划和专题研究的资料收集工作同时进行。在与厦门市规划设计研究院合作开展《厦门市综合防灾专项规划》的研究和编制过程中，对城市基础设施与建筑评估数据进行进一步收集。具体数据包括：1）当地统计年鉴和地方统计局收集的当地社会经济数据；2）城市 DEM 高程数据地形图；3）上版总体规划、部分城市片区的控制性详细规划和绿地系统规划；4）城市用地现状图（2016 年底）；5）厦门及其周边地区地震活动性研究报告、城市活断层探测和地震小区划规划、地区地震地质调查报告和城市地震应急避难场所规划；6）社区单元（综合防灾规划编制单元）的行政边界和人口统计数据；7）现状和规划道路网数据；8）全市在册危房和预制板房调查统计数据；9）地方气象局、水文局提供的历年气象公报和水文水资源公报和气象观测站的部分降水记录数据；10）地方水利局防汛办提供的历年暴雨、台风灾害损失统计数据；11）当地应急医疗、派出所、消防站、应急指挥中心位置信息等数据。

本书在实证案例中采用的厦门市灾害损失和灾害风险研究的评估单元与《厦门市总体规划（2017-2035）》《厦门市综合防灾规划（2017-2035）》采用的研究和编制单元统一，即"社区单元"。这一评估尺度比传统的街道尺度更为精细。目前，厦门全市域共划分有93 个社区单元，其中，思明区 17 个、湖里区 11 个、海沧区 14 个、集美区 14 个、同安区 15 个、翔安区 22 个。

此外，根据研究的需要，笔者还进一步从网络上收集和整理了厦门市建筑轮廓与层数数据、厦门市城市建设用地扩张情况，以及从 EM-DAT 数据库上下载并筛选得到的厦门市及其周边城市洪涝灾害损失数据。

5.2 灾损视角下的厦门市地震风险测度

5.2.1 厦门市地震灾害概况

厦门位于亚欧板块东南部，浙、闽、粤隆起带中段的东侧，属中国东部活动大陆地壳的组成部分，经岛弧—海沟系与太平洋板块相连。厦门地区地质构造发展史相对于福建全省更短，岩性简单，变质程度浅，且区域范围小，总体上可分为燕山构造运动和喜马拉雅构造运动。从区域大地构造环境、地壳活动性、第四纪地质和地形地貌特征分析可知：厦门位于闽东火山断层区，该区自第三纪末期以来的新构造运动以继承性的断裂活动和被活动断裂所分割的断裂—断块差异升降活动为主要方式，并以上升为主；北东和北东向断裂为主，北西向断裂为辅。

厦门市位于滨海断裂（长乐—诏安）地震带的中段。自公元963年以来，滨海断裂（长乐—诏安）地震带共发生 M≥43/4 级地震 46次。该带经历过两次地震高潮期，第一次地震高潮从 1574 年到 1642年，共 68 年，曾发生过南澳 7.0 级地震（1600 年）及泉州海外 7.5级地震（1604 年），此后平静了 240 多年。第二次地震活动高潮从1887 年起至今，发生过金门海外 6.2 级地震（1906 年）、南澳 7.3 级地震（1918 年）。1900-2013 年，台湾省发生 6 级以上地震共 343 次，其中 7 级以上地震达 47 次，但均未造成厦门地区建筑物损坏，厦门市的建筑物仅发生程度不同的摇动。表 5-1 整理了厦门历史上曾经遭受邻区强震和我国台湾省地震带内强震的影响而产生不同程度破坏的情况。

历史上厦门邻区主要强震活动对厦门的影响烈度　　表 5-1

序号	年份	震中地点	震级 Ms	震中距（km）	影响烈度（度）
1	1185	漳州	6.5	38	Ⅵ-Ⅶ
2	1445	漳州	6.25	41	Ⅵ
3	1600	广东南澳	7.0	133	Ⅵ
4	1604	泉州海外	7.5	163	Ⅷ
5	1906	金门海外	6.2	56	Ⅶ

续表

序号	年份	震中地点	震级 Ms	震中距（km）	影响烈度（度）
6	1918	广东南澳	7.3	133	Ⅶ
7	1994	台湾海峡南部	7.3	175	Ⅴ-Ⅵ

（资料来源：根据厦门市地震局提供的厦门周边历史地震资料整理）

自 1971 年福建省地震台网建立以来，本岛周围 100km 内共记录到 ML≥3.0 级以上地震 139 次（图 5-1），其中震中烈度最大的一次地震为 1995 年 2 月 25 日晋江海域 Ms5.3 级地震。从地震发生地点记录来看，厦门海外发生小震的频率最高（图 5-2）。

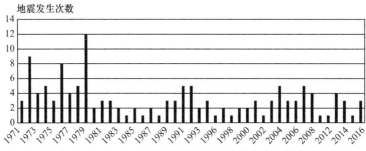

图 5-1　1971-2016 年厦门周边地区小震发生次数统计

（注：以上小震为厦门周边地区发生在 1971-2016 年间的 3 级以上地震，

资料来源：厦门市地震局）

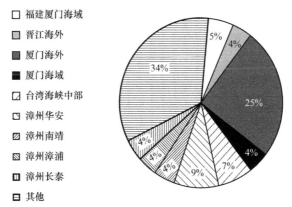

图 5-2　1971-2016 年影响厦门的周边各地区小震发生比例图

（注：以上小震为厦门周边地区 1971-2016 年的 3 级以上地震，根据厦门市地震局提供的《厦门市现今小震活动特点报告》中的小震分布数据资料整理）

5.2.2 厦门市地震概率计算

根据《中国地震烈度区划图（1990）》《中国地震动参数区划图》GB 18306-2015 和《建筑抗震设计规范》GB 50011-2010，厦门地区（思明区、湖里区、海沧区、集美区、同安区、翔安区）的抗震设防烈度均为Ⅶ度，设计基本地震动加速度为 0.15g。[①] 即，设防烈度地震为发生烈度为Ⅶ度的地震。根据常遇地震、设防烈度地震和罕遇地震的基本定义，3 种地震烈度发生的年超越概率 $[P(I_6)$、$P(I_7)$、$P(I_8)]$ 可通过公式（4-2）进行计算，计算结果如下（表5-2）。

厦门市常遇地震、设防烈度地震和罕遇地震的年超越概率　　表 5-2

地震类型（烈度）	基本定义	年发生概率（一年中发生的可能性）
常遇地震（Ⅵ度）	50 年超越概率 63%	$P(I_6)=0.019688642$
设防烈度地震（Ⅶ度）	50 年超越概率 10%	$P(I_7)=0.002104992$
罕遇地震（Ⅷ度）	50 年超越概率 2%	$P(I_8)=0.000403973$

5.2.3 厦门市建构筑物地震直接经济损失预测

5.2.3.1 厦门市建筑数据来源与建设现状

厦门的城中村、棚户区和古建筑遗址较多。厦门市城市设计规划研究院提供了厦门市各区预制板房和在册危房建筑调查统计数据。根据统计和数据整理，厦门市域现存预制板房约 446 处，现状在册危房共 2442 处。通过对这些房屋的具体地址进行坐标转换，并通过 ArcGIS 软件实现地理位置的可视化。可见，危房在厦门市广泛分布，岛内东南部地区、鼓浪屿地区、集美区，以及同安区和翔安区部分地区较多，思明区、湖里区和集美区预制板房数量也较多。根据在册危房的调查统计，厦门市危房的结构大部

---

① 根据《中国地震动参数区划图》GB 18306-2015 的附表 C.13 福建省城镇Ⅱ类场地基本地震动峰值加速度值和基本地震动加速度反应谱特征周期值列表，厦门市同安区（2 街道，6 镇）的峰值加速度值为 0.10g，全市其余地区均为 0.15g。

分是石混、砖石、石、土木、石木、石土木、砖土木结构，少部分是土坯墙、砖混、砖木结构，主要用途为住宅，少部分为厂房，是广泛分布在城中村和城郊地区的自建房。根据预制板房的调查统计，预制板房主要结构包括砖混结构、混合结构和预制板，屋顶材质主要为预制板。由于预制板是在工厂加工成型后运输到施工现场进行安装，具有施工周期快、造价低的特点，在厦门市城市发展较早的思明区、湖里区和集美区的城中村、棚户区等区域十分流行。由于危房和预制板房本身在建造时普遍没有符合相关建筑设防标准，因此遭遇地震时，这类建筑的风险系数非常高。反映在计算模型中，则是遭遇同一烈度的地震时，破坏比的值大于同地区符合建筑设防标准的一般建筑。

根据《建筑设计防火规范》GB 50016-2014，高层建筑一般是指高度大于27m的住宅建筑和高于24m的非单层厂房、仓库的民用建筑。这里为了方便估算，按照一般民用建筑3m层高进行估算可知，高层建筑一般是指9层及以上的建筑。通过对从互联网地图上获取的厦门市建筑数据（包括建筑轮廓和建筑层数信息）进行筛选，剔除数据库中的在册危房、预制板房数据，以及低于9层的一般建筑，得到厦门市层数为9层及9层以上的高层建筑分布情况。可见，厦门的高层建筑主要集中分布在思明区、湖里区、海沧区和集美区的沿海地区，以及同安区的中心城区。高层建筑一方面由于建设年代较晚，多采用钢筋混凝土等抗震性能较好的结构建造，一般符合抗震设防标准，地震发生时相对安全；但另一方面，由于建筑面积大，单位面积上承载了更多的居民，一旦地震发生，人员逃生的压力也较大。本书这部分关注的是房屋本身在地震中的损失，因此认为一般建筑在相同破坏等级情况时，高层建筑（钢筋混凝土）的损失比取值要略低于底层、多层房屋（一般为砌体结构）。

本书依据建成区范围的拓展时序来近似推断建筑年代，并作为市域范围内在册危房和预制板房调查统计数据的补充。通常建筑年代越早，其结构、层数、用途在设计之初对建筑抗震的要求就越低，同时早期的建筑由于年代久远，建筑结构本身的老化也导致现状建筑的抗震能力的较弱。

具体步骤如下：1）利用 Erdas 软件对 USGS 遥感影像进行识别，得到不同年代建设用地扩展情况；2）计算各年度建设用地扩展面积；3）计算各行政区各阶段建设用地扩展面积占建成区总面积的比重，对各年代建筑的抗震能力赋分，计算各区得分，并进行标准化处理。

根据不同年度（1986 年，1996 年，2006 年，2016 年）厦门市遥感图分析结果得出近 40 年（1986-2016 年）厦门市建设用地的拓展过程，通过不同年代建设用地的拓展对厦门市各评估区的建筑年代作近似推定。

根据对厦门市 1986-2016 年建设用地扩展情况的分析可知，厦门市岛外沿海地区建设年代较新，同安区、翔安区建设年代较新、集美区、海沧区部分片区次之，岛内湖里区和思明区开发较早，这也与厦门当地的实际城市发展情况匹配。在 ArcGIS 软件中通过分区统计工具，对各社区单元内 1986-2016 年新增的建设用地进行统计并分类，新增建设用地较多的地区被认为建筑年代更近，反之则相对老旧。下图为根据厦门市 1986-2016 年新增建成区面积统计的各社区单元建设新旧情况。

本书在实证案例中采用的厦门市地震风险评估单元为厦门市综合防灾规划编制单元——"社区单元"，全市域共划分有 93 个社区单元。根据第 4 章中城市建（构）筑物的地震直接经济损失计算公式（4-5）、（4-6）、（4-7），在遭遇 I_i 烈度地震时，厦门市各社区单元的地震直接经济损失可以通过以下公式评价：

$$L_经(I_i)_n = L_建(I_i)_n + L_财(I_i)_n \qquad (5\text{-}1)$$

$$L_建(I_i)_n = \sum_{k=1}^{4} \sum_{j=1}^{5} P_k(D_j \mid I_i) \times l_建(D_j)_k \times (S_k)_n \times P_k \qquad (5\text{-}2)$$

$$L_财(I_i)_n = \sum_{k=1}^{4} \sum_{j=1}^{5} \gamma \times P_k(D_j \mid I_i) \times l_财(D_j)_k \times$$
$$\beta(S_k)_n \times \mu P_k \qquad (5\text{-}3)$$

式中，n 为第 n 个评估单元；$n = 1$，2，3，… 93；I_i 表示地

震烈度的大小，在本实证研究中，厦门地区的常遇地震（Ⅵ度）、设防烈度地震（Ⅶ度）和罕遇地震（Ⅷ度）烈度分别用 I_6，I_7，I_8 表示；j 表示破坏等级，$j=1$，2，3，4，5（共分为 5 级破坏）；k—建筑结构类型，根据厦门市建筑现状数据，分为一般高层建筑、预制板房、危房和其他建筑四类，分别用 k_1，k_2，k_3，k_4 表示；$L_经(I_i)_n$ 为第 n 个评估区在遭遇到烈度为 I_i 的地震时所有建构筑物的直接经济总损失，$L_建(I_i)_n$ 为第 n 个评估区在遭遇到烈度为 I_i 的地震时各类建构筑物自身破坏的经济损失；$L_财(I_i)_n$ 为第 n 个评估区在遭遇到烈度为 I_i 的地震时各类建构筑物室内财产的经济损失（主要指中高档装修的维修成本和重修成本）；$P_k(D_j \mid I_i)$ 为第 k 类房屋 j 级破坏的破坏概率；$l_建(D_j)_k$ 为地 k 类房屋 j 级破坏的直接经济损失比；$(S_k)_n$ 为第 n 个评估区内第 k 类房屋总建筑面积，单位为 m^2；P_k 为 k 类房屋主体结构的重置单价，单位为：元$/m^2$；γ 为经济状况差异的修正系数；$l_财(D_j)_k$ 为第 k 类房屋 j 级破坏时室内财产的直接经济损失比；β—中高档装修的建筑面积占房屋总建筑面积的比例系数；μ—中高档装修重置单价与主体结构重置单价的比值系数；

　　厦门市现有建筑，除去预制板房和危房，其他一般建筑默认其建造时基本符合Ⅶ度设防的抗震设防标准，因此这类建筑在遭遇常遇地震、设防烈度地震和罕遇地震时的破坏比取值，可采用Ⅶ度设防的建构筑物在遭遇Ⅵ度、Ⅶ度、Ⅷ度地震时各级破坏程度的破坏比（表 5-3）。

厦门市常遇地震、设防烈度地震和罕遇地震时按
设防标准设防的建构筑物的破坏概率　　　　　　表 5-3

$P_k(D_j \mid I_i)$	遭遇地震		
	I_6—常遇地震	I_7—设防烈度地震	I_8—罕遇地震
D_1—基本完好	0.85	0.57	0.20
D_2—轻微破坏	0.15	0.28	0.37
D_3—中等破坏	0	0.15	0.28
D_4—严重破坏	0	0	0.15
D_5—毁坏	0	0	0

由于不同结构类型的建构筑物抗震能力具有较大差异，面对相同烈度的地震时，城市中不同结构的建（构）筑物的破坏情况存在很大差别，即不同群体建筑在地震中受到不同破坏程度的比例存在差异。因此，在实际计算中，需要根据市域范围的建筑结构调查，对各子评估区域内不同结构的群体建筑进行分类，并对遭遇地震时各类型建（构）筑物的破坏概率进行调整。具体统计、参数取值与计算过程如下：

（1）破坏概率 $P_{k_1}(D_j|I_i)$ 取值

本书以《建（构）筑物破坏等级的划分》GB/T 24335-2009 和《地震现场工作第 4 部分：灾害直接损失评估》GB/T 18208.4-2011 中给出的各类建筑破坏比取值为基础（详见第 4 章），根据厦门市预制板房、在册危房调查统计数据，以及结合建设用地扩展情况近似推定的建成区建筑建设年代情况，调整厦门市一般高层建筑、预制板房、危房和其他建筑在地震中的破坏比和震害损失比取值。表 5-4 为实证中 4 类建筑破坏概率取值。

厦门市不同类型房屋该评估区内 4 类房屋在 3 类地震中
j 级破坏的破坏概率取值　　　　　　　　　　表 5-4

$P_{k_1}(D_j\|I_i)$	遭遇地震 I_i		
	I_6	I_7	I_8
D_1	0.85	0.57	0.20
D_2	0.15	0.28	0.37
D_3	0	0.15	0.28
D_4	0	0	0.15
D_5	0	0	0
$P_{k_2}(D_j\|I_i)$	遭遇地震 I_i		
	I_6	I_7	I_8
D_1	0.57	0.20	0.05
D_2	0.28	0.37	0.15
D_3	0.15	0.28	0.27
D_4	0	0.15	0.28
D_5	0	0	0.15

$P_{k_3}(D_j \mid I_i)$	遭遇地震 I_i		
	I_6	I_7	I_8
D_1	0.20	0.05	0
D_2	0.37	0.15	0
D_3	0.28	0.27	0.33
D_4	0.15	0.28	0.30
D_5	0	0.15	0.37
$P_{k_4}(D_j \mid I_i)$	遭遇地震 I_i		
	I_6	I_7	I_8
D_1	0.80	0.55	0.15
D_2	0.20	0.27	0.33
D_3	0	0.18	0.30
D_4	0	0	0.22
D_5	0	0	0

（2）震害损失比 $l_建(D_j)_k$ 取值

震害损失比的取值随着破坏等级的变化而变化，对同一类建筑来说，破坏等级越大时，对应的震害损失比也越大。一般来说，对于同样的破坏等级，抗震性能较好的结构，震害损失比会低一些。对于单体建筑而言，破坏损失比的取值也与当地土建工程的实际情况有关，本书的评价单元是"社区单元"，因此在震害损失比取值时不考虑单体建筑自身的土建工程实际情况。这里根据厦门市房屋建设整体情况，参考国家标准《地震现场工作　第 4 部分：灾害直接损失评估》GB/T 18208.4-2011 给出参考的不同类型的房屋损失比取值范围和我国地震局工程力学研究所这方面专家的建议，对本实证案例中的 4 类房屋在各级破坏等级下的主体结构震害损失比进行取值，表 5-5 为取值结果。

厦门市不同类型房屋在各级破坏情况下的主体结构震害直接经济损失比取值（单位：%）　表 5-5

房屋类型(k) $\backslash$ $l_建(D_j)_k$	破坏等级（D_j）				
	D_1	D_2	D_3	D_4	D_5
一般高层建筑（k_1）	0	4	20	70	90
预制板房（k_2）	2	11	28	75	100
危房（k_3）	3	15	30	80	100
其他建筑（k_4）	0	10	25	70	90

（3）各类建筑总建筑面积（S_k）$_n$ 统计

通过对厦门市一般高层建筑、预制板房、在册危房和其他建筑数据的整理，采用公式（5-4）对各评估单元中各类建筑的总建筑面积进行测算：

$$(S_k)_n = \sum_{m=1}^{M_k} (B_m)_n \times (H_m)_n \tag{5-4}$$

式中，n 为第 n 个评估单元；$n=1$，2，3，…，93；k 为建筑结构类型，根据厦门市建筑现状数据，分别用 k_1，k_2，k_3，k_4 表示一般高层建筑、预制板房、危房和其他建筑四类建筑；M_k 为第 n 个评估单元内第 k 类建筑的总数量；$(B_m)_n$ 为第 n 个评估单元内第 m 个 k 类建筑的建筑底面积；$(H_m)_n$ 为第 n 个评估单元内第 m 个 k 类建筑的建筑层数。

（4）各类建筑的重置单价 P_k 估算

不同结构类型的建筑之间建安成本差异很大，同时，建筑材料和人工成本在地区间的差异也很大。本书中，这部分的研究对象是各评估单元中，由地震灾害造成的各类建筑物的直接经济损失，根据各类建筑的重置单价来定义其成本。因此，采用当地近期各类房屋的单体建筑建安成本作为各类建筑的重置单价。近年来，参考相关资料，厦门市新建的房屋都采用钢筋混凝土结构，单位建安成本通常在 1800-2500 元之间，其中高层建筑的单位建安成本（k_1）稍高于小高层，也高于多层建筑。早期开发的多层建筑主要是砖混砌体结构，其建安成本要低于钢筋混凝土结构的建筑，考虑到单体建筑的建造时间和结构类型数据的可获得性，以及地震后普通建筑的重建都是按照现行标准进行这一事实，因此，非高层的其他建筑（k_4）的重置单价也参考钢筋混凝土结构的建安成本来确定。厦门的预制板房和危房大部分为居民自建的家庭住房或作坊，少部分为厂房，因此，k_2、k_3 的重置单价取值主要参考当地农村不同结构的自建房建安成本。由于实际抗震性能远低于建筑抗震设计规范的要求，预制板房和危房在地震中的破坏比例很大，在这里仅通过重置其本身的建安成本来预测这类建筑的地震直接经济损失，暂不考虑重建钢筋混凝土结构建筑的成本。

参考《建设工程人工材料设备机械数据标准》GBT 50851-2013、《中国建筑业统计年鉴》（2016 年、2017 年、2018 年）中福建省的建筑房屋竣工面积和竣工价值数据、《厦门经济特区年鉴》（2016 年、2017 年、2018 年）中所有房屋和住宅类建筑的全年竣工面积和竣工价值数据、厦门市建设工程造价网（厦门市建设工程造价管理站）中建筑材料的成本、"造价通"网站中厦门市 2016-2018 年建筑工程信息价中的单位建筑面积的综合造价数据和"中国造价网"中的相关建材报价，以及咨询当地政府拆迁办成本核算人员和当地建筑工程开发从业人员，得到本研究区中的 4 类建筑重置单价。表 5-6 为取值结果。

厦门市房屋主体结构的重置单价（元/m²） 表 5-6

建筑分类	一般高层建筑 k_1	预制板房 k_2	危房 k_3	其他建筑 k_4
取值范围	2000-2500	900-1500	700-1200	1900-2400
取值	2250	1200	950	2150

（5）经济状况修正系数 γ 取值

厦门是我国经济特区，也是我国 5 个计划单列市之一，2016年的 GDP 为 3784.3 亿元，位于全省第三，在我国经济发达的东南沿海地区属于中上游水平；人均 GDP 为 9.7 万元/人，为全省第一。2018 年，厦门市人均 GDP 达到 115359 元/人，在我国各市中位列前 20，属于我国经济发达地区。因此，根据《地震现场工作第 4 部分：灾害直接损失评估》GB/T 18208.4-2011 对于经济状况差异的修正系数取值参考，这一系数 γ 可以取 1.3。一般情况下，地均 GDP 越高的地区越发达，受灾害打击的损失也越大。由于本研究的评估单元为城市中的 93 个社区单元，更关注各评估单元之间地震造成建筑物内部财产损失的差异，而非单体建筑之间的损失差异，因此这里 γ 的取值无须考虑个体建筑的用途，主要根据厦门市各区地均 GDP 情况进行再调整。表 5-7 为取值结果。

厦门市地区经济发展状况差异修正系数取值　　表5-7

行政区	思明区	湖里区	海沧区	集美区	同安区	翔安区
取值	1.40	1.40	1.30	1.35	1.20	1.25

（6）室内财产直接经济损失比 $l_{财}(D_j)_k$ 取值

根据历史震害调查和相关研究，建筑在相同破坏等级 D_j 下，室内财产的直接经济损失比要大于主体结构的直接经济损失比。参考中国地震工程理学研究所的相关研究结论以及厦门市建筑发展现状，对不同类型房屋的室内财产破坏损失比进行取值，表5-8为取值结果。

厦门市不同类型房屋在各级破坏情况下的室内财产
震害直接经济损失比取值（单位：%）　　表5-8

$l_{财}(D_j)_k$ 房屋类型(k)	破坏等级 （D_j）				
	D_1	D_2	D_3	D_4	D_5
一般高层建筑(k_1)	0	5	25	80	100
预制板房(k_2)	5	15	35	85	100
危房(k_3)	5	20	40	95	100
其他建筑(k_4)	0	10	25	80	100

（7）中高档装修的建筑面积占房屋总建筑面积的比例系数 β 取值

厦门市常住人口在380万以上，属于大城市。这里参考《地震现场工作第4部分：灾害直接损失评估》GB/T 18208.4-2011中基于大量既有房屋震害数据给出的城市中高档装修房屋面积占比取值范围，并结合厦门市房屋的分类情况和厦门市社会经济发展现状进行再调整，确定本实证研究中这一比例系数的取值结果（表5-9）。

厦门市各类建筑中高档装修房屋面积占比取值（单位：%）　　表5-9

建筑分类	一般高层建筑 k_1	预制板房 k_2	危房 k_3	其他建筑 k_4
取值	60	35	30	55

（8）中高档装修重置单价与主体结构重置单价的比值系数 μ

在震害经济损失评估中某类型房屋的室内财产总价值等于该评估单元中第 k 类建筑总面积乘以每平方米建筑的室内财产平均

值，该值随地区发展情况、房屋结构类型和建筑用途的不同而存在差异。通常为方便起见，采用室内资产与该类建筑造价的百分比来计算。参考相关研究和震害评估软件中这一系数的取值以及厦门市的发展现状，确定本实证研究中这一系数的取值（表 5-10）。

厦门市中高档装修重置单价与主体结构
重置单价的比值系数（单位:%）　　表 5-10

建筑分类	一般高层建筑 k_1	预制板房 k_2	危房 k_3	其他建筑 k_4
取值	70	40	35	65

5.2.3.2　震害直接经济总损失评价结果

（1）常遇地震

根据上述公式和参数取值，在 Excel 软件中计算面对常遇地震时，厦门市 93 个社区单元中各类建筑物直接经济损失的计算结果在附录中呈现（附表2）。根据这部分中的计算结果，从震害直接经济损失总量的角度看，厦门市全市域在常遇地震中，各类建构筑物的直接经济总损失达到约 175 亿元，其中高层建筑直接经济损失约 17.7 亿元，预制板房直接经济损失约 1 亿元，危房直接经济损失约 1.8 亿元，其他建筑直接经济损失约 154.5 亿元；从城市内部直接经济损失的空间分布看，厦门市集美区沿海地区的 11-14 侨英街道、11-08B 杏滨、11-13 集美学村，湖里区的 06-05 马垅—江头、06-06 县后、06-04 湖里、06-08 五缘湾、06-01 殿前、思明区的 03-04 湖光、03-03 鹭江、03-05 嘉莲，以及海沧区的 05-10 新市区北这 12 个社区单元的震害直接经济损失最高，达 5 亿元以上。在 ArcGIS 软件中对上述计算结果进行可视化处理。

（2）设防烈度地震

根据上述公式和参数取值，在 Excel 软件中计算面对设防烈度地震时，厦门市 93 个社区单元中各类建筑物的直接经济损失的计算结果在附录中呈现（附表3）。根据这部分中的计算结果，从震害直接经济损失总量的角度看，厦门市全市域在设防烈度地震中，各类建构筑物的直接经济总损失达到约 648.8 亿元，其中高层建筑直接经济损失约 88.1 亿元，预制板房直接经济损失约 1.5 亿元，危房直接经济损失约 3.1 亿元，其他建筑直接经济损失约 556.1 亿元；从城市内部直接经济损失的空间分布看，厦门市的集美区沿海地区的 11-13 集美学村、11-08B 杏滨，湖里区的 06-05 马垅—江头、06-06 县后、06-04 湖里、06-08 五缘湾，思明区的 03-04 湖光、03-03 鹭江，以及海沧区的 05-10 新市区北这 9 个社区单元的震害直接经济损失最高，达 20 亿元以上。在 ArcGIS 软件中对全部计算结果进行可视化处理。

（3）罕遇地震

根据上述公式和参数取值，在 Excel 软件中计算面对罕遇地震时，厦门市 93 个社区单元中各类建筑物直接经济损失的计算结果在附录中呈现（附表 4）。根据这部分的计算结果，从震害直接经济损失总量的角度看，厦门市全市域在罕遇地震中，各类建构筑物的直接经济总损失达到约 2235.8 亿元，其中高层建筑直接经济损失约 146.5 亿元，预制板房直接经济损失约 5.2 亿元，危房直接经济损失约 4.6 亿元，其他建筑直接经济损失约 2079.5 亿元；从城市内部直接经济损失的空间分布看，厦门市的集美区沿海地区的 11-14 侨英街道、11-08B 杏滨，湖里区的 06-05 马垅—江头、06-06 县后、06-04 湖里，思明区的 03-04 湖光，这 6 个社区单元的震害直接经济损失最高，达 80 亿元以上。在 ArcGIS 软件中对全部计算结果进行可视化处理。

5.2.4 震害生命损失预测

5.2.4.1 厦门市地震预期死亡人数的计算

根据第 4 章中震害预期死亡人数计算公式（4-16）进一步构建实证研究中地震人员死亡数量预测模型。在遭遇 I_i 烈度地震时，厦门市各社区单元的预期计震害人员死亡数量可以通过以下公式评价：

$$ND(I_i)_n = \sum_{k=1}^{4} A_3(D_3 \mid I_i)_{k,n} \times RD_3 \times \rho_n \times (f_\rho)_n$$

$$+ \sum_{k=1}^{4} A_4(D_3 \mid I_i)_{k,n} \times RD_4 \times \rho_n$$

$$+ \sum_{k=1}^{4} A_5 (D_5 \mid I_i)_{k,n} \times RD_5 \times \rho_n \qquad (5\text{-}5)$$

式中，n 为第 n 个评估单元；$n=1$，2，3，…，93；$ND(I_i)_n$ 为遭遇烈度 I_i 的地震时第 n 个评估单元的预期死亡人数；k—建筑结构类型，根据厦门市建筑现状数据，分为一般高层建筑、预制板房、危房和其他建筑四类，分别用 k_1，k_2，k_3，k_4 表示；$A_3 (D_3 \mid I_i)_{k,n}$、$A_4 (D_3 \mid I_i)_{k,n}$、$A_5 (D_5 \mid I_i)_{k,n}$ 分别表示第 n 个评估单元中，建构筑物遭遇烈度为 I_i 的地震时中等破坏（D_3）、严重破坏（D_4）和毁坏（D_5）状态的第 k 类建筑的建筑面积（m^2）；RD_3、RD_4、RD_5 分别为城市建构筑物遭遇地震时中等破坏（D_3）、严重破坏（D_4）和毁坏（D_5）状态时对应的死亡率；ρ_n 为第 n 个评估单元的在室人员平均密度；$(f_\rho)_n$ 为第 n 个评估单元的人口密度修正系数。

地震烈度越大，建筑物破坏状态越严重，死亡率越高。根据上面的公式，实证研究中这部分的具体统计、参数取值与计算过程如下：

（1）建筑面积统计

根据厦门市不同类型房屋的评估区内 4 类房屋在 3 类地震中 j 级破坏的破坏概率取值表，在本实证研究选取案例的 3 种地震情景下，在 Excel 软件中分别计算厦门市各评估区内建构筑物遭遇地震时中等破坏（D_3）、严重破坏（D_4）和毁坏（D_5）状态的建筑面积，计算结果见附表 5。

（2）建筑物破坏情况对应的死亡率取值

建筑物在遭遇高烈度地震时，倒塌速度更快，居民逃生概率更低，因此认为对于同一破坏状态，地震烈度越大，对应的死亡率相对较高。根据城市发展现状和相关研究中的不同烈度地震与建筑物破坏情况对应的死亡率取值范围，基于"同一地震烈度下，破坏状态越严重，死亡率越高"和"相同破坏状态下，地震烈度越大，死亡率越高"原则，对厦门市城市建构筑物遭遇 3 种地震情景时中等破坏（D_3）、严重破坏（D_4）和毁坏（D_5）状态时对应的死亡率进行取值（表 5-11）。

3 种地震情景下的厦门市建筑破坏状态对应的
预期死亡率取值 表 5-11

	破坏状态	D_3	D_4	D_5
死亡率	常遇地震	1×10^{-6}	8×10^{-5}	2×10^{-3}
	设防烈度地震	1×10^{-5}	5×10^{-4}	8×10^{-3}
	罕遇地震	3×10^{-5}	8×10^{-4}	2×10^{-2}

（3）室内人员密度

地震发生的时间段不同，室内人员密度也存在差异。国内外历史震害统计资料均表明，相同烈度的地震，夜间发生的死亡率要普遍高于白天，主要是由于夜间人员在室率高，且人在睡眠中经历地震并作出反应需要更长时间，因此死亡率更高。由于缺乏案例城市厦门市所有建筑的用途资料，难以从已获取的建筑数据中筛选出住宅、宾馆、公寓、招待所等夜间人员主要安置建筑的数据。因此，这里在算在室人员密度时，只能采用全部建筑面积进行计算，可以参考白天发生地震情景的在室人员密度 ρ 计算公式及系数取值进行测算。公式如下：

$$\rho = \frac{7}{10} \times \frac{m_n}{A_n} \tag{5-6}$$

式中，n 为第 n 个评估单元；$n=1$，2，3，…，93；m_n 为第 n 个评估区内的常住人口总数，A_n 为城市预测区内的各类建筑面积总和。

根据厦门市常住人口统计数据和建筑面积数据，通过公式（5-6）计算各评估单元白天在室人员密度。计算结果见附录（附表 6），并在 ArcGIS 软件中对总常住人口、总建筑面积和在室人员密度的分布进行可视化处理。得到厦门市常住人口分布、总建筑面积分布和在室人员密度分布。

（4）人口密度修正系数

厦门市地少人多，城镇化率高，人口分布在空间上并不均衡。根据 2016 年底的全市人口统计，全市常住人口 380 余万人，土地面积 1628km²，全市平均密度高达 2300 人/km²。为了更科学地预估震害预期死亡人数的分布，这里根据各评估单元的人口密度取修正系数。表 5-12 为取值结果（表 5-12）。

厦门市社区单元人口密度修正系数取值　　　　　表 5-12

社区单元 人口密度	<500 人/km²	500-2000 人/km²	2000-3000 人/km²	3000-5000 人/km²	>5000 人/km²
修正系数	0.8	0.9	1.0	1.1	1.2

（5）厦门市地震人员死亡数量计算结果

震害预期死亡人数与房屋破坏情况（各类建筑中等破坏、严重破坏和毁坏情况）、在室人员密度有关。根据上述公式和参数取值，在 Excel 软件对常遇地震、设防烈度地震和罕遇地震时，厦门市在遭遇常遇地震、设防烈度地震和罕遇地震时的预期死亡人数进行计算，计算结果分别为 3.3 人、367.4 人和 2555.8 人。93 个社区单元的预期震亡人数计算结果具体见附录（附表 7）。在 Arc-GIS 软件中对常遇地震、设防烈度地震、罕遇地震时厦门市各社区单元预期死亡人数的计算结果进行可视化处理。

尽管整个厦门市在遭遇常遇地震时并不会造成过大的人员死亡（预计不超过 4 人），且各社区单元的预期死亡人数均小于 1，但仍可以看出翔安区的大部分地区以及同安区、集美区、海沧区的少部分地区震害人员死亡风险偏高。特别是翔安区的 13-07A 马巷南和 13-04 下潭尾北这两个社区单元在常遇地震中预期人员死亡风险最高，13-05 黎安和 13-12B 新店这两个社区单元的震害预期人员死亡风险也较高。对比前文的分析结果，不难看出，主要是由于这几个地区分布了较多不符合建筑抗震要求的危房（在常遇地震中受影响较大）以及在室人员密度较高等几个因素综合导致的。

厦门市在遭遇设防烈度地震时预期会造成约 370 人的死亡。根据计算，除海沧区的 05-01 天竺社区单元预期死亡人数为 0，其他社区单元均存在震害人员死亡风险，其中翔安区的部分社区单元震害死亡人员风险明显高于其他地区，如 13-07A 马巷南、13-04 下潭尾北、13-05 黎安和 13-12B 新店这 4 个社区单元，预期死亡人数均高于 25 人。对比前文的分析结果，不难看出，不符合建筑抗震要求在册危房分布较多，以及在室人员密度较高等因素是设防烈度下这些地区预期死亡人数较多的主要原因。

这里的计算中，厦门全市区域在遭遇罕遇地震时预期会造成约 2556 人的死亡。根据计算，除海沧区的 05-01 天竺社区单元预期死亡人数为 0，其他社区单元均存在一定的震害人员死亡风险，其中翔安区的震害死亡人员风险明显高于其他地区。翔安区的 13-07A 马巷南、13-04 下潭尾北、13-05 黎安、13-12B 新店、13-06 下潭尾南、13-12A 后山岩以及海沧区的 05-07 新阳西这 7 个社区单元预期死亡人数均高于 100 人；预期死亡人数在 25-100 人的社区单元则主要分布在岛内湖里区的 06-06 县后和岛外各区，均是常住人口较大，在室人员密度较高的地区。

5.2.4.2　厦门市居民统计学生命价值的测算

根据第 4 章中基于改进人力资本法的居民统计学生命价值计算模型，在厦门市收集相关数据，并对相关参数逐一进行计算。为方便对照，居民平均 VSL 计算公式如下：

$$VSL = VSL_1 + VSL_2 \tag{4-13}$$

$$VSL_1 = X + X \times \left(\frac{1+\alpha}{1+\beta}\right) + X \times \left(\frac{1+\alpha}{1+\beta}\right)^2$$
$$+ \cdots\cdots X \times \left(\frac{1+\alpha}{1+\beta}\right)^{i-1} \tag{4-14}$$

$$VSL_2 = Y + Y \times \left(\frac{1+\gamma}{1+a}\right) + Y \times \left(\frac{1+\gamma}{1+a}\right)^2$$
$$+ \cdots\cdots Y \times \left(\frac{1+\gamma}{1+a}\right)^{n-1} \tag{4-15}$$

式中，VSL_1 为人力资本总投入；X 为人力资本支出；α 为贴现率；β 为过去人力资本支出的增长率；i 为人力资本投入的年限；VSL_2 为人力资本总收入；Y 为人力资本收入；γ 为人力资本未来增长率；n 为收入损失的年限。

上述公式中主要参数的计算过程如下：

（1）人力资本支出 X 与过去人力资本支出的增长率 β 的计算和取值

人力资本投资包括教育、医疗以及生活上的消费支出。根据 2015-2018 年 4 年的《厦门经济特区年鉴》，2018 年厦门市人均支出 33192 元，比上年增长 9.3%，近 4 年来的年平均增速为 6.7%。

因此，这里取 6.7％作为过去厦门市的居民人均支出增长率相对公允，即：

$$X = 33192; \quad \beta = 6.7\%$$

（2）人力资本收入 Y 与未来人力资本收入的增长率 γ 的计算和取值

人力资本收入包括人均工资性收入、人均经营净收入、人均财产净收入和人均转移净收入。根据 2015-2018 年 4 年的《厦门经济特区年鉴》，2018 年，厦门市人均可支配收入为 50948 元，比上年增长 9.3％，近 4 年来的年平均增速为 8.4％。因此，这里取 8.4％作为未来厦门市的人力资本增长率相对公允，即：

$$Y = 50948; \quad \gamma = 8.4\%$$

（3）贴现率 α 的取值

贴现率，又称折现率，是指将未来支付的价格折算为现值所使用的贴现利率。针对不同国家地区、不同经济发展时期的研究中贴现率的取值不尽相同，通常在 3％-10％之间。贴现率的取值也直接影响到人力资本法的计算结果。贴现率一般由无风险利率和风险补偿率两部分组成，可以采用长期国债利率作为无风险利率，而风险补偿率的取值则在 0 到股市整体收益率与无风险利率之差之间。回顾我国财经报表，2015-2018 年，我国 10 年期国债收益率最低值为 2.744％（2016 年 10 月 1 日），最高值为 3.944％（2018 年 1 月 1 日）；过去十年（2008 年 8 月 27 日至 2018 年 8 月 27 日）国证 A 指累计收益率为 101.34％，年化收益率达到 7.25％。此外，综合参考国内外其他人力资本法研究中的贴现率取值（研究中贴现率取值在 5％-7％之间），本研究中贴现率（α）取 6％带入模型计算，即：

$$\alpha = 6\%$$

（4）人力资本投资的年限 i 和收入损失的年限 n 的计算

根据《厦门市"十三五"教育事业发展专项规划》（2017 年编），十二五期间厦门市九年制义务教育普及率达 99.99％，主要劳动年龄人口受教育年限达 11.91 年，新增就业人口受教育年限 15.28 年。因此，按照 7 岁入学，本研究中的人力资本投资年限 i

取为 19 年（入学年龄与受教育年限之和）即：

$$i = 19$$

根据厦门市统计局提供的《2015 年福建省厦门市 1‰人口抽样调查资料》，厦门市接受人口抽样调查的 6.6 万人占全市人口的 1.7%。根据该资料，每 5 岁为一个年龄段，通过在每年龄段人口年龄取中间值与每年龄段对应人数计算，得出厦门市人均年龄约为 33 岁。由于本研究中，暂不考虑地震灾害中不同年龄段受灾人群死亡率的差异，因此，本研究将地震造成实际死亡年龄设定为 33 岁。根据《厦门市 2018 年国民经济和社会发展统计公报》，全市人口平均期望寿命 80.75 岁，因此本研究中损失收入的年限 n 取为 48 年（平均期望寿命与实际死亡年龄之差），即：

$$n = 48$$

（5）统计学生命价值 VSL 的计算

根据上述公式与取值进行计算，$VSL_1 = 59.48$（万元）

$$VSL_2 = 434.07 \text{（万元）}$$

$$VSL = 493.55 \text{（万元）}$$

因此，根据本研究中改进人力资本法的测算，厦门市居民在地震灾害中死亡所造成的统计学生命价值的平均损失为 493.55 万元/人。

5.2.4.3　厦门市居民震害 VSL 损失的预测

基于上述两小节中对厦门市震害预期死亡人数分布以及厦门市居民统计学生命价值（VSL）的测算结果，可以计算出厦门市在常遇地震（I_6）、设防烈度地震（I_7）和罕遇地震（I_8）时人力资本的总损失，分别为 1635.35 万元，181319.33 万元和 121435.51 万元。同时，可以计算出厦门市各社区单元在遭遇在 3 种地震情景下分别的 VSL 的损失，为进一步测算社区单元的震害直接总损失和期望损失提供依据。公式如下：

$$L_{VSL}(I_i)_n = ND(I_i)_n \times VSL \tag{5-7}$$

式中，$L_{VSL}(I_i)_n$ 为遭遇烈度 I_i 的地震时，第 n 个评估单元的 VSL 的损失；$ND(I_i)_n$ 为遭遇烈度 I_i 的地震时第 n 个评估单元的预期死亡人数；VSL 为上一小节中计算得到的厦门市居民统计学生命价值。

各社区单元在 3 种地震情景下 VSL 损失的计算结果见附录（附表 8），由于这部分结果与震害死亡人数分布情况与特征相同，暂不作可视化展现。

5.2.5　厦门市地震风险分布

根据风险的基本定义中，灾害风险可以描述为"灾害事件发生的概率与其负面结果的总和。"基于上文对厦门市常遇地震（I_6）、设防烈度地震（I_7）和罕遇地震（I_8）的年超越概率 $P(I_i)$（即年发生可能性）、震害直接经济损失 $L_经(I_i)$，以及地震生命损失 $L_{VSL}(I_i)$ 的测算结果，可以根据公式（3-1）、公式（3-2）、公式（4-5）推得 3 种强度地震的风险 $R_经(I_i)$ 的计算公式（5-8）如下：

$$R_经(I_i) = P(I_i) \times [L_经(I_i) + L_{VSL}(I_i)] \qquad (5\text{-}8)$$

由此计算出这 3 种地震情景下厦门市的年期望损失，常遇地震（I_6）、设防烈度地震（I_7）和罕遇地震（I_8）分别为 34475.6 万元、14039.3 万元、9541.7 万元。这里，年预期直接经济损失是损失值的期望值，包含了概率的概念，即考虑了"地震强度越大，损失越大，但发生概率越小"这一事实，即风险的基本内涵。显然，从城市震害的年预期直接总损失视角来看，城市遭遇常遇地震的风险＞遭遇设防烈度地震的风险＞遭遇罕遇地震的风险。

从 3 种地震情景下震害风险的空间分布来看，在厦门市遭遇常遇地震时，集美区的 11-14 侨英街道、11-08B 杏滨，湖里区的 06-05 马垅—江头、06-06 县后、06-04 湖里、06-08 五缘湾、06-01 嘉莲，思明区的 03-04 湖光、03-03 鹭江、03-05 嘉莲和海沧区的 05-10 新市区北这 11 个社区单元的年期望损失超过 1000 万元，风险最大，翔安区的 13-20B 翔安机场、13-18 西溪、13-09B 湖头、13-13A 香山、13-10 下许、13-17 蔡厝、13-14A 刘五店和海沧区的 05-01 天竺这 10 个社区单元的年期望损失不超过 1 万元，风险最小；在厦门市遭遇设防烈度地震时，湖里区的 06-05 马垅—江头、06-06 县后、06-04 湖里，思明区的 03-04 湖光和集美区的

11-14 侨英街道这 5 个社区单元的年期望损失超过 500 万元，风险最大，翔安区的 13-20B 翔安机场、13-18 西溪、13-09B 湖头、13-10 下许、13-17 蔡厝、13-11 洪厝，集美区的 11-01 和海沧区的 05-01 天竺这 8 个社区单元的年期望损失不超过 1 万元，风险最小；在厦门市遭遇罕遇地震时，集美区的 11-14 侨英街道、11-08B 杏滨，湖里区的 06-05 马垅—江头、06-06 县后、06-04 湖里、06-08 五缘湾，思明区的 03-04 湖光这 7 个社区单元的年期望损失超过 400 万元，风险最大，翔安区的 13-20B 翔安机场、13-18 西溪、13-09B 湖头、13-10 下许、13-17 蔡厝、13-11 洪厝，集美区的 11-01 和海沧区的 05-01 天竺这 8 个社区单元的年期望损失不超过 1 万元，风险最小。

通过全概率公式，可以进一步计算出 3 种地震烈度的地震灾害总的年期望直接损失分布情况，也就是厦门市地震直接损失视角下的地震总风险分布。由于更小强度的地震带来的损失可以忽略，而更大强度的地震发生概率过低也可忽略，因此这里将常遇地震（I_6）、设防烈度地震（I_7）和罕遇地震（I_8）3 种情况的总损失期望值及其分布（包括直接经济损失和 VSL 的损失）纳入计算。公式如下：

$$(R_{地})_n = \sum_{I_i=6}^{8} (L_{经}(I_i)_n + L_{VSL}(I_i)_n) \times P(I_i) \tag{5-9}$$

式中，$(R_{地})_n$ 为第 n 个社区单元的全概率地震风险；$L_{经}(I_i)_n$ 为第 n 个社区单元在遭遇烈度为 I_i 的地震时的震害直接经济损失；$L_{VSL}(I_i)_n$ 为第 n 个社区单元在遭遇烈度为 I_i 的地震时的统计学生命价值的损失；$P(I_i)$ 为烈度为 I_i 的地震的发生概率（年超越概率）。

根据上述公式计算厦门市 93 个评价单元的全概率地震风险，并在 ArcGIS 软件中对计算结果进行可视化处理，采用自然断裂法将结果分为 5 个等级，并按照数值从小到大，依次为低、较低、中、较高和高，等级越高则说明地震风险越高。具体各分级区间的边界值取值标准如表 5-13。在全概率年期望损失视角下，可以看出岛内的思明区、湖里区，以及集美区和海沧区的沿海地区的地震风险整体最高；北部山区地震整体风险较低，整体由北向南呈现递增趋势。

全概率地震风险的分级标准   表 5-13

分级	分级区间
低	[0, 99.690]
较低	(99.690, 307.765]
中	(307.765, 882.865]
较高	(882.865, 1670.634]
高	(1670.634, 2315.872]

注：分级区间根据 Jenks 自然间断点分级法确定，数据小数点后保留 3 位。

5.3 灾损视角下的厦门市暴雨洪涝风险测度

5.3.1 厦门市暴雨洪涝灾害概况

厦门位于福建省东南沿海，是亚热带海洋性季风气候，受气候、地形、水系等因素影响，洪涝灾害一直是影响城市安全的主要灾害之一。厦门是典型的沿海丘陵地貌，从地势上看，岛内以丘陵为主，中部地形较高，岛外大陆地势由西北向东南倾斜，呈丘陵和山地、台地、平原的梯状分布。暴雨频发，土壤抗蚀性低，容易发生水土流失。新中国成立以来，厦门遭遇多次暴雨洪涝灾害。

根据厦门市水利局《厦门市水土保持规划（2016-2030）（报批稿）》，厦门市多年平均降雨量为 1530.1mm。受地形影响，年降雨量呈现出东南向西北递增的总体趋势，其中东北部的翔安区多年平均降雨量达 1243.1mm，北部的集美、同安区多年平均降雨量也在 1450mm 以上，同时，年降水量具有年际变化大、年内分布不均的特点。汛期（5-9 月）在全年雨量中占较大比重，且受台风影响变化较大，在每年汛期，尤其当台风带来强降雨时，厦门会面临较高的洪涝风险。汛期降水量在 9 月达到峰值，7 月呈现次高峰。

通过对历史洪涝灾情的回顾和分析，总结厦门市洪涝灾害具有如下特点：频度高，据近 10 年暴雨频次统计，年均暴雨次数

8 次左右，受此影响，洪涝灾害频频发生；季节性强，洪涝受暴雨影响多发生在 7-9 月，呈现出前期旱、中后期涝的分布态势；受台风灾害影响较大，由于台风登陆或过境带来的暴雨灾害高达 80% 左右；次生灾害多，受强降雨带来的洪水灾害常伴随山体滑坡塌方等地质灾害，加剧社会经济人员损失；灾损较大，近年来，虽然城市抗灾能力不断加强，洪涝造成的人员伤亡损失得到极大改善，但对社会经济发展的影响依然较大。由于近年来，城市暴雨洪涝直接造成的人员死亡人数记录极少，这里不在预测中考虑。因此，本书这部分在研究厦门市暴雨洪涝灾害的期望直接损失时，未考虑人员伤亡所带来的统计学生命价值的损失，主要针对不同强度暴雨导致的洪涝的期望直接经济损失的程度与空间分布进行评价与分析。

5.3.2　厦门市极端降水及其概率计算

根据厦门市气象局提供的厦门地区历史降雨量统计数据，厦门地区常年极端日降重现期为 2 年、5 年和 50 年的降雨量级分别为 133.9mm、194.3mm 和 335.3mm。根据公式（4-4）计算 3 种重现期量级的暴雨的年平均发生概率，下表为计算结果及对应重现期的当地降雨量级（表 5-14）。

厦门地区常年极端降雨量　　　　　　　　　　表 5-14

重现期	2 年	5 年	50 年
年平均发生概率	0.5	0.2	0.02
极端日降雨量	133.9	194.3	335.3

5.3.3　模块一：厦门市暴雨洪涝影响范围的模拟

5.3.3.1　市域河网提取与汇水分区的构建

收集厦门市 DEM 地理高程数据、市域范围边界图和河流水域数据，并导入 ArcGIS 软件的工作平台整理备用。在 ArcGIS 软件中对 DEM 地理高程数据进行填注处理，填补不合理的洼地区域，从而减少水文模型的计算误差。采用 ArcGIS 中的水文模型，根据厦门地区河流水域和高程地形数据计算河流流向、流量，分别提取 5000m² 、10000m² 、15000m² 和 20000m² 以上的水系。最后，根据三者河网密度比较后选取径流量 15000m² 以上的水系并导出河流图层，用于计算厦门地区径流汇水区。

根据提取的河网，运用 ArcGIS 软件中的河流连接、分水岭工具自动生成流域汇水分区，共 31 个汇水区，结合厦门市河流水系现状，对自动生成的 31 个汇水区进行调整，最终得到 27 个汇水分区。

5.3.3.2　基于 SCS-CN 水文模型的径流体积计算

土地径流的下渗能力受到当地土壤类型和地表覆盖类型的影响，因此，在运用 SCS-CN 水文模型中，当地 CN 取值表的构建和运算需要基于对当地土壤种类的地表覆盖类型的统计分析。首先收集厦门地区土壤类型数据，根据上一节中得到的汇水分区边界在 ArcGIS 软件中进行裁剪处理。厦门地区土壤湿润，因此 CN 值在初始取值时采用 CN2 等级作为基础。由于土壤种类繁多，首先需根据不同土壤种类的最小下渗率将土壤类型进行分类，表 5-15 为水文土壤类型的 A、B、C、D 四大类的分类标准。根据该标准，对厦门市汇水区范围内的土壤类型进行重新分类。

水文土壤类型的划分标准　　　　　　　　　　表 5-15

土壤种类	最小下渗率	土壤类型
滨海潮滩盐土、滨海盐土、粗骨土、湖泊、水库、江河内沙洲、岛屿、	>7.26	A
红壤、黄红壤、酸性石质土	3.81-7.26	B
赤红壤、赤红壤性土、红壤性土	1.27-3.81	C
渗育水稻土、水稻土、淹育水稻土、盐渍水稻土	0.00-1.27	D

收集厦门地区地表植被覆盖类型数据，根据上一节中得到的汇水分区边界在 ArcGIS 软件中进行裁剪处理，并转为栅格数据备用。不同土壤类型和地表覆盖类型的 CN 值的初始值通过查阅相关研究和资料中的 CN 值确定，详见第 4 章（表 4-13）。将地表覆盖类型数据与水文土壤大类数据在 ArcGIS 软件中的联合工具进行处理，根据各栅格中的地表覆盖类型的定义和描述，进一步修正不

同土壤类型与地表覆盖类型叠加后的各斑块的 CN 取值。表 5-16 中为厦门市汇水区内土地斑块 CN 取值的计算和调整结果。

厦门市汇水区内土地斑块 CN 取值表 表 5-16

CN 值 土地利用类型	水文土壤组			
	A	B	C	D
灌溉农田	63	75	83	87
旱作农田	65	76	84	88
农田（50%-70%）/植被（草地，灌木，森林）（20%-50%）	53	68	78	84
植被（草地，灌木，森林）（50%-70%）/农田（20%-50%）	47	64	76	81
郁闭度（>15%）阔叶常绿或半落叶林（>5m）	71	82	88	92
郁闭度（>40%）阔叶落叶林（>5m）	61	76	84	88
郁闭度（>40%）针叶常绿林（>5m）	61	76	84	88
郁闭度（>15%）混合阔叶和针叶林（>5m）	71	82	88	92
森林或灌木丛（50%-70%）/草地（20%-50%）	35	58	71	78
草地（50%-70%）/森林或灌木丛（20%-50%）	36	58	72	78
郁闭度（>15%）灌木丛（<5m）	71	82	88	91
郁闭度（>15%）草本植被（草原，稀树草原或地衣/苔藓）	71	82	88	91
郁闭度（<15%）植被	36	60	73	79
郁闭度（>15%）在常规淹水或涝渍的土壤上的草地或木本植被	90	93	96	97
人造表面及相关区域（市区>50%）	57	72	81	86
裸地	77	86	91	94
水体	100	100	100	100
冰面	100	100	100	100

各汇水分区的 CN 取值按照改汇水区内不同斑块的 CN 值及其面积占比进行加权计算，公式如下：

$$CN_i = \frac{\sum_n^N CN_n \times A_n}{A_i} \quad (5-10)$$

式中，CN_i 为第 i 个汇水分区的 CN 取值；CN_n 为第 n 个斑块的 CN 值，共 N 个斑块；A_n 为第 n 个斑块在第 i 个汇水分区中的总面积；A_i 为第 i 个汇水分区的总面积。

表 5-17 为各汇水分区的 CN 值计算结果统计。

厦门市各汇水分区面积与平均 CN 计算结果　　表 5-17

汇水区编号	面积统计(m²)	平均 CN
1	24587486	83.0330106
2	21955016	82.94614832
3	16958738	79.59942924
4	11481100	84.31631746
5	21456299	80.98886494
6	5989416	85.35214399
7	16133650	79.20999401
8	49221755	81.58130658
9	44666184	81.45575901
10	39560539	84.95821728
11	50257298	83.56578374
12	132633731	83.02934397
13	52975485	85.83293232
14	66704518	85.99766391
15	62821018	81.30318271
16	39398332	86.49621069
17	28302824	84.02777687
18	15513932	87.8379119
19	47134256	84.16681131
20	11962937	88.94376952
21	50583624	74.84910507
22	22796845	85.9055624
23	22601569	88.41931711
24	48229383	84.62067241
25	58048960	85.00497153
26	19303990	83.43774583
27	25081961	82.07904563

5.3.3.3　淹没深度与淹没范围的模拟与确定

采用 SCS-CN 水文模型的假设基础是：集水区的实际入渗量与实际径流量之比等于该集水区该场降雨前的潜在入渗量与潜在

径流量之比。考虑到雨水落下后，受到植物截留、下渗和填洼影响，潜在径流量和实际入渗量会有一定损耗，不会一落到地面就形成径流。这里参考其他研究，将初期的径流损耗值也设为潜在入渗量的 20%。根据 SCS-CN 模型公式（4-8）、（4-9），可以计算排除渗透因素后的径流量。

厦门市现有 23 个气象站分布在岛内、岛外各处。根据厦门市气象局的统计，厦门地区的降水量从空间分布上由东南向西北递增。由于未能获取各个站点 2 年一遇、5 年一遇和 50 年一遇的暴雨降雨量，因此无法对各汇水区的极端暴雨情景采用不同的降水量。只能使用厦门地区常年极端降雨量数据进行计算，即重现期为 2 年、5 年和 50 年的极端降雨的日降雨量分别为 133.9mm、194.3mm 和 335.3mm。结合上文统计的各汇水区面积，根据体积计算公式，得到潜在淹没区的理论积水体积。公式如下：

$$V_i = A_i \times Q_i \qquad (5-11)$$

式中，V_i 为第 i 个汇水区的积水体积（单位：cm^3）；A_i 为第 i 个汇水分区的总面积（单位：cm^2）；Q_i 为第 i 个汇水区的径流量（单位：cm）。

表 5-18 为 3 种极端暴雨情景的计算结果。

厦门市各汇水分区 2 年一遇、5 年一遇、
50 年一遇的理论积水体积 表 5-18

汇水区	理论积水体积（cm^3）		
	2 年一遇	5 年一遇	50 年一遇
1	2575435	4247513	8296191
2	2296361	3789960	7407751
3	1673916	2841733	5712370
4	1228296	2004675	3875138
5	2170505	3641235	7233458
6	651555	1054578	2021855
7	1581336	2693648	5432935
8	5030541	8397200	16598794
9	4555098	7611590	15061648
10	4276512	6943619	13353937

续表

汇水区	理论积水体积（cm³）		
	2 年一遇	5 年一遇	50 年一遇
11	5311001	8720976	16960164
12	13891970	22911901	44752582
13	5807076	9363173	17883585
14	7331065	11804984	22518405
15	6389689	10690917	21181966
16	4364019	6999626	13300322
17	3013733	4930156	9552307
18	1754375	2784551	5236791
19	5030352	8219864	15908444
20	1375600	2164805	4037373
21	4562425	8084209	16958083
22	2501818	4031540	7695834
23	2578517	4074263	7628585
24	5185321	8442090	16279388
25	6279833	10192519	19594947
26	2035659	3346170	6514232
27	2585333	4297632	8460107

由于 ArcGIS 软件中只能根据输入的高度计算体积，不能根据已知体积求淹没深度。因此，需在 ArcGIS 软件中对各汇水区输入高度值，并将该高度值下淹没体积与上表中的理论积水体积进行比对，当数值接近时，此时的高度值和淹没体积对应的淹没范围即被认为是该降水情景下、该汇水区中的预期受灾面积。这一过程通过对输入高度的反复调试，得到最终结果。

（1）表 5-19 为 2 年一遇的暴雨情景的淹没范围调试过程，得到对应受灾范围。

厦门市各汇水区 2 年一遇暴雨情景的受灾面积调试过程　　　表 5-19

汇水区	输入淹没高度(cm)	输出淹没体积(cm³)	理论淹没体积(cm³)
1	40.6	2585311	2575435
2	105.5	2264097	2296361
3	100.5	1737639	1673916

续表

汇水区	输入淹没高度(cm)	输出淹没体积(cm³)	理论淹没体积(cm³)
4	73	1222423	1228296
5	78.6	2122930	2170505
6	42.2	656136	651555
7	209	1589715	1581336
8	41.5	5210988	5030541
9	41	4644526	4555098
10	5.2	4302603	4276512
11	5.1	5401602	5311001
12	6.2	13284624	13891970
13	4.8	5752545	5807076
14	4	7253259	7331065
15	8	6328630	6389689
16	10.5	4482752	4364019
17	12	2981720	3013733
18	1.2	1847024	1754375
19	5.5	5086869	5030352
20	4.8	1485454	1375600
21	4.3	5422205	4562425
22	4.5	2957346	2501818
23	4.4	2522923	2578517
24	4.5	5438411	5185321
25	4.2	6864041	6279833
26	3.7	2242045	2035659
27	5.5	2786618	2585333

（2）表5-20为5年一遇的暴雨情景的调试过程，得到对应受灾范围。

厦门市各汇水区5年一遇暴雨情景的受灾面积调试过程　　表5-20

汇水区	输入淹没高度(cm)	输出淹没体积(cm³)	理论淹没体积(cm³)
1	43.1	4252749	4247513
2	109.5	3735824	3789960
3	103.5	2877442	2841733

汇水区	输入淹没高度(cm)	输出淹没体积(cm³)	理论淹没体积(cm³)
4	74.3	2058852	2004675
5	83.7	3652855	3641235
6	44.5	1012452	1054578
7	213.5	2671699	2693648
8	42.4	8551694	8397200
9	41.5	7061561	7611590
10	5.7	6850195	6943619
11	5.6	8501339	8720976
12	7.7	22637823	22911901
13	5.8	9304473	9363173
14	4.5	11251628	11804984
15	9.5	10263036	10690917
16	11.5	6871683	6999626
17	13.5	4990231	4930156
18	1.5	2355307	2784551
19	6.2	8617096	8219864
20	5.2	2370093	2164805
21	4.5	8911662	8084209
22	5.2	4263232	4031540
23	4.7	4046806	4074263
24	5	8163409	8442090
25	4.5	10024428	10192519
26	4	3391808	3346170
27	6	4323595	4297632

（3）表 5-21 为 50 年一遇的暴雨情景的调试过程，得到对应受灾范围。

厦门市各汇水区 50 年一遇暴雨情景的受灾面积调试过程　　表 5-21

汇水区	输入淹没高度(cm)	输出淹没体积(cm³)	理论淹没体积(cm³)
1	47.4	8227716	8296191
2	117.5	7279931	7407751
3	109.5	5775944	5712370

续表

汇水区	输入淹没高度(cm)	输出淹没体积(cm³)	理论淹没体积(cm³)
4	76.8	3863026	3875138
5	93.4	7266227	7233458
6	48.5	2039765	2021855
7	221.7	5413055	5432935
8	44.5	16962842	16598794
9	43.5	17125276	15061648
10	6.7	13102817	13353937
11	6.5	16701644	16960164
12	10.9	44347561	44752582
13	7.6	17055338	17883585
14	5.7	22544928	22518405
15	13.3	21499190	21181966
16	13.5	13974917	13300322
17	15.2	9376865	9552307
18	3	5283396	5236791
19	7.3	15858599	15908444
20	5.9	4205170	4037373
21	4.9	16122790	16958083
22	6.5	7890442	7695834
23	5.2	7447156	7628585
24	6	16857978	16279388
25	5.2	19039335	19594947
26	4.5	6900658	6514232
27	6	8502488	8460107

5.3.4 模块二：厦门市暴雨洪涝灾损函数的拟合

5.3.4.1 历史灾情梳理与灾损不变价处理

根据厦门市水利局防汛办统计资料和厦门市历年气候公报中的相关记载，整理出下列较为典型的 26 起暴雨洪涝灾害事件（未造成经济损失的暴雨灾害未列入），并将历次暴雨洪涝灾害导致的厦门市直接总经济损失与该次暴雨的日最大降雨量和受灾面积一一对应（表 5-22）。

厦门市 2005-2016 年暴雨洪涝及其灾损统计　表 5-22

编号	时间	是否有台风影响	最大日降雨量（mm）	农作物受灾面积（万 m^2）	直接总经济损失（万元）
1	2005.06.30	无	90	475	314.9
2	2005.08.15	无	384	3332	12770.9
3	2005.09.02	泰利	183	14770	2086
4	2005.10.03	龙王	130	8644.3	3775.4
5	2006.07.18	碧丽斯	175	4567.4	7812.51
6	2006.7.27	格美	95	2931	3239.49
7	2007.08.19	圣帕	90	703.9467	489
8	2008.08.16	无	150	2795	8738
9	2009.06.21	莲花	160	2054.4	2363.9
10	2009.08.09	莫拉克	60	6.7	26
11	2010.5.24	无	65	134.4	589
12	2010.06.26	无	80	238	276
13	2010.09.20	凡亚比	157	2269.3	2862.7
14	2010.10.22	鲇鱼	121	942	2185
15	2013.05.16-05.22	无	259	217.116	3727
16	2013.7.13-7.15	苏力	229	1596.402	11932.71
17	2013.7.18-19	西马仑	170	1655.01	22142
18	2014.6.15	海贝思	150	390.942	711
19	2015.5.19	无	114	366.3	67
20	2015.7.20	无	104	29.9034	4.49
21	2015.7.24	无	149	414.918	62.32
22	2015.8.7	苏迪罗	65	59.274	8.906
23	2015.9.28	杜鹃	127	39.96	6
24	2016.7.08	尼伯特	50	6.3936	0.96
25	2016.9.13	莫兰蒂	366	4464.3312	1018575
26	2016.9.27	鲇鱼	60	51.3486	187

注：相关系数计算结果保留小数点后 3 位；直接总经济损失数值为当年统计数值；直接经济损失包括农林牧渔业、工业和交通运输业、水利设施等部门的直接经济总损失，受灾面积为农业部门统计的农作物受灾面积。

由于表 5-22 中的灾害直接总经济损失为当年价格，考虑到经济发展和物价上涨因素，这里通过全国 GDP 不变价增长率对灾损数据进行平整，均计为 2018 年的现值。下表为根据公式（4-11）

计算消除经济发展与价格变动因素影响后的历次暴雨洪涝灾害直接总经济损失值（2018年现值）（表5-23）。

厦门市 2005-2016 年全部暴雨洪涝及
其直接总经济损失现值 　　　　表5-23

编号	时间	是否有台风影响	最大日降雨量（mm）	农作物受灾面积（万 m²）	直接总经济损失（万元）
1	2005.06.30	无	90	475.000	954.699
2	2005.08.15	无	384	3332.000	38718.206
3	2005.09.02	泰利	183	14770.000	6324.235
4	2005.10.03	龙王	130	8644.300	11446.078
5	2006.07.18	碧丽斯	175	4567.400	21016.500
6	2006.7.27	格美	95	2931.000	8714.580
7	2007.08.19	圣帕	90	703.9467	1151.894
8	2008.08.16	无	150	2795.000	18763.295
9	2009.06.21	莲花	160	2054.400	4639.902
10	2009.08.09	莫拉克	60	6.700	51.033
11	2010.5.24	无	65	134.400	1045.298
12	2010.06.26	无	80	238.000	489.817
13	2010.09.20	凡亚比	157	2269.300	5080.430
14	2010.10.22	鲶鱼	121	942.000	3877.717
15	2013.05.16-05.22	无	259	217.116	5193.136
16	2013.7.13-7.15	苏力	229	1596.402	16626.827
17	2013.7.18-19	西马仑	170	1655.010	30852.272
18	2014.6.15	海贝思	150	390.942	923.294
19	2015.5.19	无	114	366.300	81.389
20	2015.7.20	无	104	29.903	5.454
21	2015.7.24	无	149	414.918	75.704
22	2015.8.7	苏迪罗	65	59.274	10.819
23	2015.9.28	杜鹃	127	39.960	7.289
24	2016.7.08	尼伯特	50	6.394	1.093
25	2016.9.13	莫兰蒂	366	4464.331	1159635.415
26	2016.9.27	鲶鱼	60	51.349	212.897

注：相关系数计算结果保留小数点后3位；直接经济损失包括农林牧渔业、工业和交通运输业、水利设施等部门的直接经济总损失，受灾面积为农业部门统计的农作物受灾面积。

5.3.4.2　数据筛选与回归分析

　　本书模型的基础假设为暴雨洪涝的直接总经济损失与降雨强度和农作物受灾范围存在线性正相关。首先对模型中的变量降雨强度、农作物受灾范围与直接经济总损失两两进行线性相关关系的相关性检验，将以上全部暴雨洪涝灾害损失数据导入 Excel 软件中，采用 Correl 函数分别对它们的两两线性相关关系进行相关性检验，表 5-24 为 Correl 函数的相关性检验结果。

2005-2016 年厦门市全部暴雨洪涝灾害损失数据

相关性分析结果　　　　　　　　　　　　　　表 5-24

相关性	最大日降雨量（mm）	农作物受灾面积（万 m²）	直接总经济损失（万元）
最大日降雨量（mm）	1		
农作物受灾面积（万 m²）	0.331	1	
直接总经济损失（万元）	0.5541	0.1641	1

注：相关系数计算结果保留小数点后三位。

　　根据上表中这组数据的相关性分析结果可知，降雨强度、暴雨洪涝受灾范围与直接经济总损失两两之间的相关性很弱。说明该组数据未通过相关性检验，不具备线性回归分析的条件。考虑到厦门地区夏季台风发生频率较高，以上统计数据中一部分暴雨是由台风导致的过程降水，而大型台风过境会造成暴雨之外的其他损失。不可否认，一方面台风的强度以及登陆位置难以预测，另一方面台风过程降水带来的洪涝直接损失与台风（风灾）造成的直接经济损失难以明确从统计数据中分离。因此，这里剔除所有受台风过境影响造成的暴雨洪涝灾害数据，进行亚分组，表 5-25 为由极端降水造成的洪涝灾害的灾情数据，并再次采用 Correl 函数分别进行两两线性相关关系的相关性检验。

厦门市 2005-2015 年暴雨洪涝（无台风影响）

及其直接总经济损失现值　　　　　　　　　　表 5-25

编号	时间	最大日降雨量（mm）	农作物受灾面积（万 m²）	直接总经济损失（万元）
1	2005.06.30	90	475.000	954.699
2	2005.08.15	384	3332.000	38718.210

续表

编号	时间	最大日降雨量（mm）	农作物受灾面积（万 m²）	直接总经济损失（万元）
3	2008.08.16	150	2795.000	18763.3
4	2010.5.24	65	134.400	1045.298
5	2010.06.26	80	238.000	489.817
6	2013.05.16–05.22	259	217.116	5193.136
7	2015.5.19	114	366.300	81.390
8	2015.7.20	104	29.903	5.454
9	2015.7.24	149	414.918	75.704

注：计算结果保留小数点后 3 位。

在 Excel 软件中，将以上数据采用 Correl 函数进行线性相关的相关性分析，表 5-26 为亚分组暴雨洪涝灾情数据的相关性检验。由相关性分析结果可知，降雨强度、农作物受灾范围与直接经济总损失两两之间的相关性较强。其中最大日降雨量与直接总经济损失的相关性＞0.83，农作物受灾面积与直接总经济损失的相关性＞0.94。因此，原线性相关函数假设成立，具备回归分析的条件，可用于进一步分析。

2005–2016 年厦门市暴雨洪涝灾害（无台风影响）损失数据相关性分析结果 表 5-26

相关性	最大日降雨量（mm）	农作物受灾面积（万 m²）	直接总经济损失（万元）
最大日降雨量（mm）	1		
农作物受灾面积（万 m²）	0.670	1	
直接总经济损失（万元）	0.831	0.947	1

注：相关系数计算结果保留小数点后 3 位。

将剔除台风影响的暴雨洪涝灾害事件的最大日降雨量、受灾面积和直接总经济损失数据根据上述公式在 Excel 软件中进行数据回归分析，表 5-27 为回归数据报告。

数据回归统计分析报告 表 5-27

统计回归分析参数类型	参数值
相关系数（Multiple R）	0.983
R^2（R Square）	0.966

统计回归分析参数类型		参数值		
R^2 调整值（Adjusted R^2）		009.955		
F 显著性统计量的 p 值（Significance F）		0.000038		
	系数 (Coefficients)	P 值 (P-Value)	下限 (Lower 95%)	上限 (Upper 95%)
截距（Intercept）	−6520.402	0.011	−10932.223	−2108.575
X 变量 1（X Variable 1）	45.782	0.012	14.090	77.473
X 变量 2（X Variable 2）	7.516	0.0004	4.889	10.142

从回归模型生成的分析报告中可知，该模型的信度（Significance F）为 0.000038（<0.05），效度 R^2 为 0.955（接近 1），说明该回归方程对本组数据的拟合效果很好。同时，3 个回归系数（函数式中的 b_0、b_1 和 b_2）的 P 值（P-value）分别为 0.0111，0.0122 和 0.0004，均小于 0.05，通回归系数检验，均可纳入方程。将上述回归分析的参数计算结果代入第 4 章中假设的多元线性回归方程公式（4-12）中，得到厦门市暴雨洪涝灾害的灾损函数公式：

$$L(T_i) = 45.782 \times I_{降}(T_i) + 7.516 \times A_{淹}(T_i) - 6520.402 \tag{5-12}$$

式中，$L(T_i)$ 为重现期为 T_i 的暴雨导致的洪涝带来的直接经济损失（单位：万元）；$I_{降}(T_i)$ 为评估区遭遇重现期为 T_i 的暴雨时的降雨强度，以日均降雨量表示（单位：mm）；$A_{淹}(T_i)$ 为重现期为 T_i 的暴雨导致的农作物受灾面积（单位：万 m^2）。

5.3.5 模块三：厦门市暴雨洪涝的直接经济损失评价

在实证研究时，实际收集到的洪涝灾害损失数据中的受灾面积这一数据均为农作物受灾面积。因此，这里需对模块一中的计算结果进一步处理。将 2 年一遇、5 年一遇和 50 年一遇的三种极端暴雨情景下的各汇水分区的预期淹没地区和厦门市土地利用现状中的农林用地斑块在 ArcGIS 软件中叠加和空间相交分析，统计出三种极端暴雨情景下厦门市的预期淹没总面积分别为：10320.3 万 m^2、11757.6 万 m^2 和 14915.0 万 m^2，其中农林用地斑块（农作物受灾面积）分别为489.8万 m²、512.6万 m²和752.8万 m²。将厦门市各评价单元的农作物受灾面积和厦门市3种极端暴雨情景的降雨量133.9mm，194.3mm和335.3mm代入公式（5-13），计算可得3种极端暴雨情景下厦门市的直接总经济损失分别为3291.1万元，6227.4万元和14487.7万元。

$$L(T_i)_n = L(T_i) \times \frac{A_{\text{淹}}(T_i)_n}{A_{\text{淹}}(T_i)} \tag{5-13}$$

式中，$L(T_i)_n$为重现期为T_i的暴雨情景下第n个评估单元的直接经济损失；$L(T_i)$为重现期为T_i的暴雨情景下全市域的直接总经济损失；$A_{\text{淹}}(T_i)_n$为重现期为T_i的暴雨情景下第n个评估单元的潜在淹没面积；$A_{\text{淹}}(T_i)$为重现期为T_i的暴雨情景下全市域的潜在淹没面积。

在实证研究中，从对现有历史灾情统计数据的收集情况来看，显然，农林业的洪灾经济损失占暴雨洪涝灾害直接总经济损失的大部分但非全部。在缺少各类农作物和其他水利设施、工业交通设施受灾损失分布数据的情况下，这里假设个同一重现期暴雨洪涝情景下，社区单元的直接总经济损失与全市域的直接经济总损失之比等于该社区单元潜在淹没面积与全市域潜在淹没面积之比，从而可以对全市域暴雨洪涝的直接经济损失分布情况进行预估。因此，在统计3种极端暴雨情景下各社区单元中潜在淹没面积的基础上，可以根据以下公式计算各社区单元在3种极端暴雨情景下的直接总经济损失，计算结果见附表9。

根据计算结果，从暴雨洪涝的直接经济损失总量的角度看（以2018年现值计算），厦门市全市域在2年一遇的暴雨中，全市域预期的直接总经济损失为3291.09万元。将计算结果在 ArcGIS 软件中进行可视化处理。从损失的空间分布看，厦门市同安区的12-14西柯北、12-01莲花、12-11城东，海沧区的05-06马銮湾、05-13海沧港区，集美区的11-11园博苑，以及翔安区的13-04下潭尾北这7个社区单元的直接经济损失最高，超过150万元；总体上看，岛内的思明区和湖里区的暴雨洪涝直接经济损失较低。

厦门市全市域在5年一遇的暴雨中，全市域预期直接总经济损失为 6227.38 万元。将计算结果在 ArcGIS 软件中进行可视化处理。从损失的空间分布看，厦门市同安区的 12-14 西柯北、12-01 莲花、12-11 城东，海沧区的 05-06 马銮湾、05-13 海沧港区，以及集美区的 11-11 园博苑这 6 个社区单元的直接经济损失最高，超过 300 万元；岛内的思明区和湖里区整体暴雨洪涝直接经济损失较低。

厦门市全市区域在两年一遇的暴雨中，全市域预期直接总经济损失为 14487.67 万元。将计算结果在 ArcGIS 软件中进行可视化处理。从损失的空间分布看，厦门市海沧区的 05-06 马銮湾、05-13 海沧港区，同安区的 12-14 西柯北、12-01 莲花、12-11 城东、12-10 西湖，集美区的 11-11 园博苑、11-08A 杏滨西、11-05 后溪，以及翔安区的 13-04 下潭尾北这 10 个社区单元的直接经济损失最高，超过 500 万元。

5.3.6　厦门市洪涝风险分布

根据风险的基本定义中，灾害风险可以描述为"灾害事件发生的概率与其负面结果的总和"。基于公式（3-1）以及上文对厦门市 2 年一遇、5 年一遇和 50 年一遇的三种极端暴雨情景的年超越概率 $P(T_i)$（即年发生可能性），以及对暴雨洪涝直接经济损失 $L(T_i)$ 的测算结果，计算这 3 种暴雨情景下厦门市的年期望损失 $R(T_i)$ 的公式为：

$$R(T_i) = P(T_i) \times L(T_i) \tag{5-14}$$

经计算，厦门市 2 年一遇、5 年一遇和 50 年一遇的三种极端暴雨情景的年期望损失分别为 1645.5 万元、1245.5 万元、289.8 万元。

由于近年来由于暴雨洪涝导致人员死亡非常少，且出现和分布具有偶然性，这里没有纳入直接灾害损失中考虑。年预期直接经济损失是损失值的期望值，包含了概率的概念，符合风险的基本内涵。显然，从城市暴雨洪涝的年预期直接总损失视角来看，2 年一遇的暴雨洪涝风险＞5 年一遇的暴雨洪涝风险＞50 年一遇的暴雨洪涝风险。

　　将各评估单元 3 种极端降雨情景下的计算结果在 ArcGIS 软件中进行可视化处理，则分别得到厦门市 2 年一遇、5 年一遇、50 年一遇暴雨洪涝情景下的年期望直接损失（风险）分布。从 3 种暴雨情景下洪涝风险的空间分布来看，在遭遇 2 年一遇的暴雨（即日最大降雨量为 133.9mm）时，同安区的 12-14 西柯北和 12-01 莲花，海沧区的 05-06 马銮湾，集美区的 11-11 园博苑，这 4 个社区单元的期望直接经济损失超过 100 万，洪涝风险最大，共有 46 个社区单元此时的期望直接经济损失为 0，主要分布在思明区、湖里区、同安区和翔安区中，洪涝风险最低；在遭遇 5 年一遇的暴雨（即日最大降雨量为 194.3mm）时，同安区的 12-14 西柯北和海沧区的 05-06 马銮湾的暴雨洪涝期望直接经济损失超过 100 万元，此外还有同安区的 12-01 莲花、12-11 城东、12-10 西湖，海沧区的 05-13 海沧港区，集美区的 11-11 园博苑、11-05 后溪、11-12 大学城、11-04 软件园三期和 11-08A 杏滨西、翔安区的 13-04 下潭尾北这 10 个社区单元的暴雨洪涝期望直接经济损失超过 50 万元，均为此时的高洪涝风险区，岛内的思明区和湖里区的大部分地区的洪涝灾害期望经济损失为 0。可认为是低洪涝风险；在遭遇 50 年一遇的暴雨（即日最大降雨量为 335.3mm）时，海沧区的 05-06 马銮湾和同安区的 12-14 西柯北的期望直接经济损失最高，超过 25 万元，即高洪涝风险，此时期望直接经济损失为 0 的社区单元较少，主要分布在思明区、湖里区以及翔安区。

　　通过全概率公式，可以计算出多个极端暴雨情况的年期望损失总分布情况，也就是厦门市洪涝灾损视角下的暴雨洪涝总风险分布。根据对上述 3 种较为常见的极端暴雨情景下厦门市暴雨洪涝灾害概率和损失的分析结果，可以计算出这 3 种极端暴雨情景的总损失期望值及其分布（总风险值）。公式如下：

$$(R_{洪})_n = P(T_2) \times L(T_2)_n + P(T_5) \times L(T_5)_n +$$
$$P(T_{50}) \times L(T_{50})_n \tag{5-15}$$

　　式中，$(R_{洪})_n$ 为第 n 个社区单元的全概率暴雨洪涝风险（2 年一遇、5 年一遇和 50 年一遇的暴雨情景）；$L(T_2)_n$、$L(T_5)_n$、

$L(T_{50})_n$ 分别为第 n 个社区单元在 2 年一遇、5 年一遇和 50 年一遇暴雨造成的洪涝灾害直接经济损失；$P(T_2)$、$P(T_5)$、$P(T_{50})$ 分别为 2 年一遇、5 年一遇和 50 年一遇极端降雨的发生概率。

根据上述公式计算厦门市 93 个评价单元的全概率洪涝风险，并在 ArcGIS 软件中对计算结果进行可视化处理，采用 Jenks 自然断裂法将结果分为 5 个等级，并按照数值从小到大，依次为低、较低、中、较高和高，等级越高则地震风险越高。具体各分级区间的边界值取值标准见表 5-28。在全概率年期望损失视角下，可以看出，岛内的思明区、湖里区，以及翔安区洪涝风险整体偏低，同安区、集美区、海沧区的部分地块洪涝风险很高，从整体上看厦门市的暴雨洪涝风险分布并不均衡。

全概率暴雨洪涝风险的分级标准　　　　　　　　　　表 5-28

分级	分级区间
低	$[0, 13.525]$
较低	$(13.525, 51.738]$
中	$(51.738, 106.512]$
较高	$(106.512, 189.379]$
高	$(189.379, 306.633]$

注：分级区间根据 Jenks 自然间断点分级法确定，数据小数点后保留 3 位。

5.4　灾损视角下的厦门市灾害风险综合评价

5.4.1　城市灾害综合风险的定量测度

基于第 4 章对厦门市地震与暴雨洪涝灾害风险的定量测算结果，可以进一步计算厦门市各评价单元所面临的地震与暴雨洪涝综合风险及其分布。参考公式（4-17），一个评价单元中的地震与暴雨洪涝灾害的综合风险 $(R_{综})_n$ 等于其地震全概率期望损失 $(R_{地})_n$ 与暴雨洪涝全概率期望损失 $(R_{洪})_n$ 之和。在 ArcGIS 软件中对结果进行可视化处理，并按照数值从小到大，采用 Jenks 自然断裂法将结果分为 5 个等级，依次为低风险、较低风险、中等风险、较高风险和高风险 5 级，等级越高则说明其灾害综合风险越高。表 5-29 为具体各分级区间的边界值取值标准。

厦门市城市灾害综合风险值分级标准　　　　表 5-29

分级	分级区间
低	$[0, 200.588]$
较低	$(200.588, 631.444]$
中	$(631.444, 1262.542]$
较高	$(1262.542, 1798.157]$
高	$(1798.157, 2323.819]$

注：分级区间根据 Jenks 自然间断点分级法确定，数据小数点后保留 3 位。

在全概率期望损失视角下，厦门市的自然灾害综合风险呈现"岛内高、岛外低，西南高、东北低"的总体分布特征。岛内的湖里区和思明区综合风险最高，集美区的沿海地区风险也较高，海沧区次之，同安区和翔安区综合风险再次之。风险最高的 8 个社区单元依次为：集美区的 11-14 侨英街道、思明区的 03-04 湖光、湖里区的 06-05 马垅—江头、06-06 县后、06-04 湖里、06-08 五缘湾、集美区的 11-08B 杏滨和思明区的 03-03 鹭江，两种自然灾害的全概率年期望损失总和超过 1900 万元；在综合风险最低的所有社区单元中，海沧区的 05-01 天竺、翔安区的 13-18 西溪、13-20B 翔安机场、13-10 下许、13-11 洪厝、13-09B 湖头、13-14A 刘五店这 7 社区单元综合风险值最低，两种自然灾害的全概率年期望损失总和小于 5 万元。

5.4.2　城市灾害综合风险情景分析

根据第 4 章，城市灾害综合风险情景分析的情景设置，需要以灾害损失视角下的单灾种灾害风险（如地震、暴雨洪涝）的测度结果为基础，结合城市相关防灾工程设防标准来确定。根据《中国地震烈度区划图（1990）》《中国地震动参数区划图》GB 18306-2015 和《建筑抗震设计规范》GB 50011-2010，厦门地区（思明区、湖里区、海沧区、集美区、同安区、翔安区）的抗震设防烈度均为Ⅶ度；根据《厦门市防洪排涝规划（2014）》，厦门市目前东西溪同安城区段河道结合汀溪水库的防洪能力为

20 年一遇，后溪防洪堤防洪标准不到 50 年一遇，深青溪、瑶山溪、过芸溪的堤防护岸建设满足 50 年一遇的设防标准，其他河段防洪标准均未达到设防要求；排水管网规划建设标准普遍偏低，部分建成区，特别是旧城区（如同安旧城区、本岛筼筜湖南安、集美区旧城区以及大部分城中村）中仍采用雨污合流式的排水方式，雨水管网一般按照两年一遇标准进行建设，甚至部分按一年一遇标准进行建设。因此，当出现极端降雨的情况时，靠近河流水系的农田、林地以及城市中的低洼地区容易发生淹水和积水，当地防洪排涝设施的防灾减灾能力将受到考验。因此，这里在进行厦门市的灾害综合风险情景分析时，结合第 5 章中测算的 3 种烈度地震风险和 3 种强度洪涝风险，以及厦门市抗震设防烈度和当地防洪排涝设施的设防现状，选择以下 4 种灾害情景进行分析。情景一：设防烈度地震与 5 年一遇暴雨洪涝灾害；情景二：设防烈度地震与 50 年一遇暴雨洪涝灾害；情景三：罕遇地震与 5 年一遇暴雨洪涝灾害；情景四：罕遇地震与 50 年一遇暴雨洪涝灾害。

（1）情景一：设防烈度地震与 5 年一遇暴雨洪涝灾害

这一情景设置描述的是厦门市在一年时间内，遭遇了设防烈度的地震（地震烈度为Ⅶ度）和 5 年一遇的极端降水造成的洪涝灾害。根据公式（4-18），以及第 5 章中厦门市该强度的地震与暴雨洪涝灾害风险的定量测算结果，可以进一步计算出该情景下各评价单元所面临的地震与暴雨洪涝综合风险及其分布。在 ArcGIS 软件中对结果进行可视化处理，并按照数值从小到大，采用 Jenks 自然断裂法将结果分为 5 个等级，依次为低风险、较低风险、中等风险、较高风险和高风险 5 级，等级越高则说明其灾害综合风险越高。表 5-30 为具体各分级区间的边界值取值标准。

情景一的城市灾害综合风险值分级标准　　　　表 5-30

分级	分级区间
低	[0，29.753]
较低	(29.753，85.964]
中	(85.964，229.466]

续表

分级	分级区间
较高	(229.466，408.864]
高	(408.864，563.819]

注：分级区间根据 Jenks 自然间断点分级法确定，数据小数点后保留 3 位。

根据评估结果可以看出在设防烈度地震与 5 年一遇的暴雨情景下，厦门市自然灾害年期望损失呈现"岛内高、岛外低，西南高、东北低"的总体分布特征，全市的年期望总损失超过 15284 万元。岛内的湖里区和思明区综合风险最高，集美区的沿海地区风险也较高，海沧区次之，同安区和翔安区综合风险最低。在该灾害情景下，综合灾害风险最高的 8 个社区单元依次为：思明区的 03-04 湖光、集美区的 11-14 侨英街道、湖里区的 06-05 马垅—江头、06-06 县后、06-04 湖里、06-08 五缘湾、集美区的 11-08B 杏滨、思明区的 03-03 鹭江、海沧的 05-10 新市区北和 05-13 海沧港区，此时年期望损失总和超过 478 万元；在该情景下，综合风险最低的所有社区单元中，海沧区的 05-01 天竺、翔安区的 13-18 西溪、13-20B 翔安机场、13-10 下许、13-11 洪厝、13-09B 湖头这 6 社区单元综合风险值最低，两种自然灾害的全概率年期望损失总和小于 1 万元。

（2）情景二：设防烈度地震与 50 年一遇暴雨洪涝灾害

这一情景设置描述的是厦门市在一年时间内，遭遇了设防烈度的地震（地震烈度为Ⅶ度）和 50 年一遇的极端降水造成的洪涝灾害。根据公式（4-18），以及第 5 章中厦门市该强度的地震与暴雨洪涝灾害风险的定量测算结果，可以进一步计算出该情景下各评价单元所面临的地震与暴雨洪涝综合风险及其分布。在 ArcGIS 软件中对结果进行可视化处理，并按照数值从小到大，采用 Jenks 自然断裂法将结果分为 5 个等级，依次为低风险、较低风险、中等风险、较高风险和高风险 5 级，等级越高则说明其灾害综合风险越高。表 5-31 为具体各分级区间的边界值取值标准。

情景二的城市灾害综合风险值分级标准	表 5-31
分级	分级区间
低	[0，30.023]
较低	(30.023，84.147]
中	(84.147，229.466]
较高	(229.466，408.864]
高	(408.864，551.538]

注：分级区间根据 Jenks 自然间断点分级法确定，数据小数点后保留 3 位。

　　根据评估结果可以看出在常遇地震与 50 年一遇的暴雨情景下，厦门市自然灾害年期望损失呈现"岛内高、岛外低，西南高、东北低"的总体分布特征，全市的年期望总损失超过 14329 万元。岛内的湖里区和思明区综合风险最高，集美区的沿海地区风险也较高，海沧区次之，同安和翔安综合风险最低。在该灾害情景下，灾害综合风险最高的 9 个社区单元依次为：思明区的 03-04 湖光、湖里区的 06-05 马垅—江头、集美区的 11-14 侨英街道、湖里区的 06-06 县后、06-04 湖里、06-08 五缘湾、集美区的 11-08B 杏滨、思明的 03-03 鹭江和海沧区的 05-10 新市区北，此时年期望损失总和超过 439 万元；在该情景下综合风险最低的所有社区单元中，海沧区的 05-01 天竺、翔安区的 13-18 西溪、13-20B 翔安机场、13-10 下许、13-11 洪厝这 5 社区单元综合风险值最低，两种自然灾害的全概率年期望损失总和小于 1 万元。

　　（3）情景三：罕遇地震与 5 年一遇暴雨洪涝灾害

　　这一情景设置描述的是厦门市在一年时间内，遭遇了罕遇地震（地震烈度为 Ⅷ 度）和 5 年一遇的极端降水造成的洪涝灾害。根据公式（4-18），以及第 5 章中厦门市该强度的地震与暴雨洪涝灾害风险的定量测算结果，可以进一步计算出该情景下各评价单元所面临的地震与暴雨洪涝综合风险及其分布。在 ArcGIS 软件中对结果进行可视化处理，并按照数值从小到大，采用 Jenks 自然断裂法将结果分为 5 个等级，依次为低风险、较低风险、中等风险、较高风险和高风险 5 级，等级越高则说明其灾害综合风险越高。表 5-32 为具体各分级区间的边界值取值标准。

情景三的城市灾害综合风险值分级标准　　　　表 5-32

分级	分级区间
低	[0, 13.355]
较低	(13.355, 53.269]
中	(53.269, 138.817]
较高	(138.817, 263.270]
高	(263.270, 282.949]

注：分级区间根据 Jenks 自然间断点分级法确定，数据小数点后保留 3 位。

根据评估结果可以看出在常遇地震与 2 年一遇的暴雨情景下，厦门市自然灾害年期望损失呈现"岛内高、岛外低，西南高、东北低"的总体分布特征，全市的年期望总损失超过 10787 万元。岛内的湖里区和思明区综合风险最高，集美区的沿海地区风险也较高，海沧区次之，同安区和翔安区综合风险最低。在该灾害情景下，灾害综合风险最高的 13 个社区单元依次为：集美区的11-14 侨英街道、思明区的 03-04 湖光、湖里区的 06-05 马垄—江头、06-06 县后、06-08 五缘湾、集美区的 11-08B 杏滨、湖里区的 06-04 湖里、海沧区的 05-13 海沧港区、思明区的 03-03 鹭江、湖里区的 06-01 殿前、集美区的 11-11 园博苑、海沧区的 05-10 新市区北和集美区的 11-13 集美学村，此时年期望损失总和超过 276万元；在该情景下，综合风险最低的所有社区单元中，海沧区的05-01 天竺、翔安区的 13-18 西溪、13-10 下许、13-11 洪厝、13-20B 翔安机场、13-09B 湖头这 6 个社区单元综合风险值最低，两种自然灾害的全概率年期望损失总和小于 1 万元。

（4）情景四：罕遇地震与 50 年一遇的暴雨

这一情景设置描述的是厦门市在一年以内的时间期内，遭遇了罕遇地震（地震烈度为Ⅷ度）和 50 年一遇的极端降水造成的洪涝灾害。根据公式（4-18），以及第 5 章中厦门市该强度的地震与暴雨洪涝灾害风险的定量测算结果，可以进一步计算出该情景下各评价单元所面临的地震与暴雨洪涝综合风险及其分布。在 ArcGIS软件中对结果进行可视化处理，并按照数值从小到大，采用 Jenks自然断裂法将结果分为 5 个等级，依次为低风险、较低风险、中等风险、较高风险和高风险 5 级，等级越高则说明其灾害综合风险越高。表 5-33 为具体各分级区间的边界值取值标准。

情景四的城市灾害综合风险值分级标准　　　表 5-33

分级	分级区间
低	[0，17.103]
较低	(17.103，55.447]
中	(55.447，138.817]
较高	(138.817，267.313]
高	(267.313，380.526]

注：分级区间根据 Jenks 自然间断点分级法确定，数据小数点后保留 3 位。

根据计算结果，在常遇地震与两年一遇的暴雨情景下，厦门市自然灾害年期望损失呈现"岛内高、岛外低，西南高、东北低"的总体分布特征，全市的年期望总损失超过 9831 万元。岛内的湖里区和思明区综合风险最高，集美区的沿海地区风险也较高，海沧区次之，同安区和翔安区综合风险最低。在该灾害情景下，灾害综合风险最高的 10 个社区单元依次为：集美区的 11-14 侨英街道、湖里区的 06-05 马垅—江头、06-06 县后、思明区的 03-04 湖光、湖里区的 06-04 湖里、集美区的 11-08B 杏滨、湖里区的 06-08 五缘湾、思明区的 03-03 鹭江、湖里区的 06-01 殿前、海沧区的 05-10 新市区北，此时年期望损失总和超过 285 万元；在该情景下，综合风险最低的所有社区单元中，海沧区的 05-01 天竺、翔安区的 13-18 西溪、13-10 下许、13-11 洪厝、13-20B 翔安机场、13-09B 湖头这 6 个社区单元综合风险值最低，两种自然灾害的全概率年期望损失总和小于 1 万元。

5.5　城市相对综合风险指数分析

5.5.1　城市灾害风险应对能力评价

5.5.1.1　城市灾害风险应对现状与基础数据处理

（1）城市灾害风险应对现状

根据第 4 章中确定的城市灾害风险应对能力评价指标体系中的 12 项三级指标，在实证案例城市——厦门，以社区单元为评价的基本区域单元收集数据（共 93 个），同时，梳理当地灾害风险应对现状（截止到 2016 年 12 月）。

灾前预防与工程保障水平主要通过雨水管网密度、人均应急避难场所面积、应急避难场所个数和地下人防工程覆盖建成区比例，这四方面指标进行测度。四项指标均为正向指标。收集、整理并计算相关指标数据，其中，各区人均应急避难场所面积根据设防烈度地震时需为提供 12％人口提供避难安置计算。在 ArcGIS 软件中对各项指标数据值的分布情况进行可视化处理，并按一定规则进行分级，以在地图上更为直观地体现不同评价单元在该指标上的数据差异。从基础数据看，湖里区和思明区的雨水管网密度总体较高，同安区和翔安区的大部分地区雨水管网密度较低；湖里区和思明区的人均避难场所面积最高，海沧区、同安区、集美区、翔安区的人均避难场所面积依次递减；避难场所分布不均，全市域近半数的社区单元没有设立应急避难场所，其中，集美区和翔安区的避难场所缺建情况最为严重；地下人防空间主要分布在思明区、湖里区，其他行政区地下人防空间缺建明显。

灾情预警与统筹管理水平主要通过人防报警点个数、气象观测站点个数、各级应急指挥中心个数这 3 方面指标进行测度。3 项指标均为正向指标。收集、整理厦门市 93 个评价单元的相关指标数据并计算，在 ArcGIS 软件中对各项指标数据值的分布情况进行可视化处理，并按一定规则进行分级。从基础数据看，湖里区和思明区的大部分社区单元以及和集美区个别社区单元的人防报警点分布较多，其他地区人防报警点缺建明显；除同安区北部山地气象观测站点建设最多外，其他地区的气象站点建设分布总体较为均衡；应急指挥中心全市总数不多，思明区应急指挥中心最多，其他行政区均有少数应急指挥中心。

灾后应急处置与救援水平主要通过每千人拥有医院病床数、医院数量、派出所数量、消防站数量、路网密度五方面指标进行测度。五项指标均为正向指标。收集、整理并计算相关指标数据，在 ArcGIS 软件中对厦门市 93 个评价单元的各项指标数据值的分布情况进行可视化处理，并按照一定规则进行分级。从基础数据看，思明区和翔安区大部分地区的每千人拥有病床数较高，湖里区、集美区较低；思明区和湖里区的医院分布较多，其余各区均有大面积区域没有医院分布；思明区和湖里区的派出所分布较多，其余各区，特别是海沧区和翔安区有大面积区域没有派出所分布；消防站分布不均衡，思明区和湖里区部分地区消防站覆盖范围重叠，岛外各区存在大量空白；城市的已建成区路网密度整体较高，其中思明区和湖里区路网密度明显高于岛外地区。

（2）标准化数据并信度检验

这里采用极值法 [公式 (4-19)] 对上述各评价单元的指标原始数据矩阵 a_{ij} 分指标分别进行标准化处理转化为无量纲数值矩阵 A_{ij}，用于城市灾害风险应对能力评价。各指标数据标准化公式如下：

$$A_{ij} = \frac{a_{ij} - \{a_{min}\}}{\{a_{max}\} - \{a_{min}\}} \times 100 \tag{5-16}$$

式中，A_{ij} 为第 j 个指标第 i 个评价单元原始数据标准化后的值；a_{ij} 为第 j 个指标第 i 个评价单元的原始值；$\{a_{min}\}$ 为第 j 个指标所有数据中的最小值；$\{a_{max}\}$ 为第 j 个指标所有数据中的最大值。

借助统计软件 SPSS，采用克隆巴赫信度系数法对标准化后的城市灾害风险应对能力评价指标数据矩阵进行检验，得到 α 信度系数，表 5-34 为信度检验结果。

α 信度系数的数据信度检验结果　　　　　　表 5-34

案例处理汇总		可靠性统计量	
案例数 N	已排除	基于标准化项的克隆巴赫信度系数	项数
93	0	0.817	12

5.5.1.2　评价指标权重计算

（1）二级指标权重计算

采用专家打分法，对二级指标之间的重要性两两分别进行比较，用 1-9 标度法进行判断，并根据评价结果构建二级指标之间的两两比较矩阵。专家打分的结果通过需通过判断逻辑的一致性检验。这里以专家1的打分结果为例（表5-35），具体阐述计算过程，其他专家的权重计算过程与之相同，因此本书中不作赘述。

1号专家对二级指标进行两两比较后对重要性的判断结果　表5-35

下列指标与右侧指标相比的重要性打分	灾前预防与工程保障水平	灾情预警与统筹管理水平	灾后应急处置与救援水平
灾前预防与工程保障水平	1	3	1/3
灾情预警与统筹管理水平	—	1	1/5
灾后应急处置与救援水平	—	—	1

将上述表格中的判断结果转译为城市灾害风险应对能力评价二级指标权重的判断矩阵 B：

$$B = \begin{vmatrix} 1 & 3 & 1/3 \\ 1/3 & 1 & 1/5 \\ 3 & 5 & 1 \end{vmatrix} \tag{5-17}$$

借助数学软件 MATLAB 计算判断矩阵 B 的最大特征值 $\lambda_{max} = 3.04292$

$$CI = \frac{\lambda_{max} - n}{n - 1} = 0.02146 \tag{5-18}$$

$$CR = \frac{CI}{RI} = 0.037 < 0.1 \tag{5-19}$$

因此，该矩阵通过一致性检验，判断逻辑一致，结果具备进一步分析的有效性。

重复上述计算过程，其余9位专家对城市灾害风险应对能力评价二级指标重要性判断矩阵的一致性比率 CR 分别为 0.037、0.036、0、0.0279、0、0.036、0.036、0.0707、0.088，均通过一致性检验，判断逻辑一致，结果具备进一步分析的有效性。采用层次分析法，借助 yaahp 统计软件，计算所有专家对城市灾害风险应对能力评价二级指标重要性判断矩阵，得到灾前预防与工程保障水平、灾情预警与统筹管理水平、灾后应急处置与救援水平的权重计算结果（表5-36）。

层次分析法计算的城市灾害风险应对能力评价
二级指标权重汇总　　　　　　　　　表 5-36

编号	灾前预防与工程保障水平	灾情预警与统筹管理水平	灾后应急处置与救援水平
专家 1	0.2582	0.1047	0.6371
专家 2	0.6369	0.1049	0.2582
专家 3	0.6370	0.2583	0.1047
专家 4	0.4287	0.4285	0.1428
专家 5	0.4055	0.1140	0.4805
专家 6	0.2000	0.2000	0.6000
专家 7	0.2298	0.1220	0.6482
专家 8	0.6483	0.1220	0.2297
专家 9	0.6144	0.2683	0.1173
专家 10	0.4161	0.1260	0.4580

注：权重计算过程保留小数点后 4 位。

　　根据上表中的计算结果，对二级指标权重进行几何平均计算，得到二级指标的最终权重：灾前预防与工程保障水平的权重为 0.4730，灾情预警与统筹管理水平的权重为 0.1870，灾后应急处置与救援水平的权重为 0.3400（图 5-3）。

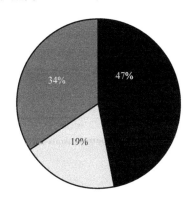

■ 灾前预防与工程保障水平　　■ 灾情预警与统筹管理水平
□ 灾后应急处置与救援水平

图 5-3　城市灾害风险应对能力评价指标体系二级指标权重值

（2）三级指标权重计算

与二级指标权重计算过程相似，首先根据 10 名专家咨询结果分别构造3个二级指标下的三级指标判断矩阵，共3组，在均通过判断矩阵一致性检验的前提下，可通过层次分析法计算每位专家三组判断矩阵的权重计算结果。下表中整理了灾前预防与工程保障水平、灾情预警与统筹管理水平、灾后应急处置与救援水平各自下属的三级指标权重计算（表5-37、表5-38、表5-39）。

层次分析法计算的灾前预防与工程保障水平
指标下的三级指标权重汇总　　　　　　　　　　　表5-37

编号	雨水管网密度	人均应急避难场所面积	应急避难场所个数	地下人防工程个数
专家1	0.6154	0.0639	0.1565	0.1642
专家2	0.2099	0.1759	0.4811	0.1331
专家3	0.0768	0.3907	0.3229	0.2096
专家4	0.3919	0.1439	0.3203	0.1439
专家5	0.1297	0.3889	0.3031	0.1783
专家6	0.2710	0.1420	0.4340	0.1530
专家7	0.5413	0.0844	0.1780	0.1963
专家8	0.2596	0.1570	0.4899	0.0935
专家9	0.0814	0.3944	0.3273	0.1969
专家10	0.1516	0.3290	0.3165	0.2028

注：权重计算过程保留小数点后4位。

层次分析法计算的灾情预警与统筹管理水平
指标下的三级指标权重汇总　　　　　　　　　　　表5-38

编号	人防报警点个数	各级气象观测站点个数	各级应急指挥中心个数
专家1	0.3706	0.0707	0.5587
专家2	0.2679	0.6130	0.1192
专家3	0.1378	0.1297	0.7325
专家4	0.1172	0.6145	0.2684
专家5	0.2430	0.0877	0.6693
专家6	0.2320	0.1840	0.5840
专家7	0.3328	0.1393	0.5279
专家8	0.2680	0.6148	0.1172
专家9	0.1603	0.1487	0.6910
专家10	0.2500	0.0952	0.6548

注：权重计算过程保留小数点后4位。

层次分析法计算的灾后应急处置与救援水平
指标下的三级指标权重汇总　　　　表 5-39

编号	每千人拥有医院病床数	医院个数	派出所个数	消防站个数	路网密度
专家 1	0.0755	0.1929	0.1460	0.2631	0.3226
专家 2	0.3888	0.2761	0.0840	0.2060	0.0449
专家 3	0.1280	0.1175	0.1882	0.2464	0.3200
专家 4	0.1492	0.2640	0.0658	0.2388	0.2822
专家 5	0.0373	0.0626	0.1998	0.2296	0.4708
专家 6	0.1390	0.2602	0.0655	0.2608	0.2745
专家 7	0.0804	0.1941	0.1487	0.2512	0.3257
专家 8	0.3748	0.2704	0.0731	0.2155	0.0662
专家 9	0.0367	0.1083	0.1867	0.3325	0.3359
专家 10	0.0550	0.1059	0.2085	0.2751	0.3555

注：权重计算过程保留小数点后 4 位。

　　根据层次分析法，采用计算结果集结加几何平均的方法得到各三级指标对二级指标的最终权重：在二级指标灾前预防与工程保障水平中，雨水管网密度的权重为 0.2543，人均应急避难场所面积的权重为 0.2129，应急避难场所个数的权重为 0.3514，地下人防工程个数的权重为 0.1813；在二级指标灾情预警与统筹管理水平中，人防报警点个数的权重为 0.2698，各级气象观测站点个数的权重为 0.234，各级应急指挥中心个数的权重为 0.4957；在二级指标灾后应急处置与救援水平中，每千人拥有医院病床数的权重为 0.1056，医院个数的权重为 0.1884，派出所个数的权重为 0.1428，消防站个数的权重为 0.2993，路网密度的权重为 0.2638，下图为各部分权重计算结果的示意图（图 5-4）。

　　（3）城市灾害风险应对能力评价指标体系指标权重确定

　　将本小节（1）二级指标权重计算与（2）三级指标权重计算部分中的计算结果进行汇总，得到城市灾害风险应对能力评价指标体系的最终指标权重（表 5-40）。

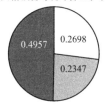

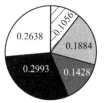

灾前预防与工程保障水平　　灾情预警与统筹管理水平　　灾后应急处置与救援水平

□ 雨水管网密度   □ 人防报警点个数   □ 每千人拥有医院病床数

▨ 人均应急避难场所面积   ▨ 各级气象观测站点个数   ▨ 医院个数

▦ 应急避难场所个数   ▦ 各级应急指挥中心个数   ▦ 派出所个数

■ 地下人防工程个数   ■ 消防站个数

                                                                         □ 路网密度

图 5-4　城市灾害风险应对能力评价指标体系三级指标权重值

城市灾害风险应对能力评价指标体系指标权重   表 5-40

一级指标	二级指标	权重	三级指标	权重
城市灾害风险应对能力	灾前预防与工程保障水平	0.473	雨水管网密度	0.120
			人均应急避难场所面积	0.101
			应急避难场所个数	0.166
			地下人防工程个数	0.086
	灾情预警与统筹管理水平	0.187	人防报警点个数	0.050
			各级气象观测站点个数	0.044
			各级应急指挥中心个数	0.093
	灾后应急处置与救援水平	0.340	每千人拥有医院病床数	0.036
			医院个数	0.064
			派出所个数	0.049
			消防站个数	0.101
			路网密度	0.090

注：权重计算结果保留小数点后 3 位。

5.5.1.3　评价结果

（1）城市灾害风险应对能力总评价

依据第 4 章中的城市灾害风险应对能力综合评价指标的计算公式（4-27），计算厦门市 93 个社区单元的城市灾害风险应对能力。在 ArcGIS 软件中对结果进行可视化处理，并按照数值从小到大，采用 Jenks 自然断裂法将结果分为 5 个等级，依次为低、较低、中、较高和高，等级越高则说明其灾害综合风险越高。表 5-41 为具体各分级区间的边界值取值标准。

城市灾害风险应对能力总评价结果分级标准　　表 5-41

分级	分级区间
低	[0.029, 0.089]
较低	(0.089, 0.150]
中	(0.150, 0.229]
较高	(0.229, 0.354]
高	(0.354, 0.560]

注：分级区间根据 Jenks 自然间断点分级法确定，数据小数点后保留 3 位。

厦门市思明区和湖里区所有社区单元的城市灾害风险应对能力整体水平明显高于岛外各区（海沧区、集美区、同安区、翔安区），除 03-15 万石山外，其他社区单元的城市灾害风险应对能力在全市均处于高或较高水平；海沧区 05-10 新市区北和集美区的 11-13 集美学村这两个社区单元具有高的城市灾害风险应对能力；此外，海沧区的 05-08 新阳东、05-11 新市区南，同安区的 12-10 西湖这 3 个社区单元具有较高的城市灾害风险应对能力；翔安区的城市灾害风险应对能力整体上看最低；具有最低城市灾害风险应对能力的社区有 18 个：海沧区的 05-01 天竺，集美的 11-01、11-02，同安区的 12-04 竹坝、12-12 洪塘北、翔安区的 13-01A 大帽山、13-07A 马巷南、13-06 下潭尾南、13-09A 东坑湾、13-09B 湖头、13-11 洪厝、13-14A 刘五店、13-15A 翔安新城、13-17 蔡厝、13-19 莲河、13-16 澳头、13-18 西溪，以及 13-20B 翔安机场。

（2）城市灾害风险应对能力分系统评价

依据第 4 章中的城市灾害风险应对能力分系统评价指标的计算公式（4-28），可以得到厦门市 93 个社区单元的灾前预防与工程保障水平、灾情预警与统筹管理水平和灾后应急处置与救援水平。分别在 ArcGIS 软件中对结果进行可视化处理，并按照数值从小到大，采用 Jenks 自然断裂法将结果分为 5 个等级，依次为低、较低、中、较高和高，等级越高则说明其灾害综合风险越高。以下为 3 个分系统评价结果具体各分级区间的边界值取值标准（表 5-42、表 5-43、表 5-44）。

城市灾前预防与工程保障水平评价结果分级标准　表 5-42

分级	分级区间
低	[0, 0.026]
较低	(0.026, 0.077]
中	(0.077, 0.131]
较高	(0.131, 0.224]
高	(0.224, 0.364]

注：分级区间根据 Jenks 自然间断点分级法确定，数据小数点后保留 3 位。

城市灾情预警与统筹管理水平评价结果分级标准　表 5-43

分级	分级区间
低	[0, 0.011]
较低	(0.011, 0.026]
中	(0.026, 0.042]
较高	(0.042, 0.062]
高	(0.062, 0.113]

注：分级区间根据 Jenks 自然间断点分级法确定，数据小数点后保留 3 位。

城市灾后应急处置与救援水平评价结果分级标准　表 5-44

分级	分级区间
低	[0.015, 0.028]
较低	(0.028, 0.042]
中	(0.042, 0.073]
较高	(0.073, 0.133]
高	(0.133, 0.227]

注：分级区间根据 Jenks 自然间断点分级法确定，数据小数点后保留 3 位。

从整体上看，厦门市各地区灾前预防与工程保障水平分布并不均衡，湖里区和思明区最高，海沧区和同安区次之，集美区再次之，翔安区最低。除 03-15 万石山外，其他社区单元的灾前预防与工程保障水平在全市均为高或较高两类；此外，海沧区 05-10 新市区北和集美区的 11-13 集美学村这两个社区单元具有高的灾前预防与工程保障水平；海沧区的 05-11 新市区南、集美区的 11-05 后溪、同安区的 12-10 西湖这 3 个社区单元具有较高的灾前预防与工程保障水平；翔安区的灾前预防与工程保障水平整体上看最低；具有最低灾前预防与工程保障水平的社区单元有 14 个：集美区的 11-01，翔安区的 13-01A 大帽山、13-05 黎安、13-07A 马巷南、13-06 下潭尾南、13-09A 东坑湾、13-09B 湖头、13-11 洪厝、13-14A 刘五店、13-15A 翔安新城、13-16 澳头、13-17 蔡厝、13-18 西溪、13-20B 翔安机场。

　　从整体上看，厦门市各地区灾情预警与统筹管理水平在思明区最高，湖里区次之，海沧区、同安区、集美区和翔安区相对较弱。思明区的 03-01 筼筜、湖里区的 06-04 湖里、06-06 县后、海沧区的 05-10 新市区北、05-11 新市区南，以及集美区的 11-13 集美学村这 6 个社区单元的灾情预警与统筹管理水平最高；思明区的 03-03 鹭江、03-13 厦港，湖里区的 06-08 五缘湾，集美区的 11-10 杏林、同安区的 12-01 莲花、12-02 汀溪、12-10 西湖，翔安区的 13-13A 香山这 8 个社区单眼灾情预警与统筹管理水平较高；灾情预警与统筹管理水平处于较低和最低等级的社区单元在岛外 4 个区中占大多数。

　　厦门市各地区灾后应急处置与救援水平呈现南高北低的趋势，思明区、湖里区的各社区单元灾后应急处置与救援水平整体都处于较高或最高水平，其他 4 个沿海地区灾后应急处置与救援水平次之，西北、北部和东北山区灾后应急处置与救援水平处于多处于中等、较低和最低水平。思明区的 03-01 筼筜、03-03 鹭港、03-07 观音山、03-08 厦岗、03-13 厦港，湖里区的 06-05 马垅—江头，海沧区的 05-10 新市区北的灾后应急处置与救援水平最高；海沧区的 05-01 天竺、集美的 11-01、11-02、11-04 软件园三期、11-08A 杏滨西、同安区的 12-01 莲花、12-02 汀溪、12-03 西山、12-04 竹坝、12-08 凤南、12-12 洪塘北，翔安区的 13-01A 大帽山、13-20B 翔安机场这 13 个社区单元灾后应急处置与救援水平最低。

5.5.2　城市相对综合风险指数的测算

根据第 4 章中的城市相对综合风险指数的计算步骤，首先根据极值法标准化公式（4-29）、公式（4-30）对章节 5.1.1 中的厦门市各评价单元的灾害综合风险评价结果和 5.2.1 中的厦门市各评价单元的灾害风险应对能力评价结果进行标准化处理，得到各评价单元灾害综合风险和灾害风险应对能力的标准值，构成数据集合 $\langle R'_n, D'_n \rangle$，绘制散点四象限图（图 5-5），根据公式 $I_n = \dfrac{R'_n}{D'_n}$，计算各评价单元的城市相对综合风险指数，计算结果见附表 10。

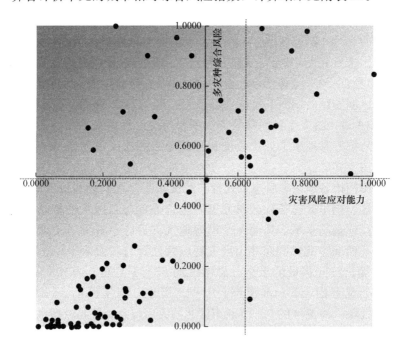

图 5-5　厦门市各社区单元灾害综合风险和灾害风险应对
能力的标准值对应图

注：图中横轴表示灾害风险应对能力的标准值，纵轴表示灾害综合
风险水平的标准值，数据点所在的背景颜色越深，则该点对应的
社区单元的灾害综合风险能力高于其灾害风险应对能力；
反之，则数据点所在背景颜色越浅。

在 ArcGIS 软件中对厦门市 93 个评价单元的相对综合风险指数评价结果进行可视化处理，并按照数值从小到大，采用 Jenks 自然断裂法将结果分为 5 个等级，依次为低、较低、中、较高和高，等级越高则说明相对综合风险指数越高。具体各分级区间的边界值取值标准如表 5-45：

相对综合风险指数分级标准　　　　　　　　　　表 5-45

分级	分级区间
低	[0, 0.205]
较低	(0.205, 0.696]
中	(0.696, 1.480]
较高	(1.480, 2.783]
高	(2.783, 4.319]

注：分级区间根据 Jenks 自然间断点分级法确定，数据小数点后保留 3 位。

表 5-46 反映了与不同等级的相对综合风险指数对应的相对风险状态，并统计了属于该等级的评价单元的个数。

相对综合风险指数分级说明与统计　　　　　　表 5-46

分级	相对风险状态	频数	占比
低	灾害风险应对能力过高	31	33.3%
较低	灾害风险应对能力较高	22	23.7%
中	灾害综合风险与灾害风险应对能力较为相称，是理想的相对风险状态	31	33.3%
较高	灾害综合风险较高	6	6.5%
高	灾害综合风险过高	3	3.2%

从表 5-46 和图 5-5 可以看出，相对综合风险指数值小于或等于 0.6964 的低和较低等级的评价单元超过一半，占总评价单元数的 57%，大部分位于翔安区和同安区，少部分位于海沧区和集美区，此外思明区的社区单元 03-16 鼓浪屿相对综合风险指数也为低等级，这些地区的灾害风险应对能力高于其面临的灾害综合风险。从灾害风险应对资源的供应角度来看，厦门市这些地区具备较高的应对当地灾害风险的能力，且当地的灾前预防与工程保障水平、灾情预警与统筹管理水平、灾后应急处置与救援水平中均有一定

程度的资源过度配置。

相对综合风险指数值处于中等级别的评价单元占总评价单元数的三分之一，大部分位于思明区和湖里区，少部分位于海沧区和同安区的沿海地区，个别位于集美区和翔安区。其中，思明区和湖里区的中等相对综合风险指数的社区单元主要以"高风险、高风险应对能力"为特征。从相对风险状态的角度来看，厦门市这些地区的灾害综合风险与灾害风险应对能力较为相称，既没有过高的灾害风险，也没有过度配置的灾害风险应对资源。

相对综合风险指数值高于 1.4795 的较高和高等级的评价单元较少，占总评价单元数的 9.7%，3 个相对综合风险指数为高的社区单元分别为 11-11 园博苑、11-14 侨英街道、11-12 大学城。均在集美区；6 个相对综合风险指数为较高的社区单元为海沧区的 05-13 海沧港区、集美区的 11-08B 杏滨、11-10 杏林、11-09 中亚城、湖里区的 06-06 县后、06-08 五缘湾。从灾害风险应对资源的供应角度来看，厦门市这些地区现有的灾害风险应对能力较差，无法应对好该地区面临的灾害综合风险，急需从灾前预防与工程保障水平、灾情预警与统筹管理水平、灾后应急处置与救援水平方面进行提升和完善。

5.6　本章小结

本章基于论文第 4 章 4.1 节中构建的灾害损失视角下城市自然灾害风险测度模型，分别对厦门市的地震风险和极端暴雨引发的洪涝风险进行定量测度。

在地震灾害风险的测度中，首先根据泊松分布的概率函数对厦门市常遇地震、设防烈度地震和罕遇地震的年超越概率进行了测算，然后通过采用成本重置法、现行市价法和改进人力资本法等方法测算厦门市不同地震烈度造成的直接经济损失和统计学生命价值的损失，最后根据第 3 章 3.2.1 节中提出的灾害风险测度方法计算 3 种烈度的地震风险值、全概率地震风险值（年期望直接损失）以及他们在空间上的分布。

在暴雨洪涝灾害风险中，首先根据厦门市不同强度暴雨的重现期对当地 2 年一遇、5 年一遇和 50 年一遇暴雨洪涝的年超越概率进行了测算，然后通过 SCS-CN 水文模型和灾损曲线法等方法模拟和测算厦门市不同重现期降雨的洪涝风险值（年期望直接损失）、全概率暴雨洪涝风险值（年期望直接损失）以及他们在空间上的分布。

本章的计算结果一方面可以相对直观地找出厦门市在面对不同强度的地震和暴雨洪涝灾害时空间上的最有可能遭受大量损失的地点，从而有针对性地进行防灾工程的建设和应急预案的准备；另一方面，也为第 6 章进一步开展城市自然灾害风险的综合分析以及规划应对的提出提供重要的数据支撑。

进一步，本章根据第 4 章 4.2 节构建的自然灾害风险分析方法，以及第 5 章中厦门市不同强度的地震、洪涝灾害的风险评价结果，首先，进一步量化分析了厦门市的自然灾害综合风险和 4 个不同强度不同灾害相继发生情景下的灾害综合风险；其次，通过构建城市灾害风险应对能力评价指标体系评价厦门市灾害风险应对能力及其分布，并进一步评价和分析厦门市各评价单元的城市相对综合风险指数；最后，根据厦门市城市灾害风险综合评价的结果，结合开展城市综合防灾规划时代背景，提出了一系列有益于城市综合防灾规划应对的方案与策略。

第6章

综合防治规划应对策略研究

自然灾害防治关系国计民生，对自然灾害的科学研究永无止境。

本书以城市自然灾害风险研究趋势和城市综合防灾规划的需求为出发点，在综述自然灾害风险评价研究和自然灾害损失评估研究相关的多个学科的理论、方法和模型的基础上，探讨了适用于城市小尺度灾害风险管理与城市综合防灾规划的灾害风险综合评价的研究思路，提出了灾害损失视角下的城市自然灾害综合风险研究的理论框架与方法模型，并将理论与方法模型在城市综合防灾规划的基础研究中进行实证，且在当地综合防灾规划实践中一定程度地应用和推广了本书得到的部分结论。

6.1 主要工作总结

6.1.1 构建了一个灾害损失视角下的城市自然灾害综合风险研究的理论框架

本书以自然灾害综合风险研究需求为背景，面向城市综合防灾规划工作的开展，以风险评价理论、资产评估理论、生命价值理论和灾害系统理论为理论基础，提出灾害损失视角下城市综合风险研究框架。这一研究框架包含了灾害风险测度、灾害风险分析与应对两部分。

本书提出的灾害风险测度理论，以风险评价的基本原理为基础，构建灾害风险测度的理论模型。该模型结合了风险的定义和自然灾害的基本属性，把城市不同自然灾害风险置于一年期的时间段内考虑，将一个地区某种自然灾害（特定强度）的年发生概率与该灾害发生的直接损失的乘积，定义为该灾害的风险，即，特定强度的灾害风险水平的大小等于该强度灾害造成的"年期望直接损失"；此外，本书创新性地将经济学中的统计学生命价值概念引入到灾害损失的定量研究中，扩充了灾害损失定量化研究的范畴。

以灾害风险测度的理论模型为基础，本书进一步提出了灾害风险分析框架，包括城市综合风险分析和相对综合风险分析两部分内容。灾害综合风险分析一方面包括了传统意义上"多个灾害的综合风险等于多种单灾害风险的叠加"分析，另一方面也包括了对城市自然灾害情景的综合风险定义与分析；而相对综合风险分析框架中则包含了对城市灾害风险应对能力和相对综合风险指数概念的提出与解析，为开展城市综合防灾规划的基础性灾害风险研究提供了重要的研究视角与理论支撑。

6.1.2　集成、优化和构建了一系列城市地震和暴雨洪涝风险综合评估方法及主要模型

本书依托灾害损失视角下的城市自然灾害综合风险研究理论，以地震和暴雨引发的洪涝灾害为例，进一步构建该研究框架中各组成部分所需要的具体方法和模型。

以适用于城市综合防灾规划和城市层面的风险管理为目标，以地震和暴雨洪涝为例，借鉴权威研究中自然灾害不同灾害强度的年发生概率的测算方法，并改进两种自然灾害直接后果（损失）的测度方法，使之更加适用于城市层面的灾害风险研究和应用于城市综合防灾规划。在灾害风险测度中，灾害生命价值损失的测度方法，改进了传统的人力资本法，将 VSL 看作人力资本总投入和人力资本总收入之和，即将居民预期寿命、人力资本投入、人力资本收入、工资收入年限、受教育年限、人力资本投入增长率、人力资本收入增长率、贴现率等因素纳入 VSL 的测算模型中；地震灾害期望直接损失模型，包括直接经济损失测度和人员伤亡测度模型两部分，主要在现有灾损评定和建筑抗震标准

以及相关研究的基础上进行优化；暴雨洪涝灾害的直接损失模型，集成了洪灾淹没模拟模型和洪涝灾损函数研究的思路与方法，构建了由淹没范围模拟—洪涝灾损函数拟合—洪涝期望损失评价 3 个模块构成的暴雨洪涝期望直接经济损失测度模型。在灾害风险分析中，研究基于灾害风险测度基本模型，进一步构建了城市自然灾害综合风险测度模型和城市自然灾害综合风险情景分析模型；在城市相对综合风险指数分析框架中，本研究构建了城市灾害风险应对能力的指标体系评价模型和城市相对综合风险指数计算模型。这些方法和模型以城市地震和暴雨洪涝为例，为城市自然灾害风险的综合评估提供了研究思路与方法技术的支持。

6.1.3 综合评估厦门市城市自然灾害风险，并提出城市综合防灾规划应对策略

在实证研究中，笔者综合应用了灾害损失视角下的城市自然灾害风险测度与分析方法，对厦门市的地震和暴雨洪涝灾害风险进行综合评估研究。研究结果表明：自然灾害风险背景下灾害造成的死亡导致厦门市居民统计学生命价值的平均损失为 493.55 万元/人；厦门市常遇烈度（Ⅵ度）、设防烈度（Ⅶ度）和罕遇烈度（Ⅷ度）地震的年发生概率分别为 0.0197、0.0021 和 0.0004，并对三种烈度地震在当地预计造成的直接经济损失总值及在社区单元中的分布，以及当地 3 种烈度情景的地震风险分布和全概率地震总风险的分布进行了分析；厦门市 2 年一遇、5 年一遇和 50 年一遇极端降雨情景下的暴雨洪涝年发生概率分别为 0.5、0.2 和 0.02，又对 3 种极端降雨情景下的潜在淹没范围、厦门市暴雨洪涝灾损函数、3 种极端降雨在当地预计造成的直接经济损失总值及在社区单元中的分布、当地 3 种极端降雨情景下的暴雨洪涝风险分布和全概率暴雨洪涝总风险分布分别进行了探索与分析；厦门市两种自然灾害综合风险水平的分布（仅考虑地震和暴雨洪涝灾害）以及四种自然灾害情景下的综合风险水平分布、城市灾害风险应对能力评价指标体系及权重、城市灾害风险应对能力和城市

相对综合风险指数在社区单元中的分布等也得到了探讨。

最后，基于对城市自然灾害风险的测度与分析结果，并结合城市综合防灾规划的要求与新形势，本书从提升城市综合防灾水平和完善城市综合防灾规划编制框架两个角度对城市综合防灾规划应对提出相关要求。

6.2 城市综合防灾规划应对

这部分内容主要从内部有效性和外部有效性两个视角展开。6.3.1节从内部有效性视角，提出提升城市综合防灾水平的主要策略：1）根据实证研究中城市灾害风险评价与分析结果整理并构建城市灾害风险数据库；2）根据城市相对综合风险格局，提出城市综合防灾水平提升战略与城市灾害风险应对能力的优化策略；3）基于相关建设布局规范与城市避难场所建设现状，提出构建三级避难场所体系的相关要求；4）结合本实证研究中采用的小尺度城市分析单元，提出进一步推动城市建设"防灾社区"的目标和要求；5）从体制建设、应急保障、平时教育和灾害保险四方面提出完善城市应急管理制度的策略。6.3.2节从外部有效性视角分析城市综合防灾的规划应对，对城市综合防灾应该怎么做进行了梳理和总结，并进一步对城市综合防灾规划工作的开展情况进行客观的探讨和分析，具体包括：1）城市综合防灾规划的概念与目标；2）当前城市综合防灾规划实践中存在的问题；3）城市综合防灾规划的内容构成；4）城市综合防灾规划的整体逻辑。

6.2.1 提升城市综合防灾水平

6.2.1.1 创建城市综合防灾基础数据库

城市灾害风险与防灾能力数据是开展城市风险管理和防灾减灾规划的重要基础。传统基础设施建设和管理往往各自为政，由于城市基础设施规划、开发、建设、运行和维护涉及国土、城建、规划、供水、燃气、电力、电信等多个部门，面对自然和人为灾害时，往往存在系统性不足、管理体制不完善、缺乏统一规划等问题，各部门之间缺乏沟通，数据共享不足，统计口径和标准也不统一，导致权责不明、底数不清，提升难度较大。因此，为加强城市灾害风险管理水平与防灾能力，在实际城市防灾基础设施规划建设推进过程中，须由政府牵头，科学制定城市基础设施近期开发计划，并在项目实施中依法履行城乡规划建设相关程序，做好环境影响评价，合理有序安排各类城市基础设施建设项目，落实责任主体和资金安排。推进城市基础设施协同建设需要：一是以"全生命周期管理"理念，构建城市基础设施规划、建设、运行维护、更新等各环节的统筹建设发展机制，促进提升城市基础设施体系的整体性、系统性、生长性，保障其韧性的提升；二是通过跨学科、跨部门、跨行政地域边界的合作，建立统一高效的协调机制、建立需求和数据共享平台和安全应急保障调配平台进行融合，并进行环境、经济、社会、管理多维统筹的政策机制探索，提升城市基础设施建设的协同性，实现城市基础设施资源的统一规划管理。

在防灾规划实践中，可进一步根据实证研究的城市灾害风险测度与分析结果、城市灾害风险应对能力评价结果和城市相对综合风险指数的测算结果，以 ArcGIS 软件的工作平台为依托，以城市社区单元为基本单元，构建城市综合防灾数据库（图 6-1）。基于该数据库，城市各地块现状的灾害风险（包括不同强度的地震或洪涝灾害，以及地震和洪涝灾害总风险）、灾害风险应对能力（灾前预防与工程保障水平、灾情预警与统筹管理水平、灾后应急处置与救援水平）和城市相对综合风险指数可以在空间上一一对应（图 6-2）。后期，随着更多城市灾害风险要素的纳入，以及更多元化的灾害风险应对能力相关的数据的收集和分析，这一数据库中的内容可以不断扩充与更新，有助于支撑城市灾害综合风险的动态跟踪，保障城市综合防灾规划实施过程的动态监测。

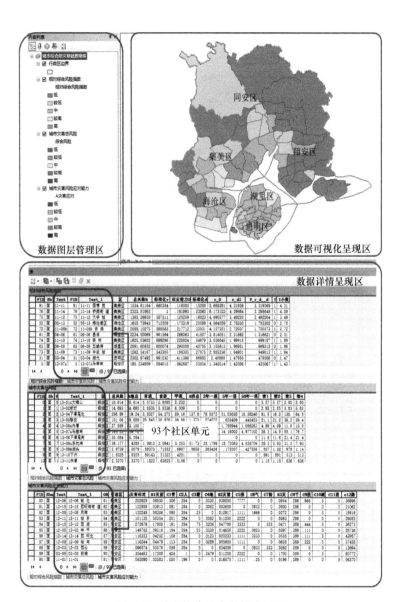

图 6-1　城市综合防灾数据库界面

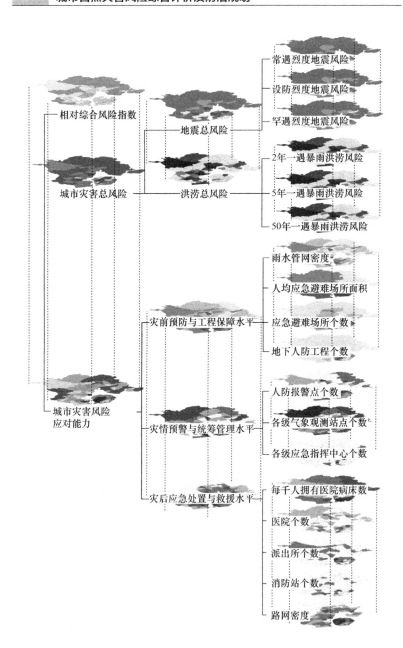

图 6-2　城市综合防灾基础数据空间对应关系

6.2.1.2 优化城市灾害风险应对资源配置

厦门市各社区单元城市相对综合风险指数呈现集美区（特别是沿海地区）最高、本岛（湖里区、思明区）和海沧区沿海地区其次，同安区、翔安区相对较低的整体格局。因此，在制定城市未来综合防灾水平提升战略时，根据研究结果得出包括 1 个一级综合提升区、2 个二级综合提升区、3 个三级综合提升区以及数个地震灾害重点防治区和暴雨洪涝灾害重点防治区在内的多层级的灾害应对资源提升体系。其中一级综合提升片区，往往同时面对较大的地震和暴雨洪涝灾害风险，且现状城市灾害风险应对能力较差，因此，有针对性地提升灾害风险应对能力，能有效减少这些片区因灾害造成的生命和财产损失。具体的城市灾害风险应对能力策略与措施则从灾前预防与工程保障水平、灾情预警与统筹管理水平、灾后应急处置与救援水平 3 方面展开。

灾前预防与工程保障水平反映了衡量灾前城市预防主要灾害侵袭所建设相关的基础设施工程配套建设水平与保障能力。本研究主要通过统计和比较城市雨水管网密度、人均应急避难场所面积、应急避难场所个数、地下人防工程个数这 4 方面指标的现状来进行分析。基于前文的研究与分析，通过对各评估单元的城市相对综合风险指数、灾前预防与工程保障水平评估结果进行比对，并结合未来城市发展的核心区规划方向，确定市域范围内灾前预防与工程保障水平的重点提升、次重点提升区（表6-1）。

厦门市灾前预防与工程保障水平的重点提升区和次重点提升区　表6-1

类型	社区单元
重点提升区	11-14 侨英街道；13-07 马巷南；13-09A 东坑湾；13-20B 翔安机场
次重点提升区	11-11 园博苑；11-12 大学城；05-03 海沧港区；05-06 马銮湾；12-11 城东；12-14 西柯北；12-15 西柯南

灾情预警与统筹管理水平反映了城市在灾害或事故发生前和灾害发生期间对风险的提前预警、实时监测以及灾时政府管理能

力，本研究主要通过统计和比较人防报警点、各级气象观测站点、各级应急指挥中心这 3 方面指标的现状来进行分析。基于前文的研究与分析，通过对各评估单元的城市相对综合风险指数、灾情预警与统筹管理水平评估结果进行比对，并结合城市未来城市发展的核心区规划方向，确定市域范围内灾情预警与统筹管理水平的重点提升、次重点提升区（表 6-2）。

厦门市灾情预警与统筹管理水平的重点提升区和次重点提升区　表 6-2

类型	社区单元
重点提升区	11-09 中亚城；11-11 园博苑；11-12 大学城；11-14 侨英街道；13-20B 翔安机场
次重点提升区	03-08 前埔；05-06 马銮湾；05-12B 南部新城；06-02 航空城；06-10 湖边水库；11-03 机械工业集中区；12-07 五显—布塘；12-11 城东；13-09A 东坑湾；13-07A 马巷南

灾后应急处置与救援水平反映了城市在灾害或事故发生时快速响应并开展救援救护工作的能力，本研究主要通过统计和比较每千人拥有医院病床数、医院、派出所、消防站、路网密度这 5 方面指标的现状来进行分析。基于前文的研究与分析，通过对各评估单元的城市相对综合风险指数、灾后应急处置与救援水平评估结果进行比对，并结合城市未来城市发展的核心区规划方向，确定市域范围内灾后应急处置与救援水平的重点提升、次重点提升区（表 6-3）。

厦门市灾后应急处置与救援水平的重点提升区和次重点提升区　表 6-3

类型	社区单元
重点提升区	003-16 鼓浪屿；5-13 海沧港区；13-20B 翔安机场
次重点提升区	05-06 马銮湾；05-09 吴冠；12-11 城东；13-09 东坑湾；11-08B 杏滨

6.2.1.3　推动城市"防灾社区"的建设

"防灾社区"的理念在 1994 年美国全国地震会议中被首次提出，强调了地方政府在灾害防治与救援中的重要性，旨在建立一个全面、综合的社区减灾模式，从而有效帮助居民应对自然灾害造成的社会经济损失，1997年后成为FEMA防灾减灾工作的专有名词。与"防灾社区"相关的概念还有：1980年日本政府提出的"防灾生活圈概念"，强调基于日常生活基本单元的城市灾害承载力的提升；1989年世界卫生组织（WHO）提出的"安全社区"概念，强调安全预案与多主体参与；米拉提（Mileti, 1999）提出的"灾害韧性社区"概念（侧重受灾社区的灾后恢复能力）等。尽管在表述上和侧重点上有一定差异，但都体现了灾害领域、卫生安全领域、社会学领域以及政府管治层面上，对社区层面的灾害防治、灾损控制和灾害应对的关注。因此，作为城市物质空间的重要构成单元和承担灾害风险的主体，提升社区综合防灾水平，推动城市中防灾社区的建设，对优化城市整体防灾水平、提升防灾工作的主动性和可实施性均具有重要意义。

确定社区面临的主要灾害的风险水平以及当地灾害风险应对能力的薄弱之处，是有针对性地开展社区层面防灾工作的基础。本书在厦门的实证中采用的"社区单元"评价单元，为厦门市各行政区下一层级的行政管理单元，尺度较小，管理范围适中。因此，研究结果有助于厦门市在开展城市综合防灾规划时有效发挥社区物质环境的基础作用。参考并总结美国FEMA Project Impact计划中对"防灾社区"的综合性要求，这里对厦门市进一步推动"防灾社区"建设提出在物质环境建设、社会资源利用以及全过程防灾等方面的要求（图6-3）。

6.2.1.4　构建三级避难场所体系

在城市现有的避震场所和避灾点资源基础上，梳理和整合城市中公园绿地、广场、交通设施等潜在避难场所资源以及现有的自然灾害避灾点资源，并结合城市现状的灾害风险水平、灾害风险应对能力和相对综合风险指数评价结果，进一步明确各级避难场所的等级与规模，优化避难场所抵御和应对多种常见灾害风险的综合服务能力，在全市域范围内构建城市三级避难场所体，有效提升城市综合防灾水平。

图 6-3　防灾社区建设要求

　　构建城市三级避难场所体系，需要综合考虑各级避难场所服务范围和避难容量。参考《防灾避难场所设计规范》GB 51143-2015 和《城市综合防灾规划标准》GB 51327-2018 中的描述，各级避难场所的分级控制要求如下：紧急避难场所应保证不少于 0.2hm² 的有效避难面积，且服务半径在 500m 以内，要在灾时避难人员集合和转移到固定避难场所的过程中发挥过渡作用；固定避难场所，根据避难时间可以分为短期、中期和长期固定避难场所3 种，短期、中期固定避难场所人均有效避难面积不少于 1m²，长期固定避难场所有效面积保证在 20hm²-50hm²；中心避难场所在规划布局及建设时考虑到其综合、全面的避难功能一般有效避难面积大于 50hm²，且人均有效避难面积大于 2m²（表 6-4）。在此基础上，还需充分调研该场所及周边潜在风险，适当提高水、电、路、网等基础设施建设标准，并做好标示服务和宣传工作，保证风险发生时该类设施点提供应急救援及相关服务的综合能力，提升相关设施的使用效率和灾害响应水平。

城市三级避难场所体系构建标准　　　　　表6-4

等级 \ 项目		有效避难面积（ha）	疏散距离（km）	人均有效避难面积（m²）	责任区内用地规模（km²）	责任区内常住人口规模（万人）
紧急避难场所		不限	0.5	≥0.2	根据城市规划建设情况确定	
固定避难场所	短期	0.2-1.0	>1.0	0.5-1.0	0.8-3.0	0.2-3.5
	中期	1.0-5.0	>1.0	1.5-1.5	1.0-7.0	3.0-15.0
	长期	5.0-20.0	>2.0	1.5-2.5	3.0-15.0	5.0-20.0
长期避难		>20.0	10.0-15.0	>2.0	20.0-50.0	20.0-50.0

注：紧急避难场所和固定避难场所的确定需以满足疏散人员避难为基本前提，因此在选址规划中，应当重视这两类避难场所的可达性和容量，其中，紧急避难场所的容量应不小于其责任区范围内需要疏散的人口总量；中心避难场所的关键在于满足城市的应急功能配置，因此，在长期固定避难场所具备的避难功能的基础上，需要包含市、区级应急指挥、救灾物资储备与管理、专业救灾队驻扎和医疗卫生等功能。

6.2.1.5　完善城市应急管理制度

城市应急管理水平直接影响了城市遭受灾害的影响程度。城市应急管理应以"安全第一、预防为主"为基本原则，立足"全灾种、大应急"格局，集聚技术力量和资源，加快设备研发、计量标校、应急观测和动态监测等核心技术攻关，全方位推动城市常见灾害常态化监测和风险应急管理工作的智能集成和可靠高效。这里分别从体制建设、应急保障、平时教育和灾害保险等方面提出完善城市应急管理制度的策略：

（1）统一管理系统，提升应急响应联动

首先是建立统一专门的区域灾害应急联动组织，统一管理、指挥和协调，实现共同应对突发灾害事件的整体格局，并考虑厦门沿海城市的特点，建设以地面救援力量为主、空中和水上救援力量为辅的海陆空三位一体的应急救援系统；其次是以应急管理局为主体，强化部门协同，发挥应急管理部门牵头抓总、统筹协调的职能；进一步构建综合灾害信息与应急指挥联动平台，建立以"灾种"为牵引的全链条、跨部门的应急联动机制，将目前分散于地震、防汛、气象、水利、民政和疾控中心等部门的灾情信息统一整合到唯一的全灾害情报预警和管理平台中。

（2）加强技术支撑，确保资金保障

首先要开发和利用5G网络技术集成自然灾害易发区、高风险区、现状重大危险源、各级避难场所、重要保障对象、各级各类救援力量等数据，结合全灾害情报预警和管理平台；进一步搭建城市防灾救灾指挥平台，为城市应急抢险救灾工作的指挥与反馈提供技术支撑，将灾害风险普查成果与做好防灾救灾减灾、社会综合治理、提高应急管理能力等方面深度融合，为灾害监测预警、指挥决策和应急救援提供服务支撑；此外，地方市政府、区政府、应急管理部门以及社区行政机构均应当在平时设立专项防灾救灾资金，用于加强相关技术平台的维护、完善各级防灾减灾工程设施和避灾救灾设备，以及储存应急救援物资等方面。

（3）加强文化建设，提升应急减灾意识

针对人口集中的学校、办公场所以及医院、商场等公共建筑空间，有计划地定期组织应急疏散演练，指导居民安全、快速、有序地通过疏散通道撤离至附近的紧急避难场所；明确设置防灾避难标识，指明各类应急防灾保障基础设施和应急服务设施位置与正确路径；通过在幼儿园、小学、中学、大学设置防灾教育公开课、在社区开展防灾知识宣传周等形式，常态化地对居民宣传和教育防灾知识，指导居民的灾害应对能力。

（4）加强风险转移，推广巨灾保险

当前我国社会对巨灾保险没有太大的重视，存在可保种类少、覆盖面窄等问题，一方面，随着人们防灾意识的提升和灾害保险行业的发展，应当积极引导地方政府、公司、家庭和个人为单位进行这方面的投保，从而有效分散巨灾造成的经济负担；另一方面，由于保险公司需要大量数据作为精算模型的基础，政府部门与保险公司在灾害数据方面的合作，也能有效促进灾害损失与灾害风险方面的研究。

6.2.2 完善城市综合防灾规划编制框架

6.2.2.1 明确城市综合防灾规划的概念与目标

我国于2019年3月1日起开始施行《城市综合防灾规划标准》

GB/T 51327-2018。根据该标准中给出的定义，城市综合防灾规划是指城市在面对多样化和复杂化的灾害风险时，为建立、健全城市防灾体系，开展综合防灾部署所编制综合性防御部署和行动。而综合防灾规划，作为一种规划，通常包括城市规划中的防灾规划和城市综合防灾专项规划两类，都是有关城市防灾减灾与安全发展的公共政策。城市综合防灾规划应当明确城市灾害综合防御的目标，以及城市防灾建体系建设的目标和任务。

城市灾害综合防御目标是指：1）当遭受与当地工程抗灾设防标准相当的较大灾害时，城市能够全面应对灾害风险，且无重大人员伤亡，城市的防灾设施仍然能有效保证城市基本功能的正常运行；2）当遭受与工程抗灾设防标准相当的重大灾害时，城市能够有效减轻灾害的影响，没有发生特大灾害效应，且无特大人员伤亡，城市的防灾设施仍然能发挥其基本作用，并仍能有效控制事故后果；3）在遭受高于工程抗灾设防标准的特大灾害影响时，城市仍能保证有效实施对外疏散和对内救援工作的开展（中华人民共和国住房和城乡建设部，2018）。因此，城市综合防灾规划的制定需要根据城市灾害综合防御目标，以灾害风险评估为基础，结合城市发展条件、历史灾害背景、区域灾害环境以及工程建设现状等因素，采用"上限原则"对城市面临的主要灾害种类分别确定设定防御标准以及相关工程的抗灾设防标准。

在《厦门市城市综合防灾专项规划（2017-2035）》中分别明确了总体规划目标和6项具体目标。总体目标是：实现"安全厦门"和"高韧性花园城市"的总体发展目标，达到与经济社会发展相协调的城市综合防灾水平。具体目标包括：1）构建完善的城市灾害防御体系；2）生命线系统和重大工程的安全防灾能力基本满足大灾防御的要求，且巨灾防御安全机制基本建成；3）具有完善的应急救援能力和城市灾害预警水平，紧急处置系统基本完善，并设置关键基础设施的灾时紧急自动处置系统；4）救灾物资储备库、医院等应急防灾服务设施满足防御大灾的要求，并具有合理有效的避难疏散系统；5）从综合防灾的视角对各类规划中涉及的各级各类防灾空间和设施进行协调，对各种防灾资源进行查漏补缺和有效整合；6）通过统筹城市防灾减灾资源，完善城市基础设施，加强多元主体合作，在厦门市建立全系统综合检测、全过程灾害响应、全区域联动防治、高韧性和现代化的城市—区域安全体系。

6.2.2.2　梳理城市综合防灾规划实践中存在的问题

在我国当前的城市综合防灾规划的编制和实践中，普遍存在研究基础与实际脱节、对历史灾害数据分析得不完整、与相关规划缺乏协调整合、规划实施缺乏有效监督与范围、缺乏公众参与规划决策等方面的问题。具体包括：1）由于缺少公认的、普适性的城市综合防灾规划研究理论和方法框架，实践中对城市多种灾害风险以及城市现状灾害防御能力通常缺少科学、有效的综合评估，评估单元的尺度选择过大或过小均不利于研究分析成果与综合防灾规划策略的有效衔接；2）由于历史灾害损失调查统计数据库的不完善和不公开问题，灾害风险预测技术和大尺度或精细化的灾损分析研究受到一定影响，从而进一步影响了综合防灾规划和建设在设定目标时的有效参考；3）现有的城市层面的综合防灾规划，一方面普遍缺乏省域或区域层面综合防灾规划的指引与衔接；另一方面由于与抗震防灾专项规划、防洪防汛专项规划、道路交通规划等其他单项规划处于平行关系，在实施责任与权力中缺乏有效的协调和整合；4）由于在城市综合防灾规划中缺少对规划目标定量、细化的分解，对应规划政策量化的指标依据参考意义也不大，因此在实施中对城市灾害风险和城市灾害防御能力的动态跟踪和监督的难度也较大，进而影响了规划本身修改和完善的可能；5）灾害的不利影响与居民的生产和生活息息相关，而各方利益的协调是规划政策梳理开展实施的重要保障，尽管城市综合防灾规划涉及全体居民的生命财产安全，但在大多数规划研究和决策制定中普遍缺少了公众的声音，当然这也是我国"自上而下"开展规划的通病。

基于上述认识与思考，在《厦门市城市综合防灾专项规划（2017-2035）》的研究和编制过程中，编制主体在一定程度上对上述问题进行了规避。具体包括以下方面：1）首先针对本地区域特征和历史灾害资料，梳理了城市面临的主要灾害种类，分别地震、洪涝、台风、海岸侵蚀、城市火灾、滑坡和泥石流等几种灾害风险进行评，并对城市灾害韧性、城市防灾空间和疏散通道的有效性进行评估，尽可能反映城市风险现状和防灾现状；2) 缺乏历史灾害损失数据的问题在厦门市开展综合防灾规划编制过程中同样存在，但通过走访相关部门收集数据，以及居民问卷等形式对既有数据进行了一定补充；3) 与上位规划，如《厦门市城市总体规划（2011-2020 年）》《厦门市城市总体规划（2017-2035 年）》《美丽厦门战略》（2016 年编）、《厦门市全域空间规划一张蓝图》（2018 年编）和《福建省气象灾害防御规划（2011-2020 年）》中有关厦门城市防灾目标和建设内容衔接，与近期完成编制的其他规划和研究，如《厦门本岛人防建设专项规划》（2016 年编）、《厦门市"十三五"综合防灾专项规划》（2016 年编）、《厦门市城市建设综合防灾规划（2003-2020）》及 18 个研究报告、《厦门市城市建设综合防灾实施规划》（2010 年编）及 4 个专题、《避震场所与疏散通道规划》（2008 年编）、《厦门市消防专项规划（2015-2020 年）》、《厦门市防洪排涝规划》（2013 年编）、《厦门市重要地质灾害专项规划》（2014 年编）、《厦门市气象灾害防御规划（2011-2020）》《厦门市危险品用地布局专项规划》（2018 年修编）等中的现状和规划数据进行对接和整合，并与《厦门市人防建设规划》《厦门市给水工程专项规划》《厦门市排水防涝专项规划》《厦门市地下空间规划》《厦门市绿地系统规划》《厦门市医疗卫生设施规划》《厦门市通信基础设施专项规划》和《厦门市中小学专项规划》同时开展研究和编制工作，力求做到设施与空间布局上的协调和匹配；4) 基于分析和研究，《厦门市城市综合防灾规划》提出了包括城市人防工程人均建筑面积、人防报警点覆盖率、消防站服务覆盖率、气象灾害检测率、预警信息覆盖率、避难场所人均有效避难面积等多个具体的指标和量化的指标目标值，这对后期规划实施过程中可操作的监测、评估和反馈工作具有重要作用；5) 在《厦门市城市总体规划（2017-2035 年）》和《厦门市城市综合防灾专项规划（2017-2035）》的编制前期，分别进行居民调查问卷，对居民的灾害风险认知、防灾减灾知识储备和防灾减灾相关规划工程了解程度进行调研，部分结果在规划研究中也得到了反映，一定程度上体现了综合防灾规划过程中的公众参与。

6.2.2.3　解析城市综合防灾规划的内容构成

城市综合防灾规划是通过在研究城市灾害现状和防灾现状的基础上对灾害风险形势进行科学分析，从而找出城市在防灾减灾工作中存在的不足，并通过指导空间布局、土地利用和设施建设，以及非工程性措施等手段，形成并优化城市综合御灾体系。城市综合防灾规划通常以两种形式——城市规划中的综合防灾规划专题和城市综合防灾专项规划。城市规划中的综合防灾规划属于专题研究性质，在灾害风险和防灾现状研究的基础上，更侧重于引导有利于城市安全发展的用地空间布局、提出重要防灾设施的布点要求，以及协调城市发展目标与城市安全底线等方面；城市综合防灾专项规划通常包括市域的综合防灾规划、城区综合防灾规划、对控规的综合防灾规划指引以及对防灾设施和空间的规划设计4个层次，图6-4解释了城市综合防灾规划内容特征及与城市规划各部分关系。

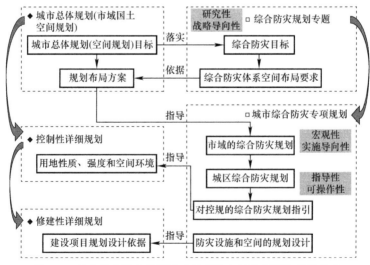

图6-4　城市综合防灾规划内容特征及与城市规划各部分关系

厦门市城市综合防灾规划工作先后包含了专题研究（《厦门市综合防灾体系与韧性城市建设实施路径研究》）和专项规划（《厦门市城市综合防灾专项规划（2017-2035）》）两部分。其中专题研究对《厦门市城市总体规划（2017-2035 年）》提出了综合防灾空间布局、城市生命线工程保障和城市安全风险综合防控 3 方面的要求；在城市综合防灾专项规划中，则更聚焦城市空间性的内容，对防灾目标、设防标准、防灾空间、防灾设施和对策措施提出了规划建设原则与指引（图 6-5）。

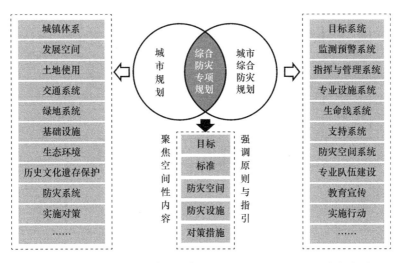

图 6-5 《厦门市城市综合防灾专项规划（2017-2035）》的内容指引

6.2.2.4　理解城市综合防灾规划的整体逻辑

规划是一个包括"研究—目标—编制—实施—评估—调整"在内的完整的过程，类似地，城市综合防灾规划的整体逻辑也涵盖了"事实基础的分析—防灾目标的设定—策略措施的制定—规划实施与动态监测—规划评估与反馈调整"这 5 个阶段（图 6-6）。其中，整个流程的第一步，实施基础的研究分析是城市综合防灾规划开展必不可少的基础——通过对城市灾害风险水平的统计、描述、评估和分析，并结合城市现状防灾工程与风险应对能力的梳理与评估，一方面有助于城市现状灾害风险应对能力的不足之处，从而在新的规划策略与措施中有针对性地进行提升，另一方面也有助于找出现状能力中的优势，在新的规划继续保持和扩大。本书也正是聚焦于"事实基础分析"这一重要的基础性规划阶段而展开，构建了一个适用于城市规划中的综合防灾规划以及城市综合防灾专项规划的，城市自然灾害综合风险研究框架。

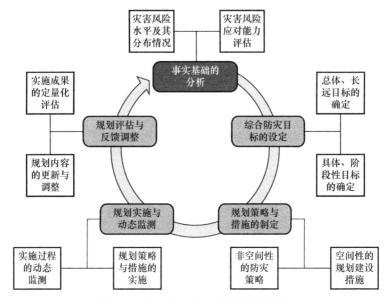

图 6-6　城市综合防灾规划的整体逻辑

在厦门市这一轮的城市综合防灾规划工作中，无论是与城市总体规划编制配合进行的《厦门市综合防灾体系与韧性城市建设实施路径研究》，还是专项规划《厦门市城市综合防灾专项规划（2017-2035）》，在研究和编制过程中，分别以战略导向性和实施导向性为成果的基本特征，但均涵盖了"事实基础的分析""综合防灾目标的设定"以及"规划策略与措施的制定"这 3 个阶段的内容。但后 2 个阶段，特别是综合防灾规划实施的动态监测与实施成果的定量化评估能否在未来有效开展，仍需要在规划实践中进行进一步跟踪与监督。因此，为了有效保障规划实施过程的动态监测，以及规划成果的评估与反馈调整，城市综合防灾规划的编制主体可以在几个方面进一步完善：1）进一步细化和量化防灾指标及其目标值，明确各指标对应的实践责任主体与监测责任部门；2）与相关部门合作，深化对不同灾害单项防灾标准的研究，有针对性地提出可行的防灾工程设施设防标准的优化方向，以及配置防灾基础设施的统筹协调与优先策略；3）面向机构调整和空间规划体系改革的新形势，与 2019 年 3 月新成立的厦门市应急管理局进行对接，就城市综合防灾规划的现有成果、城市防灾现状以及未来规划的实施与监测评估等方面进行充分对接与合作。

6.3　主要创新点

本书面向城市综合防灾减灾规划工作的开展，从风险的基本定义出发，以风险评价理论、生命价值理论、风险系统理论、概率模型理论等相关理论和研究方法为基础，提出了一个综合考虑了不同种类和不同强度自然灾害的发生概率、灾害经济损失、灾害生命损失、城市社会经济发展情况以及防灾减灾薄弱环节的，较为完整的城市自然灾害风险综合测度与分析理论和集成性方法。整个研究主要包括以下创新点。

6.3.1　提出了面向城市综合防灾规划的城市灾害风险研究新视角

本书立足于城市综合防灾规划、风险管理和灾害经济学 3 个领域的交叉点，提出的灾害损失视角下的城市综合风险研究思路，以暴露于灾害风险中的居民生命和财产为研究对象，构建城市层面小尺度评价单元的灾害风险研究框架。一方面，将不同强度、不同种类灾害风险潜在的生命、财产损失与发生频率综合到一个模型中进行探讨，通过不同强度灾害造成的年期望直接损失定义和测度灾害风险水平，基本模型结构清晰，易于理解、推广和应用；另一方面，提出了包含城市自然灾害综合风险测度、城市灾害风险应对能力评价和相对综合风险指数评价等在内的多元化城市自然灾害风险分析视角，为城市综合防灾规划的研究和编制提供科学、可视化的参考和依据。

6.3.2　集成并优化了城市自然灾害综合风险的测度与分析方法

本书在梳理、归纳和总结多个学科相关理论、国内外理论方法和研究实践的基础上，运用和优化了传统的资产评估、泊松分布、统计学生命价值的量化、水文淹没模型、指标体系等方法和模型，以地震和暴雨洪涝灾害为例，构建了一个较为系统和完整的城市灾害风险测度与分析模型，并在厦门市进行了实证。

一方面，在当前多灾种灾害综合风险的研究趋势下，本书提出的城市自然灾害综合风险的测度方法弥补了传统多灾种灾害综合风险评价思路中"忽略同一地区不同灾害发生频率的差异，同一灾害不同强度（或级别）的灾情发生频率的差异，以及不同灾害对承灾体造成后果的差异"等不足，为将来城市综合防灾规划和城市灾害风险管理提供了可操作的方法模型和技术支撑。

另一方面，本书关注了灾害中生命的损失，并将灾害中人的死亡与财产的损失统一到同一维度中进一步进行分析和探讨。通过改进人力资本法，提出了一个适用于我国国情和自然灾害损失研究背景的、与我国城市社会经济发展与时俱进的统计学生命价值的量化方法。这一方法将自然灾害死亡造成生命的损失合理地货币化，从而与经济损失的量化维度进行有效统一，使得量化后的城市层面上的灾害风险的空间分布更为直观。在目前国内外的灾害风险研究领域和城市综合防灾规划实践中，关于灾害中统计学生命价值损失的研究非常少，因此，这部分研究也是灾害学、经济学和城市防灾规划交叉领域的一个前沿。

6.3.3　探讨了以小尺度灾害风险研究为起点的城市综合防灾规划应对策略

城市灾害风险研究是风险管理和城市综合防灾规划的重要基础，研究成果将丰富灾害风险分析与城市综合防灾的相关理论，并为其他城市防灾规划的编制思路提供参考。本书以厦门为例，以社区单元为评价单元，从灾害损失视角进行了城市灾害综合风险测度与多元化风险分析，基于研究结果构建了城市综合防灾基础数据库,并进一步探讨了提升城市综合防灾水平的空间性规划方案和非空间性优化策略,以及完善城市综合防灾规划编制的重要启示。

以社区单元这一小尺度城市行政管理单元为基础的灾害风险测度、灾害风险应对能力评价和相对灾害风险分析,一方面有助于城市居民和规划决策者对城市灾害风险分布更直观地感受和理解,另一方面也有助于在研究基础上,进一步有针对性地确定不同方面的重点提升区和非重点提升区,有序、有效地推进防灾应急管理工作,全面提升防灾设施、预警管理与应急力量的优化和升级。这些策略基于实证案例中的研究结果提出,但视角与框架同样可能适用于其他有提升城市综合防灾水平和编制城市综合防灾规划需求的城市。因此,在对厦门市的综合防灾规划实践具有指导意义的同时,也对我国其他城市综合防灾规划的开展有不同程度的参考意义。

6.4 研究不足与展望

本书对城市自然灾害综合风险的研究思路、理论及方法模型进行了灾害损失视角下的研究,并予以实证探索,在城市灾害风险研究理论框架构建、自然灾害综合风险测度方法模型研究、自然灾害背景下生命价值损失科学量化方法和城市自然灾害风险的多元化分析框架构建等方面取得了一定的进展。但本书的研究还处于灾害损失视角下的城市灾害风险综合研究的起步阶段,研究中存在着一些不足与不完善之处,有待在未来的工作中进一步研究与解决。主要包括以下几个方面。

6.4.1 探索城市自然灾害损失预测方法与模型的优化

本书对所提出的灾损视角下的城市自然灾害风险测度方法进行了实证,但也在地震直接损失和暴雨洪涝直接损失的实际评价中发现了一些问题。1)本书在进行城市地震直接经济损失评价时,主要考虑了城市建构筑物的地震破坏损失,并综合采用了重置成本法、现行市价法对不同类型的建构筑物地震损失及分布进行了测算。尽管各类建筑物的损失通常是灾害直接经济损失中最主要的经济损失构成部分，但并非全部。因此，在未来对地震灾害损失预测的方法和模型中，应当进一步增加对城市道路、生命线系统等其他基础设施震害损失的考虑，从而更为精确地对地震灾害风险的大小与分布进行模拟和预测；2）本书在基于历史暴雨洪涝灾情统计数据构建和拟合厦门市暴雨洪涝灾损函数时，采用了剔除由台风过境造成的暴雨洪涝灾害损失数据的亚分组。尽管研究过程保证了模型系数的相关性和回归参数的可靠性，最终得到了不同重现期极端降雨造成的暴雨洪涝风险。但在实际生活中，像厦门这样的沿海城市，除季节性极端降雨外，台风、风暴潮等气象灾害同样会造成过程性暴雨和城市洪涝灾害的发生。因此，在未来研究城市洪涝灾害损失函数或其他类型洪灾的直接经济损失时，应当进一步思考如何将不同致灾因子的洪涝灾害损失测度置于同一个模型中分析和预测，从而更有效地指导城市防洪、防潮、排涝预案与专项规划的制定；3）本书在进行城市灾害综合风险的情景分析时，仅考虑了两种或两种以上灾害在1年期的时间段内相继在同一城市发生的情况，并对空间上分别量化的风险值（年期望损失）进行叠加，简化了评估过程，而没有考虑灾害叠加出现时，城市人员伤亡和直接经济损失的放大效应或互相抵消效应。因此，在未来对城市灾害综合风险的情景分析中，需要进一步对不同灾害的叠加情景分情况探讨，引入灾害影响放大系数等概念，对不同灾害情景下的城市灾害综合风险进行更为精细化的模拟与评估。

6.4.2 完善适用于城市综合防灾规划的其他灾害风险测度方法的研究

本书以地震和暴雨洪涝这两种分别以"灾害损失大""发生频率高"为特征的常见的城市自然灾害为例，集成并优化了其灾害年发生概率和灾害直接后果的测度方法及一系列具体分析和测度模型，为灾害损失视角下的城市地震和暴雨洪涝灾害风险研究提供了理论、方法和模型上的参考与支撑。然而，当前人类进入风险社会，城市往往还面临着除地震和暴雨洪涝灾害之外的许多其他风险，无一不对城市居民的生命与财产安全造成威胁。一方面，气候变化背景下如滑坡、泥石流等地质灾害、海平面上升与海岸侵蚀灾害、台风、飓风等风暴潮之类的自然灾害频发，加上城市火灾、事故等人为因素造成的灾害，对城市风险管理、应急管理和综合防灾规划提出了更高的要求。因此，在未来进一步完善城市灾害风险研究时，需要增加对其他类型灾害的考虑，以灾害损失视角下城市灾害风险研究理论为基本框架，对新增灾害种类的潜在灾害损失与灾害发生频率分别进行探讨与研究，从而更全面地将城市可能遇到灾害风险纳入到城市综合防灾能力的提升中。另一方面，考虑到现实中灾害往往并非鼓励存在，存在着诸如台风伴随暴雨、地震触发滑坡、地震引起次生火灾、森林火灾或强降雨引发泥石流等灾害之间的触发、伴随关系，因此，如何在灾害损失视角下的城市灾害风险综合研究理论和方法模型中，加入对不同灾害风险耦合关系的科学量化与分析，也是值得进一步探讨和研究的重要方向。

6.4.3　拓展规划决策中城市综合防灾基础数据库的应用

本书根据实证中对厦门市灾害风险测度与综合评价结果、城市灾害风险应对能力评价结果和城市相对综合风险指数的测算结果，构建了以社区单元为数据管理单元的城市综合防灾数据库，并结合各社区单元的灾害风险与应对现状提出了城市综合防灾水平的提升策略。后期，随着 5G 网络技术的发展，结合更多种灾害风险评价研究的纳入，以及与城市全灾害情报预警管理平台、防灾救灾指挥平台等数据网络的集成，这一数据库对城市灾害风险应对能力的考量指标也将进一步优化和细化，并推动城市综合防灾工作动态化监测管理工作的实现。因此，未来需要进一步开发和拓展城市灾害风险研究在规划决策中的应用，如支持各级避难场所的选址优化模型、各类防灾设施升级与布局优化模型、城市道路应急疏散模型，以及消防、医疗、公安等应急响应相关部门的中长期发展规划布局模型等方面的研究与实践。

附　录

城市灾害风险应对能力评价指标体系层次分析法判定专家打分表

附表 1

二级指标重要性判断矩阵

下列每一行左侧指标与右侧指标比，左侧指标的重要性程度		极端不重要 (1/9)	强烈不重要 (1/7)	明显不重要 (1/5)	稍微不重要 (1/3)	同等重要 (1)	稍微重要 (3)	明显重要 (5)	强烈重要 (7)	极端重要 (9)
B1 灾前预防与工程保障水平	B2 灾情预警与统筹管理水平									
	B3 灾后应急处置与救援水平									
B2 灾情预警与统筹管理水平	B3 灾后应急处置与救援水平									

三级指标重要性判断矩阵

下列每一行左侧指标与左侧指标相比，左侧指标的重要性程度	极端不重要 (1/9)	强烈不重要 (1/7)	明显不重要 (1/5)	稍微不重要 (1/3)	同等重要 (1)	稍微重要 (3)	明显重要 (5)	强烈重要 (7)	极端重要 (9)

续表

B 层	C 层（行）	C 层（列）
B1 灾前预防与工程保障水平	C1 雨水管网密度	C2 人均应急避难场所面积
		C3 应急避难场所个数
		C4 地下人防工程覆盖建成区比例
	C2 人均应急避难场所面积	C3 应急避难场所个数
		C4 地下人防工程覆盖建成区比例
	C3 应急避难场所个数	C4 地下人防工程覆盖建成区比例
B2 灾情预警与统筹管理水平	C5 人防报警点个数	C6 各级气象观测站点个数
		C7 各级应急指挥中心个数
	C6 各级气象观测站点个数	C7 各级应急指挥中心个数
B3 灾后应急处置与救援水平	C8 每千人拥有医院病床数	C9 医院数量
		C10 派出所数量
		C11 消防站数量
		C12 路网密度
	C9 医院数量	C10 派出所数量
		C11 消防站数量
		C12 路网密度
	C10 派出所数量	C11 消防站数量
		C12 路网密度
	C11 消防站数量	C12 路网密度

常遇地震情况下厦门市社区单元各类建筑震害
直接经济损失计算结果　　　附表 2

社区单元名称	行政区	震害直接经济损失（万元）				直接经济总损失（万元）
		一般高层建筑	预制板房	危房	其他建筑	
13-01A 大帽山	翔安区	0.00	0.00	275.36	0.00	275.36
13-02 新圩	翔安区	0.00	0.00	121.41	0.00	121.41
13-04 下潭尾北	翔安区	0.00	0.00	59.89	0.00	59.89
13-05 黎安	翔安区	0.00	0.00	904.15	0.00	904.15
13-08A 内厝	翔安区	0.00	0.00	112.21	0.00	112.21
13-07A 马巷南	翔安区	0.00	0.00	199.94	0.00	199.94
13-06 下潭尾南	翔安区	0.00	0.00	505.85	0.00	505.85
13-09A 东坑湾	翔安区	0.00	0.00	42.68	0.00	42.68
13-09B 湖头	翔安区	0.00	0.00	27.49	0.00	27.49
13-10 下许	翔安区	0.00	0.00	43.76	0.00	43.76
13-11 洪厝	翔安区	0.00	0.00	58.23	0.00	58.23
13-12A 后山岩	翔安区	0.00	0.00	207.02	0.00	207.02
13-12B 新店	翔安区	0.00	0.00	309.94	0.00	309.94
13-13A 香山	翔安区	0.00	0.00	25.86	0.00	25.86
13-14A 刘五店	翔安区	0.00	0.00	39.87	0.00	39.87
13-15A 翔安新城	翔安区	0.00	0.00	231.11	0.00	231.11
13-16 澳头	翔安区	0.00	0.00	135.37	0.00	135.37
13-18 西溪	翔安区	0.00	0.00	12.77	0.00	12.77
13-17 蔡厝	翔安区	0.00	0.00	44.56	0.00	44.56
13-19 莲河	翔安区	0.00	0.00	184.40	0.00	184.40
13-20A 大嶝	翔安区	0.00	0.00	106.52	0.00	106.52
13-20B 翔安机场	翔安区	0.00	0.00	5.15	0.00	5.15
12-02 汀溪	同安区	0.00	0.00	260.91	0.00	260.91
12-04 竹坝	同安区	0.00	0.00	91.50	0.00	91.50
12-07 五显-布塘	同安区	0.00	0.00	207.80	0.00	207.80
12-12 洪塘北	同安区	0.00	0.00	59.34	0.00	59.34
12-13 洪塘南	同安区	0.00	0.00	21.38	0.00	21.38
03-01 筼筜	思明区	4117.97	821.35	31.86	30029.53	35000.71
03-03 鹭江	思明区	10251.18	641.49	593.15	47863.92	59349.74
03-02 筼筜东	思明区	5333.24	0.00	7.58	41411.06	46751.87

续表

社区单元名称	行政区	震害直接经济损失（万元）				直接经济总损失（万元）
		一般高层建筑	预制板房	危房	其他建筑	
06-04 湖里	湖里区	3996.16	205.33	220.65	60526.21	64948.35
03-04 湖光	思明区	10678.18	1783.68	26.27	56887.45	69375.58
03-05 嘉莲	思明区	6944.99	0.00	0.00	43938.42	50883.41
03-07 观音山	思明区	5619.61	7.28	92.07	37733.29	43452.24
03-06 半兰山	思明区	3842.46	1.87	43.24	30662.21	34549.79
03-12 莲前南	思明区	5705.99	0.00	28.91	34043.62	39778.51
03-11 火车站-浦南	思明区	4441.59	16.06	254.90	35316.79	40029.35
03-10 万寿	思明区	2739.05	964.96	217.89	23266.59	27188.50
03-09 中华	思明区	4440.05	1418.40	2538.84	39520.28	47917.57
03-14B 黄厝	思明区	89.07	0.00	222.19	13788.65	14099.91
03-15 万石山	思明区	1777.15	49.34	758.58	16874.91	19459.98
03-16 鼓浪屿	思明区	0.00	17.03	1011.14	5888.54	6916.71
03-14A 曾厝垵	思明区	394.58	0.00	86.60	15137.23	15618.42
03-13 厦港	思明区	1673.95	979.84	959.21	22225.31	25838.30
05-10 新市区北	海沧区	7738.77	0.00	8.38	46487.66	54234.81
05-11 新市区南	海沧区	6462.32	0.00	0.00	32608.47	39070.78
05-12A 临港新城	海沧区	957.27	0.00	7.46	5559.04	6523.77
05-08 新阳东	海沧区	2602.26	0.00	10.04	10474.50	13086.80
05-09 吴冠	海沧区	255.43	0.00	7.60	14094.60	14357.62
05-02 东孚北	海沧区	0.00	0.00	70.15	0.00	70.15
05-01 天竺	海沧区	0.00	0.00	0.00	0.00	0.00
05-03 东孚东	海沧区	1546.01	0.00	74.27	5546.14	7166.43
05-13 海沧港区	海沧区	705.69	0.00	68.15	44046.53	44820.37
05-04 东孚西	海沧区	58.01	0.00	126.97	160.86	345.84
05-05 一农	海沧区	0.00	0.00	93.96	0.00	93.96
05-06 马銮湾	海沧区	0.00	0.00	165.50	0.00	165.50
05-07 新阳西	海沧区	0.00	0.00	24.27	0.00	24.27
05-12B 南部新城	海沧区	553.79	0.00	0.00	12450.80	13004.59
06-01 殿前	湖里区	1261.94	123.35	183.47	52027.17	53595.94
06-02 航空城	湖里区	1208.11	0.00	29.74	28594.12	29831.97
06-05 马垅-江头	湖里区	7351.59	28.82	5.27	62182.87	69568.55

续表

社区单元名称	行政区	震害直接经济损失（万元）				直接经济总损失（万元）
		一般高层建筑	预制板房	危房	其他建筑	
06-06 县后	湖里区	6338.02	0.00	158.46	61506.44	68002.92
06-07 枋湖	湖里区	4525.33	51.99	76.18	39150.70	43804.20
06-08 五缘湾	湖里区	6363.00	8.51	67.95	55463.09	61902.55
06-10 湖边水库	湖里区	2189.88	0.00	111.12	29431.81	31732.80
06-11 五通-高林	湖里区	3153.94	0.00	441.25	27442.22	31037.42
06-09 后埔	湖里区	3978.67	14.30	3.92	33878.54	37875.43
11-02	集美区	0.00	0.00	128.89	0.00	128.89
11-03 机械工业集中区	集美区	2864.50	89.83	237.17	11375.92	14567.41
11-04 软件园三期	集美区	224.61	0.00	72.85	1382.27	1679.73
11-05 后溪	集美区	931.89	0.00	157.65	2675.39	3764.92
11-07 北站	集美区	1338.94	0.00	87.13	6401.63	7827.70
11-08B 杏滨	集美区	1243.73	845.06	96.62	60801.68	62987.10
11-09 中亚城	集美区	6548.81	123.12	116.57	30423.89	37212.39
11-10 杏林	集美区	3673.51	1187.98	275.69	44741.10	49878.28
11-12 大学城	集美区	4521.65	0.00	136.52	33026.30	37684.47
11-14 侨英街道	集美区	4062.95	4.04	86.39	66405.98	70559.37
11-13 集美学村	集美区	2857.32	610.71	487.63	46298.64	50254.30
11-08A 杏滨西	集美区	0.00	0.00	35.53	0.00	35.53
12-01 莲花	同安区	0.00	0.00	222.41	0.00	222.41
12-06 城北	同安区	568.20	0.00	601.17	4933.28	6102.65
12-15 西柯南街道	同安区	1970.59	0.00	49.09	7219.17	9238.85
12-08 凤南	同安区	0.00	0.00	120.86	0.00	120.86
12-11 城东	同安区	632.37	27.90	254.41	3555.57	4470.26
12-10 西湖	同安区	901.61	0.00	287.09	5951.36	7140.05
12-05 祥平	同安区	1301.75	52.94	524.70	7558.20	9437.60
12-14 西柯北	同安区	0.00	0.00	118.94	1936.80	2055.74
12-09 城南	同安区	529.90	0.00	202.63	3747.35	4479.87
12-03 西山	同安区	0.00	0.00	55.70	0.00	55.70
03-08 前埔	思明区	6690.58	0.00	55.43	38888.13	45634.14
11-01	集美区	0.00	0.00	23.28	0.00	23.28
11-11 园博苑	集美区	4886.10	118.32	112.84	35051.61	40168.87
06-03 东渡	湖里区	1812.06	0.00	0.00	16091.04	17903.09
全市总计		176856.3	10193.5	17668.8	1544684	1748403.5

设防烈度地震情况下厦门市社区单元各类建筑震害直接经济损失计算结果

附表 3

社区单元名称	行政区	震害直接经济损失（万元）				直接经济总损失（万元）
		一般高层建筑	预制板房	危房	其他建筑	
13-01A 大帽山	翔安区	0.00	0.00	490.46	0.00	275.36
13-02 新圩	翔安区	0.00	0.00	216.26	0.00	121.41
13-04 下潭尾北	翔安区	0.00	0.00	106.67	0.00	59.89
13-05 黎安	翔安区	0.00	0.00	1610.46	0.00	904.15
13-08A 内厝	翔安区	0.00	0.00	199.86	0.00	112.21
13-07A 马巷南	翔安区	0.00	0.00	356.12	0.00	199.94
13-06 下潭尾南	翔安区	0.00	0.00	901.01	0.00	505.85
13-09A 东坑湾	翔安区	0.00	0.00	76.00	0.00	42.68
13-09B 湖头	翔安区	0.00	0.00	48.97	0.00	27.49
13-10 下许	翔安区	0.00	0.00	77.94	0.00	43.76
13-11 洪厝	翔安区	0.00	0.00	103.72	0.00	58.23
13-12A 后山岩	翔安区	0.00	0.00	368.73	0.00	207.02
13-12B 新店	翔安区	0.00	0.00	552.06	0.00	309.94
13-13A 香山	翔安区	0.00	0.00	46.06	0.00	25.86
13-14A 刘五店	翔安区	0.00	0.00	71.01	0.00	39.87
13-15A 翔安新城	翔安区	0.00	0.00	411.65	0.00	231.11
13-16 澳头	翔安区	0.00	0.00	241.13	0.00	135.37
13-18 西溪	翔安区	0.00	0.00	22.75	0.00	12.77
13-17 蔡厝	翔安区	0.00	0.00	79.36	0.00	44.56
13-19 莲河	翔安区	0.00	0.00	328.44	0.00	184.40
13-20A 大嶝	翔安区	0.00	0.00	189.74	0.00	106.52
13-20B 翔安机场	翔安区	0.00	0.00	9.18	0.00	5.15
12-02 汀溪	同安区	0.00	0.00	464.93	0.00	260.91
12-04 竹坝	同安区	0.00	0.00	163.05	0.00	91.50
12-07 五显-布塘	同安区	0.00	0.00	370.29	0.00	207.80
12-12 洪塘北	同安区	0.00	0.00	105.74	0.00	59.34
12-13 洪塘南	同安区	0.00	0.00	38.10	0.00	21.38
03-01 筼筜	思明区	20426.50	1176.54	56.67	108106.32	35000.71
03-03 鹭江	思明区	50849.19	918.90	1055.14	172310.10	59349.74
03-02 筼筜东	思明区	26454.61	0.00	13.48	149079.81	46751.87

续表

社区单元名称	行政区	震害直接经济损失（万元）				直接经济总损失（万元）
		一般高层建筑	预制板房	危房	其他建筑	
06-04 湖里	湖里区	19822.24	294.13	392.51	217894.37	64948.35
03-04 湖光	思明区	52967.25	2555.04	46.74	204794.83	69375.58
03-05 嘉莲	思明区	34449.42	0.00	0.00	158178.30	50883.41
03-07 观音山	思明区	27875.10	10.43	163.77	135839.83	43452.24
03-06 半兰山	思明区	19059.87	2.68	76.92	110383.95	34549.79
03-12 莲前南	思明区	28303.56	0.00	51.42	122557.03	39778.51
03-11 火车站浦南	思明区	22031.76	23.01	453.43	127140.44	40029.35
03-10 万寿	思明区	13586.60	1382.27	387.60	83759.72	27188.50
03-09 中华	思明区	22024.10	2031.79	4516.27	142273.01	47917.57
03-14B 黄厝	思明区	441.82	0.00	395.25	49639.13	14099.91
03-15 万石山	思明区	8815.26	70.67	1349.41	60749.69	19459.98
03-16 鼓浪屿	思明区	0.00	24.39	1798.69	21198.76	6916.71
03-14A 曾厝垵	思明区	1957.26	0.00	154.05	54494.04	15618.42
03-13 厦港	思明区	8303.33	1403.57	1706.30	80011.10	25838.30
05-10 新市区北	海沧区	39013.14	0.00	14.92	167355.57	54234.81
05-11 新市区南	海沧区	32578.20	0.00	0.00	117390.48	39070.78
05-12A 临港新城	海沧区	4825.83	0.00	13.29	20012.54	6523.77
05-08 新阳东	海沧区	13118.69	0.00	17.87	37708.20	13086.80
05-09 吴冠	海沧区	1287.69	0.00	13.52	50740.55	14357.62
05-02 东孚北	海沧区	0.00	0.00	124.90	0.00	70.15
05-01 天竺	海沧区	0.00	0.00	0.00	0.00	0.00
05-03 东孚东	海沧区	7793.84	0.00	132.24	19966.12	7166.43
05-13 海沧港区	海沧区	3557.56	0.00	121.34	158567.52	44820.37
05-04 东孚西	海沧区	292.44	0.00	226.05	579.10	345.84
05-05 一农	海沧区	0.00	0.00	167.29	0.00	93.96
05-06 马銮湾	海沧区	0.00	0.00	294.66	0.00	165.50
05-07 新阳西	海沧区	0.00	0.00	43.20	0.00	24.27
05-12B 南部新城	海沧区	2791.81	0.00	0.00	44822.87	13004.59
06-01 殿前	湖里区	6259.63	176.69	326.37	187297.83	53595.94
06-02 航空城	湖里区	5992.60	0.00	52.90	102938.85	29831.97
06-05 马垅-江头	湖里区	36466.31	41.28	9.38	223858.33	69568.55
06-06 县后	湖里区	31438.65	0.00	281.88	221423.20	68002.92
06-07 枋湖	湖里区	22447.14	74.47	135.51	140942.52	43804.20

续表

社区单元名称	行政区	震害直接经济损失（万元）				直接经济总损失（万元）
		一般高层建筑	预制板房	危房	其他建筑	
06-08 五缘湾	湖里区	31562.54	12.19	120.88	199667.12	61902.55
06-10 湖边水库	湖里区	10862.50	0.00	197.66	105954.51	31732.80
06-11 五通-高林	湖里区	15644.58	0.00	784.93	98792.00	31037.42
06-09 后埔	湖里区	19735.52	20.48	6.98	121962.74	37875.43
11-02	集美区	0.00	0.00	229.37	0.00	128.89
11-03 机械工业集中区	集美区	14322.99	128.75	422.07	40953.31	14567.41
11-04 软件园三期	集美区	1123.07	0.00	129.65	4976.18	1679.73
11-05 后溪	集美区	4659.59	0.00	280.55	9631.41	3764.92
11-07 北站	集美区	6694.92	0.00	155.06	23045.87	7827.70
11-08B 杏滨	集美区	6218.88	1211.20	171.95	218886.05	62987.10
11-09 中亚城	集美区	32745.18	176.47	207.45	109525.99	37212.39
11-10 杏林	集美区	18368.19	1702.70	490.63	161067.96	49878.28
11-12 大学城	集美区	22609.03	0.00	242.96	118894.68	37684.47
11-14 侨英街道	集美区	20315.46	5.80	153.74	239061.53	70559.37
11-13 集美学村	集美区	14287.07	875.32	867.80	166675.12	50254.30
11-08A 杏滨西	集美区	0.00	0.00	63.23	0.00	35.53
12-01 莲花	同安区	0.00	0.00	396.34	0.00	222.41
12-06 城北	同安区	2913.40	0.00	1071.27	17759.80	6102.65
12-15 西柯南街道	同安区	10104.01	0.00	87.47	25989.02	9238.85
12-08 凤南	同安区	0.00	0.00	215.37	0.00	120.86
12-11 城东	同安区	3242.43	40.06	453.36	12800.06	4470.26
12-10 西湖	同安区	4622.91	0.00	511.58	21424.89	7140.05
12-05 祥平	同安区	6674.60	76.02	935.01	27209.51	9437.60
12-14 西柯北	同安区	0.00	0.00	211.95	6972.47	2055.74
12-09 城南	同安区	2716.99	0.00	361.07	13490.46	4479.87
12-03 西山	同安区	0.00	0.00	99.26	0.00	55.70
03-08 前埔	思明区	33187.45	0.00	98.60	139997.27	45634.14
11-01	集美区	0.00	0.00	41.42	0.00	23.28
11-11 园博苑	集美区	24431.34	169.59	200.82	126185.79	40168.87
06-03 东渡	湖里区	8988.39	0.00	0.00	57927.73	17903.09
全市总计		881262.40	14604.40	31451.20	5560865.60	6488183.60

（注：所有计算结果在统计时仅保留小数点后 2 位）

罕遇地震情景下厦门市社区单元各类建筑震害
直接经济损失计算结果 附表 4

社区单元名称	行政区	震害直接经济损失（万元）				直接经济总损失（万元）
		一般高层建筑	预制板房	危房	其他建筑	
13-01A 大帽山	翔安区	0.00	0.00	721.69	0.00	721.69
13-02 新圩	翔安区	0.00	0.00	318.21	0.00	318.21
13-04 下潭尾北	翔安区	0.00	0.00	156.95	0.00	156.95
13-05 黎安	翔安区	0.00	0.00	2369.69	0.00	2369.69
13-08A 内厝	翔安区	0.00	0.00	294.09	0.00	294.09
13-07A 马巷南	翔安区	0.00	0.00	524.01	0.00	524.01
13-06 下潭尾南	翔安区	0.00	0.00	1325.78	0.00	1325.78
13-09A 东坑湾	翔安区	0.00	0.00	111.87	0.00	111.87
13-09B 湖头	翔安区	0.00	0.00	72.06	0.00	72.06
13-10 下许	翔安区	0.00	0.00	114.69	0.00	114.69
13-11 洪厝	翔安区	0.00	0.00	152.61	0.00	152.61
13-12A 后山岩	翔安区	0.00	0.00	542.57	0.00	542.57
13-12B 新店	翔安区	0.00	0.00	812.32	0.00	812.32
13-13A 香山	翔安区	0.00	0.00	67.77	0.00	67.77
13-14A 刘五店	翔安区	0.00	0.00	104.49	0.00	104.49
13-15A 翔安新城	翔安区	0.00	0.00	605.72	0.00	605.72
13-16 澳头	翔安区	0.00	0.00	354.80	0.00	354.80
13-18 西溪	翔安区	0.00	0.00	33.47	0.00	33.47
13-17 蔡厝	翔安区	0.00	0.00	116.78	0.00	116.78
13-19 莲河	翔安区	0.00	0.00	483.29	0.00	483.29
13-20A 大嶝	翔安区	0.00	0.00	279.18	0.00	279.18
13-20B 翔安机场	翔安区	0.00	0.00	13.50	0.00	13.50
12-02 汀溪	同安区	0.00	0.00	684.26	0.00	684.26
12-04 竹坝	同安区	0.00	0.00	239.96	0.00	239.96
12-07 五显-布塘	同安区	0.00	0.00	544.97	0.00	544.97
12-12 洪塘北	同安区	0.00	0.00	155.63	0.00	155.63
12-13 洪塘南	同安区	0.00	0.00	56.07	0.00	56.07
03-01 筼筜	思明区	33938.28	4190.38	83.33	404405.04	442617.04
03-03 鹭江	思明区	84485.07	3272.78	1551.63	644579.12	733888.61
03-02 筼筜东	思明区	43953.89	0.00	19.82	557679.04	601652.74
06-04 湖里	湖里区	32934.32	1047.58	577.20	815101.12	849660.23

续表

社区单元名称	行政区	震害直接经济损失（万元）				直接经济总损失（万元）
		一般高层建筑	预制板房	危房	其他建筑	
03-04 湖光	思明区	88004.18	9100.06	68.73	766098.27	863271.23
03-05 嘉莲	思明区	57237.13	0.00	0.00	591714.76	648951.88
03-07 观音山	思明区	46314.00	37.13	240.83	508150.81	554742.78
03-06 半兰山	思明区	31667.65	9.55	113.12	412925.24	444715.56
03-12 莲前南	思明区	47025.89	0.00	75.61	458462.41	505563.91
03-11 火车站浦南	思明区	36605.39	81.96	666.80	475608.07	512962.22
03-10 万寿	思明区	22573.90	4923.09	569.99	313329.09	341396.07
03-09 中华	思明区	36592.66	7236.45	6641.37	532216.11	582686.60
03-14B 黄厝	思明区	734.07	0.00	581.23	185690.50	187005.80
03-15 万石山	思明区	14646.41	251.71	1984.37	227252.98	244135.46
03-16 鼓浪屿	思明区	0.00	86.86	2645.05	79300.50	82032.42
03-14A 曾厝垵	思明区	3251.95	0.00	226.54	203851.76	207330.25
03-13 厦港	思明区	13795.84	4998.98	2509.19	299306.21	320610.22
05-10 新市区北	海沧区	64948.18	0.00	21.95	625213.37	690183.50
05-11 新市区南	海沧区	54235.45	0.00	0.00	438551.89	492787.33
05-12A 临港新城	海沧区	8033.94	0.00	19.55	74763.63	82817.12
05-08 新阳东	海沧区	21839.69	0.00	26.29	140871.75	162737.73
05-09 吴冠	海沧区	2143.71	0.00	19.89	189558.49	191722.10
05-02 东孚北	海沧区	0.00	0.00	183.74	0.00	183.74
05-01 天竺	海沧区	0.00	0.00	0.00	0.00	0.00
05-03 东孚东	海沧区	12975.01	0.00	194.54	74590.20	87759.75
05-13 海沧港区	海沧区	5922.54	0.00	178.51	592382.63	598483.68
05-04 东孚西	海沧区	486.86	0.00	332.55	2163.41	2982.82
05-05 一农	海沧区	0.00	0.00	246.11	0.00	246.11
05-06 马銮湾	海沧区	0.00	0.00	433.49	0.00	433.49
05-07 新阳西	海沧区	0.00	0.00	63.56	0.00	63.56
05-12B 南部新城	海沧区	4647.75	0.00	0.00	167450.99	172098.74
06-01 殿前	湖里区	10400.27	629.31	479.95	700645.32	712154.85
06-02 航空城	湖里区	9956.60	0.00	77.80	385074.53	395108.93
06-05 马垅-江头	湖里区	60588.15	147.02	13.79	837411.16	898160.12
06-06 县后	湖里区	52234.79	0.00	414.52	828301.80	880951.10
06-07 枋湖	湖里区	37295.54	265.23	199.27	527238.98	564999.02

续表

社区单元名称	行政区	震害直接经济损失（万元）				直接经济总损失（万元）
		一般高层建筑	预制板房	危房	其他建筑	
06-08 五缘湾	湖里区	52440.62	43.43	177.76	746916.47	799578.29
06-10 湖边水库	湖里区	18047.86	0.00	290.67	396355.54	414694.08
06-11 五通-高林	湖里区	25993.21	0.00	1154.27	369561.97	396709.45
06-09 后埔	湖里区	32790.23	72.94	10.26	456239.26	489112.69
11-02	集美区	0.00	0.00	337.37	0.00	337.37
11-03 机械工业集中区	集美区	23820.82	458.99	620.80	153097.93	177998.54
11-04 软件园三期	集美区	1867.80	0.00	190.70	18602.73	20661.23
11-05 后溪	集美区	7749.45	0.00	412.65	36005.60	44167.70
11-07 北站	集美区	11134.45	0.00	228.07	86153.63	97516.14
11-08B 杏滨	集美区	10342.73	4317.96	252.92	818273.42	833187.03
11-09 中亚城	集美区	54459.10	629.11	305.13	409446.88	464840.22
11-10 杏林	集美区	30548.46	6070.16	721.64	602128.96	639469.22
11-12 大学城	集美区	37601.49	0.00	357.35	444470.35	482429.18
11-14 侨英街道	集美区	33787.00	20.66	226.13	893696.53	927730.32
11-13 集美学村	集美区	23761.08	3120.51	1276.40	623090.52	651248.51
11-08A 杏滨西	集美区	0.00	0.00	93.01	0.00	93.01
12-01 莲花	同安区	0.00	0.00	583.30	0.00	583.30
12-06 城北	同安区	4860.04	0.00	1576.63	66255.07	72691.74
12-15 西柯南街道	同安区	16855.20	0.00	128.74	96955.13	113939.07
12-08 凤南	同安区	0.00	0.00	316.97	0.00	316.97
12-11 城东	同安区	5408.93	143.23	667.23	47752.15	53971.53
12-10 西湖	同安区	7711.79	0.00	752.92	79928.10	88392.81
12-05 祥平	同安区	11134.37	271.81	1376.10	101508.32	114290.60
12-14 西柯北	同安区	0.00	0.00	311.93	26011.62	26323.55
12-09 城南	同安区	4532.41	0.00	531.41	50327.78	55391.59
12-03 西山	同安区	0.00	0.00	146.09	0.00	146.09
03-08 前埔	思明区	55140.39	0.00	145.00	523703.00	578988.38
11-01	集美区	0.00	0.00	60.93	0.00	60.93
11-11 园博苑	集美区	40632.20	604.57	295.37	471727.11	513259.25
06-03 东渡	湖里区	14934.06	0.00	0.00	216696.56	231630.62
全市总计		1465023	52031.5	46264.5	20794793.8	22358112.6

（注：所有计算结果在统计时仅保留小数点后2位）

厦门市各评估区三种地震情景下中等破坏、严重破坏和毁坏的建筑总面积（单位：m²）　附表5

社区单元名称	行政区	常遇地震			设防烈度地震			罕遇地震		
		D_3	D_4	D_5	D_3	D_4	D_5	D_3	D_4	D_5
13-01A 大帽山	翔安区	2619	1403	0	2525	2619	1403	3086	2806	3460
13-02 新圩	翔安区	1155	619	0	1113	1155	619	1361	1237	1526
13-04 下潭尾北	翔安区	570	305	0	549	570	305	671	610	753
13-05 黎安	翔安区	8598	4606	0	8291	8598	4606	10134	9212	11362
13-08A 内厝	翔安区	1067	572	0	1029	1067	572	1258	1143	1410
13-07A 马巷南	翔安区	1901	1019	0	1833	1901	1019	2241	2037	2513
13-06 下潭尾南	翔安区	4811	2577	0	4639	4811	2577	5670	5154	6357
13-09A 东坑湾	翔安区	406	217	0	391	406	217	478	435	536
13-09B 湖头	翔安区	261	140	0	252	261	140	308	280	346
13-10 下许	翔安区	416	223	0	401	416	223	490	446	550
13-11 洪厝	翔安区	554	297	0	534	554	297	653	593	732
13-12A 后山岩	翔安区	1969	1055	0	1898	1969	1055	2320	2109	2601
13-12B 新店	翔安区	2947	1579	0	2842	2947	1579	3474	3158	3895
13-13A 香山	翔安区	246	132	0	237	246	132	290	263	325
13-14A 刘五店	翔安区	379	203	0	366	379	203	447	406	501
13-15A 翔安新城	翔安区	2198	1177	0	2119	2198	1177	2590	2355	2904
13-16 澳头	翔安区	1287	690	0	1241	1287	690	1517	1379	1701
13-18 西溪	翔安区	121	65	0	117	121	65	143	130	160
13-17 蔡厝	翔安区	424	227	0	409	424	227	499	454	560
13-19 莲河	翔安区	1754	939	0	1691	1754	939	2067	1879	2317
13-20A 大嶝	翔安区	1013	543	0	977	1013	543	1194	1085	1339
13-20B 翔安机场	翔安区	49	26	0	47	49	26	58	52	65
12-02 汀溪	同安区	2496	1337	0	2406	2496	1337	2941	2674	3298
12-04 竹坝	同安区	875	469	0	844	875	469	1031	938	1156
12-07 五显布塘	同安区	1988	1065	0	1917	1988	1065	2342	2129	2626
12-12 洪塘北	同安区	568	304	0	547	568	304	669	608	750
12-13 洪塘南	同安区	204	110	0	197	204	110	241	219	270
03-01 筼筜	思明区	9777	160	0	1119455	9777	160	1905947	1305655	9873
03-03 鹭江	思明区	12949	2971	0	2010955	12949	2971	3470807	2308281	14731
03-02 筼筜东	思明区	71	38	0	1496887	71	38	2563090	1753621	94
06-04 湖里	湖里区	4433	1105	0	1950871	4433	1105	3298645	2326324	5096

续表

社区单元名称	行政区	常遇地震			设防烈度地震			罕遇地震		
		D_3	D_4	D_5	D_3	D_4	D_5	D_3	D_4	D_5
03-04 湖光	思明区	20831	132	0	2309532	20831	132	3958893	2662232	20910
03-05 嘉莲	思明区	0	0	0	1670544	0	0	2873193	1942939	0
03-07 观音山	思明区	945	461	0	1413543	945	461	2427403	1647562	1221
03-06 半兰山	思明区	426	217	0	1101910	426	217	1885530	1292043	556
03-12 莲前南	思明区	270	145	0	1315416	270	145	2265327	1526497	357
03-11 火车站-浦南	思明区	2568	1277	0	1272345	2568	1277	2176199	1491546	3334
03-10 万寿	思明区	13174	1091	0	847249	13174	1091	1431689	991708	13829
03-09 中华	思明区	40106	12716	0	1440315	40106	12716	2425758	1687863	47735
03-14B 黄厝	思明区	2077	1113	0	392378	2077	1113	654215	478084	2745
03-15 万石山	思明区	7661	3799	0	592483	7661	3799	1006448	697859	9941
03-16 鼓浪屿	思明区	9650	5064	0	173759	9650	5064	285289	211278	12688
03-14A 曾厝垵	思明区	810	434	0	448344	810	434	751947	542274	1070
03-13 厦港	思明区	20276	4804	0	756992	20276	4804	1264424	895738	23159
05-10 新市区北	海沧区	79	42	0	1839690	79	42	3168329	2134932	105
05-11 新市区南	海沧区	0	0	0	1358670	0	0	2349804	1565760	0
05-12A 临港新城	海沧区	71	38	0	222155	71	38	382871	257467	93
05-08 新阳东	海沧区	95	51	0	471290	95	51	819812	537821	125
05-09 吴冠	海沧区	72	38	0	419741	72	38	702911	509261	95
05-02 东孚北	海沧区	663	355	0	640	663	355	782	711	877
05-01 天竺	海沧区	0	0	0	0	0	0	0	0	0
05-03 东孚东	海沧区	702	376	0	261276	702	376	455578	296573	928
05-13 海沧港区	海沧区	644	345	0	1306012	644	345	2185731	1585811	852
05-04 东孚西	海沧区	1201	643	0	9586	1201	643	16228	10736	1586
05-05 一农	海沧区	888	476	0	857	888	476	1047	952	1174
05-06 马銮湾	海沧区	1565	838	0	1509	1565	838	1844	1677	2068
05-07 新阳西	海沧区	229	123	0	221	229	123	270	246	303
05-12B 南部新城	海沧区	0	0	0	392398	0	0	661311	471471	0
06-01 殿前	湖里区	3139	919	0	1536565	3139	919	2574502	1859290	3690
06-02 航空城	湖里区	278	149	0	875346	278	149	1474265	1052645	367
06-05 马垅-江头	湖里区	382	26	0	2206229	382	26	3770752	2591736	398
06-06 县后	湖里区	1481	794	0	2123209	1481	794	3619225	2504675	1958

续表

社区单元名称	行政区	常遇地震			设防烈度地震			罕遇地震		
		D_3	D_4	D_5	D_3	D_4	D_5	D_3	D_4	D_5
06-07 枋湖	湖里区	1312	382	0	1383827	1312	382	2363248	1626618	1541
06-08 五缘湾	湖里区	734	340	0	1955580	734	340	3340397	2299491	938
06-10 湖边水库	湖里区	1039	557	0	962323	1039	557	1631474	1144896	1373
06-11 五通-高林	湖里区	4125	2210	0	971534	4125	2210	1657851	1142103	5451
06-09 后埔	湖里区	202	20	0	1200274	202	20	2051184	1410307	213
11-02	集美区	1212	649	0	1169	1212	649	1428	1298	1601
11-03 机械工业集中区	集美区	3275	1195	0	511552	3275	1195	887514	583166	3992
11-04 软件园三期	集美区	685	367	0	54293	685	367	93115	63039	905
11-05 后溪	集美区	1482	794	0	137562	1482	794	240754	154507	1959
11-07 北站	集美区	819	439	0	268598	819	439	464725	308851	1083
11-08B 杏滨	集美区	10740	487	0	1816777	10740	487	3030857	2198358	11032
11-09 中亚城	集美区	2528	587	0	1288554	2528	587	2230410	1479558	2881
11-10 杏林	集美区	16413	1389	0	1530388	16413	1389	2579190	1811382	17246
11-12 大学城	集美区	1284	688	0	1227722	1284	688	2104458	1435074	1696
11-14 侨英街道	集美区	859	435	0	2139972	859	435	3619048	2556705	1120
11-13 集美学村	集美区	11689	2456	0	1510676	11689	2456	2543673	1801656	13163
11-08A 杏滨西	集美区	334	179	0	322	334	179	394	358	441
12-01 莲花	同安区	2127	1140	0	2051	2127	1140	2507	2279	2811
12-06 城北	同安区	5750	3080	0	188790	5750	3080	319932	221520	7598
12-15 西柯南街道	同安区	470	252	0	346256	470	252	603757	393300	620
12-08 凤南	同安区	1156	619	0	1115	1156	619	1362	1239	1528
12-11 城东	同安区	2766	1304	0	150229	2766	1304	257524	173635	3548
12-10 西湖	同安区	2746	1471	0	238443	2746	1471	408521	277479	3628
12-05 祥平	同安区	5650	2689	0	316159	5650	2689	541701	365898	7263
12-14 西柯北	同安区	1138	609	0	57833	1138	609	95900	70562	1503
12-09 城南	同安区	1938	1038	0	147763	1938	1038	252665	172365	2561
12-03 西山	同安区	533	285	0	514	533	285	628	571	704
03-08 前埔	思明区	518	278	0	1513859	518	278	2608571	1755001	685
11-01	集美区	219	117	0	211	219	117	258	234	289
11-11 园博苑	集美区	2437	568	0	1310958	2437	568	2246214	1530993	2778
06-03 东渡	湖里区	0	0	0	564948	0	0	964790	664705	0

厦门市各评估区常住人口、建筑总面积、在室人员密度计算结果 附表 6

社区单元名称	行政区	常住人口 m_n(人)	总建筑面积 A_n(m²)	在室人员密度 ρ(人/m²)
13-01A 大帽山	翔安区	2273	9352.19	0.17
13-02 新圩	翔安区	6885	4123.67	1.17
13-04 下潭尾北	翔安区	50321	2033.93	17.32
13-05 黎安	翔安区	33131	30708.27	0.76
13-08A 内厝	翔安区	10628	3811.01	1.95
13-07A 马巷南	翔安区	66151	6790.58	6.82
13-06 下潭尾南	翔安区	22295	17180.52	0.91
13-09A 东坑湾	翔安区	3756	1449.69	1.81
13-09B 湖头	翔安区	784	933.79	0.59
13-10 下许	翔安区	447	1486.23	0.21
13-11 洪厝	翔安区	535	1977.69	0.19
13-12A 后山岩	翔安区	19308	7031.04	1.92
13-12B 新店	翔安区	29033	10526.65	1.93
13-13A 香山	翔安区	2279	878.27	1.82
13-14A 刘五店	翔安区	2186	1354.03	1.13
13-15A 翔安新城	翔安区	10874	7849.44	0.97
13-16 澳头	翔安区	7092	4597.83	1.08
13-18 西溪	翔安区	455	433.75	0.73
13-17 蔡厝	翔安区	359	1513.26	0.17
13-19 莲河	翔安区	11063	6262.79	1.24
13-20A 大嶝	翔安区	3151	3617.87	0.61
13-20B 翔安机场	翔安区	620	174.98	2.48
12-02 汀溪	同安区	4123	8912.55	0.32
12-04 竹坝	同安区	3481	3125.54	0.78
12-07 五显-布塘	同安区	8272	7098.26	0.82
12-12 洪塘北	同安区	2576	2027.07	0.89
12-13 洪塘南	同安区	10326	730.34	9.90
03-01 筼筜	思明区	18899	6476576.71	0.00
03-03 鹭江	思明区	36916	11864088.82	0.00
03-02 筼筜东	思明区	42488	8695405.50	0.00
06-04 湖里	湖里区	115508	11110066.99	0.01

社区单元名称	行政区	常住人口 m_n（人）	总建筑面积 A_n（m^2）	在室人员密度 ρ（人/m^2）
03-04 湖光	思明区	54631	13513876.69	0.00
03-05 嘉莲	思明区	39530	9774981.27	0.00
03-07 观音山	思明区	37725	8251041.93	0.00
03-06 半兰山	思明区	60662	6394335.13	0.01
03-12 莲前南	思明区	45817	7713400.80	0.00
03-11 火车站-浦南	思明区	52117	7379687.64	0.00
03-10 万寿	思明区	23512	4856952.97	0.00
03-09 中华	思明区	45464	8214671.66	0.00
03-14B 黄厝	思明区	18852	2182508.84	0.01
03-15 万石山	思明区	7724	3403256.15	0.00
03-16 鼓浪屿	思明区	8920	947719.75	0.01
03-14A 曾厝垵	思明区	53308	2517430.31	0.00
03-13 厦港	思明区	24117	4266727.93	0.00
05-10 新市区北	海沧区	120851	10788207.77	0.01
05-11 新市区南	海沧区	29977	8022353.57	0.00
05-12A 临港新城	海沧区	3691	1304308.54	0.00
05-08 新阳东	海沧区	171401	2809052.00	0.04
05-09 吴冠	海沧区	12342	2350509.39	0.00
05-02 东孚北	海沧区	2300	2369.01	0.68
05-01 天竺	海沧区	38	0.00	—
05-03 东孚东	海沧区	9835	1563718.76	0.00
05-13 海沧港区	海沧区	24662	7306250.78	0.00
05-04 东孚西	海沧区	25187	55367.06	0.32
05-05 一农	海沧区	3783	3173.09	0.83
05-06 马銮湾	海沧区	7744	5589.06	0.97
05-07 新阳西	海沧区	21186	819.46	18.10
05-12B 南部新城	海沧区	3836	2220624.98	0.00
06-01 殿前	湖里区	149557	8617929.56	0.01
06-02 航空城	湖里区	33652	4948501.75	0.00
06-05 马垅-江头	湖里区	91663	12778624.25	0.01
06-06 县后	湖里区	218141	12243950.06	0.01
06-07 枋湖	湖里区	78542	8006442.49	0.01

续表

社区单元名称	行政区	常住人口 m_n(人)	总建筑面积 A_n(m²)	在室人员密度 ρ(人/m²)
06-08 五缘湾	湖里区	127639	11315604.02	0.01
06-10 湖边水库	湖里区	144794	5500206.25	0.02
06-11 五通-高林	湖里区	36795	5614467.27	0.00
06-09 后埔	湖里区	94452	6950621.83	0.01
11-02	集美区	14086	4327.86	2.28
11-03 机械工业集中区	集美区	114201	3041064.28	0.03
11-04 软件园三期	集美区	14654	316630.51	0.03
11-05 后溪	集美区	37174	828915.19	0.03
11-07 北站	集美区	10275	1587486.20	0.00
11-08B 杏滨	集美区	129236	10145030.30	0.01
11-09 中亚城	集美区	89808	7624523.38	0.01
11-10 杏林	集美区	59254	8711751.45	0.00
11-12 大学城	集美区	49660	7145076.35	0.00
11-14 侨英街道	集美区	173902	12180653.50	0.01
11-13 集美学村	集美区	60862	8564586.63	0.00
11-08A 杏滨西	集美区	2059	1193.11	1.21
12-01 莲花	同安区	4353	7597.55	0.40
12-06 城北	同安区	21277	1081601.44	0.01
12-15 西柯南街道	同安区	67390	2072057.67	0.02
12-08 凤南	同安区	9561	4128.56	1.62
12-11 城东	同安区	12610	876925.16	0.01
12-10 西湖	同安区	40649	1388070.62	0.02
12-05 祥平	同安区	45942	1843736.84	0.02
12-14 西柯北	同安区	70373	319260.72	0.15
12-09 城南	同安区	242198	857579.87	0.20
12-03 西山	同安区	2385	1902.81	0.88
03-08 前埔	思明区	50078	8885483.90	0.00
11-01	集美区	443	781.60	0.40
11-11 园博苑	集美区	49577	7629127.33	0.00
06-03 东渡	湖里区	17409	3267542.27	0.00

（注：所有计算结果在统计时仅保留小数点后2位）

厦门市各社区单元三种地震情景下的预期
死亡人数计算结果（单位：人） 附表7

社区单元名称	行政区	常遇地震	设防烈度地震	罕遇地震
13-01A 大帽山	翔安区	0.02	1.71	9.74
13-02 新圩	翔安区	0.05	5.18	29.50
13-04 下潭尾北	翔安区	0.48	52.03	296.41
13-05 黎安	翔安区	0.31	34.25	195.16
13-08A 内厝	翔安区	0.08	8.99	51.22
13-07A 马巷南	翔安区	0.63	68.39	389.66
13-06 下潭尾南	翔安区	0.17	18.86	107.45
13-09A 东坑湾	翔安区	0.03	2.82	16.09
13-09B 湖头	翔安区	0.01	0.59	3.36
13-10 下许	翔安区	0.00	0.34	1.91
13-11 洪厝	翔安区	0.00	0.40	2.29
13-12A 后山岩	翔安区	0.18	19.96	113.73
13-12B 新店	翔安区	0.27	30.02	171.02
13-13A 香山	翔安区	0.02	1.71	9.76
13-14A 刘五店	翔安区	0.02	1.64	9.36
13-15A 翔安新城	翔安区	0.08	9.20	52.41
13-16 澳头	翔安区	0.05	6.00	34.18
13-18 西溪	翔安区	0.00	0.34	1.95
13-17 蔡厝	翔安区	0.00	0.27	1.54
13-19 莲河	翔安区	0.09	9.36	53.32
13-20A 大嶝	翔安区	0.02	2.37	13.50
13-20B 翔安机场	翔安区	0.00	0.47	2.66
12-02 汀溪	同安区	0.03	3.10	17.66
12-04 竹坝	同安区	0.02	2.62	14.91
12-07 五显-布塘	同安区	0.06	6.22	35.44
12-12 洪塘北	同安区	0.02	1.94	11.04
12-13 洪塘南	同安区	0.08	8.73	49.77
03-01 筼筜	思明区	0.00	0.04	2.92
03-03 鹭江	思明区	0.00	0.13	5.87
03-02 筼筜东	思明区	0.00	0.06	6.08
06-04 湖里	湖里区	0.00	0.27	18.01

续表

社区单元名称	行政区	常遇地震	设防烈度地震	罕遇地震
03-04 湖光	思明区	0.00	0.12	9.06
03-05 嘉莲	思明区	0.00	0.06	5.57
03-07 观音山	思明区	0.00	0.07	5.44
03-06 半兰山	思明区	0.00	0.10	8.78
03-12 莲前南	思明区	0.00	0.07	6.47
03-11 火车站-浦南	思明区	0.00	0.14	7.86
03-10 万寿	思明区	0.00	0.10	4.53
03-09 中华	思明区	0.00	0.63	11.05
03-14B 黄厝	思明区	0.00	0.09	3.04
03-15 万石山	思明区	0.00	0.05	1.00
03-16 鼓浪屿	思明区	0.00	0.34	3.13
03-14A 曾厝垵	思明区	0.00	0.15	8.50
03-13 厦港	思明区	0.00	0.27	5.78
05-10 新市区北	海沧区	0.00	0.18	16.99
05-11 新市区南	海沧区	0.00	0.04	3.81
05-12A 临港新城	海沧区	0.00	0.00	0.35
05-08 新阳东	海沧区	0.00	0.26	23.44
05-09 吴冠	海沧区	0.00	0.02	1.42
05-02 东孚北	海沧区	0.02	1.73	9.85
05-01 天竺	海沧区	0.00	0.00	0.00
05-03 东孚东	海沧区	0.00	0.02	1.07
05-13 海沧港区	海沧区	0.00	0.03	2.87
05-04 东孚西	海沧区	0.02	2.05	14.29
05-05 一农	海沧区	0.03	2.84	16.21
05-06 马銮湾	海沧区	0.05	5.82	33.17
05-07 新阳西	海沧区	0.18	19.91	113.45
05-12B 南部新城	海沧区	0.00	0.00	0.38
06-01 殿前	湖里区	0.35	23.88	
06-02 航空城	湖里区	0.00	0.05	4.68
06-05 马垅-江头	湖里区	0.00	0.14	13.22
06-06 县后	湖里区	0.00	0.42	32.20
06-07 枋湖	湖里区	0.00	0.14	11.56

续表

社区单元名称	行政区	常遇地震	设防烈度地震	罕遇地震
06-08 五缘湾	湖里区	0.00	0.21	18.56
06-10 湖边水库	湖里区	0.00	0.32	21.94
06-11 五通-高林	湖里区	0.00	0.16	5.90
06-09 后埔	湖里区	0.00	0.14	13.63
11-02	集美区	0.10	10.59	60.34
11-03 机械工业集中区	集美区	0.00	0.51	18.07
11-04 软件园三期	集美区	0.00	0.11	2.08
11-05 后溪	集美区	0.00	0.27	5.34
11-07 北站	集美区	0.00	0.03	1.15
11-08B 杏滨	集美区	0.00	0.29	22.15
11-09 中亚城	集美区	0.00	0.19	12.94
11-10 杏林	集美区	0.00	0.20	10.69
11-12 大学城	集美区	0.00	0.10	6.66
11-14 侨英街道	集美区	0.00	0.30	26.10
11-13 集美学村	集美区	0.00	0.24	10.63
11-08A 杏滨西	集美区	0.01	1.55	8.82
12-01 莲花	同安区	0.03	3.27	18.65
12-06 城北	同安区	0.00	0.45	5.13
12-15 西柯南街道	同安区	0.00	0.13	7.86
12-08 凤南	同安区	0.07	7.19	40.96
12-11 城东	同安区	0.00	0.12	1.97
12-10 西湖	同安区	0.00	0.35	6.92
12-05 祥平	同安区	0.00	0.53	8.72
12-14 西柯北	同安区	0.01	1.02	15.17
12-09 城南	同安区	0.02	2.55	46.66
12-03 西山	同安区	0.02	1.79	10.22
03-08 前埔	思明区	0.00	0.08	7.08
11-01	集美区	0.00	0.33	1.90
11-11 园博苑	集美区	0.00	0.09	6.13
06-03 东渡	湖里区	0.00	0.03	2.51
全市总计		3.31	367.38	2555.84

（注：所有计算结果在统计时仅保留小数点后3位）

厦门市各社区单元三种地震情景下的 *VSL* 损失（万元）　　附表8

社区单元名称	行政区	VSL 损失（万元）		
		常遇地震（I_6）	设防烈度地震（I_7）	罕遇地震（I_8）
13-01A 大帽山	翔安区	7.71	4805.90	4805.90
13-02 新圩	翔安区	23.37	14557.23	14557.23
13-04 下潭尾北	翔安区	234.84	146294.13	146294.13
13-05 黎安	翔安区	154.62	96319.05	96319.05
13-08A 内厝	翔安区	40.58	25280.11	25280.11
13-07A 马巷南	翔安区	308.71	192315.40	192315.40
13-06 下潭尾南	翔安区	85.13	53031.63	53031.63
13-09A 东坑湾	翔安区	12.75	7941.46	7941.46
13-09B 湖头	翔安区	2.66	1657.64	1657.64
13-10 下许	翔安区	1.52	945.11	945.11
13-11 洪厝	翔安区	1.82	1131.17	1131.17
13-12A 后山岩	翔安区	90.11	56132.57	56132.57
13-12B 新店	翔安区	135.49	84405.27	84405.27
13-13A 香山	翔安区	7.74	4818.58	4818.58
13-14A 刘五店	翔安区	7.42	4621.95	4621.95
13-15A 翔安新城	翔安区	41.52	25865.26	25865.26
13-16 澳头	翔安区	27.08	16869.27	16869.27
13-18 西溪	翔安区	1.54	962.02	962.02
13-17 蔡厝	翔安区	1.22	759.05	759.05
13-19 莲河	翔安区	42.24	26314.82	26314.82
13-20A 大嶝	翔安区	10.69	6662.29	6662.29
13-20B 翔安机场	翔安区	2.10	1310.89	1310.89
12-02 汀溪	同安区	13.99	8717.43	8717.43
12-04 竹坝	同安区	11.81	7360.02	7360.02
12-07 五显-布塘	同安区	28.08	17489.83	17489.83
12-12 洪塘北	同安区	8.74	5446.54	5446.54
12-13 洪塘南	同安区	39.43	24561.77	24561.77
03-01 筼筜	思明区	0.03	1440.71	1440.71
03-03 鹭江	思明区	0.32	2896.54	2896.54
03-02 筼筜东	思明区	0.01	3001.48	3001.48
06-04 湖里	湖里区	0.40	8887.52	8887.52

续表

社区单元名称	行政区	VSL 损失（万元）		
		常遇地震（I_6）	设防烈度地震（I_7）	罕遇地震（I_8）
03-04 湖光	思明区	0.05	4469.44	4469.44
03-05 嘉莲	思明区	0.00	2750.49	2750.49
03-07 观音山	思明区	0.07	2682.74	2682.74
03-06 半兰山	思明区	0.07	4331.56	4331.56
03-12 莲前南	思明区	0.03	3192.25	3192.25
03-11 火车站-浦南	思明区	0.31	3880.05	3880.05
03-10 万寿	思明区	0.20	2233.51	2233.51
03-09 中华	思明区	2.43	5455.78	5455.78
03-14B 黄厝	思明区	0.30	1500.14	1500.14
03-15 万石山	思明区	0.20	493.86	493.86
03-16 鼓浪屿	思明区	1.48	1542.88	1542.88
03-14A 曾厝垵	思明区	0.31	4194.39	4194.39
03-13 厦港	思明区	0.95	2853.50	2853.50
05-10 新市区北	海沧区	0.02	8383.21	8383.21
05-11 新市区南	海沧区	0.00	1878.89	1878.89
05-12A 临港新城	海沧区	0.00	171.54	171.54
05-08 新阳东	海沧区	0.11	11569.69	11569.69
05-09 吴冠	海沧区	0.01	702.69	702.69
05-02 东孚北	海沧区	7.81	4862.98	4862.98
05-01 天竺	海沧区	0.00	0.00	0.00
05-03 东孚东	海沧区	0.06	527.02	527.02
05-13 海沧港区	海沧区	0.03	1418.21	1418.21
05-04 东孚西	海沧区	9.10	7054.28	7054.28
05-05 一农	海沧区	12.84	7998.55	7998.55
05-06 马銮湾	海沧区	26.28	16373.45	16373.45
05-07 新阳西	海沧区	89.88	55993.02	55993.02
05-12B 南部新城	海沧区	0.00	189.55	189.55
06-01 殿前	湖里区	0.55	11788.35	11788.35
06-02 航空城	湖里区	0.03	2309.65	2309.65
06-05 马垅-江头	湖里区	0.01	6526.03	6526.03
06-06 县后	湖里区	0.48	15891.37	15891.37

续表

社区单元名称	行政区	VSL 损失（万元）		
		常遇地震（I_6）	设防烈度地震（I_7）	罕遇地震（I_8）
06-07 枋湖	湖里区	0.13	5706.04	5706.04
06-08 五缘湾	湖里区	0.13	9159.10	9159.10
06-10 湖边水库	湖里区	0.50	10830.09	10830.09
06-11 五通-高林	湖里区	0.49	2913.84	2913.84
06-09 后埔	湖里区	0.01	6726.99	6726.99
11-02	集美区	47.81	29782.60	29782.60
11-03 机械工业集中区	集美区	1.54	8920.77	8920.77
11-04 软件园三期	集美区	0.43	1026.43	1026.43
11-05 后溪	集美区	1.01	2633.96	2633.96
11-07 北站	集美区	0.07	568.89	568.89
11-08B 杏滨	集美区	0.26	10933.57	10933.57
11-09 中亚城	集美区	0.24	6388.18	6388.18
11-10 杏林	集美区	0.36	5277.01	5277.01
11-12 大学城	集美区	0.15	3288.76	3288.76
11-14 侨英街道	集美区	0.21	12881.65	12881.65
11-13 集美学村	集美区	0.61	5246.74	5246.74
11-08A 杏滨西	集美区	6.99	4353.43	4353.43
12-01 莲花	同安区	14.77	9203.72	9203.72
12-06 城北	同安区	1.89	2532.68	2532.68
12-15 西柯南街道	同安区	0.23	3878.33	3878.33
12-08 凤南	同安区	32.45	20215.21	20215.21
12-11 城东	同安区	0.48	972.92	972.92
12-10 西湖	同安区	1.34	3414.51	3414.51
12-05 祥平	同安区	2.09	4301.36	4301.36
12-14 西柯北	同安区	4.18	7488.30	7488.30
12-09 城南	同安区	9.95	23029.90	23029.90
12-03 西山	同安区	8.09	5042.70	5042.70
03-08 前埔	思明区	0.05	3495.38	3495.38
11-01	集美区	1.50	936.65	936.65
11-11 园博苑	集美区	0.11	3025.83	3025.83
06-03 东渡	湖里区	0.00	1238.51	1238.51
全市总计		1635.35	1635.35	181319.33

（注：所有计算结果在统计时仅保留小数点后 2 位）

厦门市各社区单元暴雨洪涝在三种极端暴雨情景下的农作物受灾面积
（万 m²）和直接总经济损失（万元）　　附表 9

社区单元名称	行政区	2 年一遇		5 年一遇		50 年一遇	
		农作物受灾面积	直接总经济损失	农作物受灾面积	直接总经济损失	农作物受灾面积	直接总经济损失
13-01A 大帽山	翔安区	0.00	0.00	0.00	0.00	0.00	0.00
13-02 新圩	翔安区	0.00	0.00	0.00	0.00	0.00	0.00
13-04 下潭尾北	翔安区	476.88	152.07	481.74	255.15	544.73	529.12
13-05 黎安	翔安区	1.72	0.55	6.19	3.28	22.93	22.27
13-08A 内厝	翔安区	11.81	3.77	16.89	8.94	55.92	54.31
13-07A 马巷南	翔安区	102.71	32.76	133.67	70.80	256.20	248.86
13-06 下潭尾南	翔安区	0.00	0.00	0.00	0.00	0.00	0.00
13-09A 东坑湾	翔安区	176.73	56.36	176.73	93.60	249.07	241.94
13-09B 湖头	翔安区	1.65	0.53	1.65	0.88	22.01	21.38
13-10 下许	翔安区	0.00	0.00	0.00	0.00	0.00	0.00
13-11 洪厝	翔安区	0.00	0.00	0.00	0.00	0.00	0.00
13-12A 后山岩	翔安区	66.64	21.25	72.95	38.64	83.25	80.87
13-12B 新店	翔安区	0.20	0.06	32.82	17.38	32.82	31.88
13-13A 香山	翔安区	219.26	69.92	263.16	139.38	492.35	478.25
13-14A 刘五店	翔安区	0.00	0.00	0.00	0.00	0.00	0.00
13-15A 翔安新城	翔安区	0.00	0.00	0.00	0.00	0.00	0.00
13-16 澳头	翔安区	0.00	0.00	0.00	0.00	0.00	0.00
13-18 西溪	翔安区	0.00	0.00	0.00	0.00	0.00	0.00
13-17 蔡厝	翔安区	92.22	29.41	122.74	65.01	122.74	119.22
13-19 莲河	翔安区	0.00	0.00	0.00	0.00	0.00	0.00
13-20A 大嶝	翔安区	27.34	8.72	35.31	18.70	35.31	34.30
13-20B 翔安机场	翔安区	0.00	0.00	0.00	0.00	0.00	0.00
12-02 汀溪	同安区	239.13	76.26	297.90	157.78	365.58	355.11
12-04 竹坝	同安区	0.00	0.00	0.00	0.00	0.00	0.00
12-07 五显·布塘	同安区	0.00	0.00	0.00	0.00	0.00	0.00
12-12 洪塘北	同安区	0.00	0.00	0.00	0.00	3.82	3.71
12-13 洪塘南	同安区	215.02	68.57	221.76	117.46	324.24	314.95
03-01 筼筜	思明区	109.53	34.93	131.65	69.73	155.74	151.28
03-03 鹭江	思明区	40.02	12.76	45.14	23.91	49.96	48.53
03-02 筼筜东	思明区	36.01	11.48	57.50	30.45	73.44	71.33
06-04 湖里	湖里区	0.00	0.00	0.00	0.00	0.00	0.00

续表

社区单元名称	行政区	2年一遇		5年一遇		50年一遇	
		农作物受灾面积	直接总经济损失	农作物受灾面积	直接总经济损失	农作物受灾面积	直接总经济损失
03-04 湖光	思明区	121.34	38.69	147.59	78.17	172.57	167.63
03-05 嘉莲	思明区	0.00	0.00	0.00	0.00	0.00	0.00
03-07 观音山	思明区	0.00	0.00	0.00	0.00	0.00	0.00
03-06 半兰山	思明区	0.00	0.00	0.00	0.00	0.00	0.00
03-12 莲前南	思明区	0.00	0.00	0.00	0.00	0.00	0.00
03-11 火车站浦南	思明区	0.00	0.00	0.00	0.00	0.00	0.00
03-10 万寿	思明区	0.00	0.00	0.00	0.00	0.00	0.00
03-09 中华	思明区	0.00	0.00	0.00	0.00	0.00	0.00
03-14B 黄厝	思明区	0.00	0.00	0.00	0.00	0.00	0.00
03-15 万石山	思明区	0.00	0.00	0.00	0.00	0.00	0.00
03-16 鼓浪屿	思明区	0.00	0.00	0.00	0.00	0.00	0.00
03-14A 曾厝垵	思明区	0.00	0.00	0.00	0.00	0.00	0.00
03-13 厦港	思明区	0.00	0.00	0.00	0.00	0.00	0.00
05-10 新市区北	海沧区	33.54	10.70	33.54	17.77	238.01	231.20
05-11 新市区南	海沧区	251.19	80.10	251.19	133.04	411.85	400.05
05-12A 临港新城	海沧区	6.74	2.15	50.69	26.85	50.69	49.24
05-08 新阳东	海沧区	291.72	93.03	292.58	154.96	402.28	390.75
05-09 吴冠	海沧区	0.00	0.00	0.00	0.00	0.07	0.07
05-02 东孚北	海沧区	0.00	0.00	0.00	0.00	0.00	0.00
05-01 天竺	海沧区	0.00	0.00	0.00	0.00	0.00	0.00
05-03 东孚东	海沧区	9.66	3.08	166.18	88.02	217.06	210.84
05-13 海沧港区	海沧区	531.35	169.45	829.67	439.43	863.27	838.54
05-04 东孚西	海沧区	0.00	0.00	0.00	0.00	0.00	0.00
05-05 一农	海沧区	0.00	0.00	6.25	3.31	17.96	17.45
05-06 马銮湾	海沧区	880.01	280.63	1057.63	560.17	1202.20	1167.76
05-07 新阳西	海沧区	18.69	5.96	24.39	12.92	76.97	74.77
05-12B 南部新城	海沧区	45.14	14.39	90.14	47.74	98.93	96.09
06-01 殿前	湖里区	0.00	0.00	0.00	0.00	0.00	0.00
06-02 航空城	湖里区	0.00	0.00	0.00	0.00	0.00	0.00
06-05 马垅江头	湖里区	0.00	0.00	0.00	0.00	0.00	0.00
06-06 县后	湖里区	0.00	0.00	0.00	0.00	0.00	0.00
06-07 枋湖	湖里区	0.00	0.00	6.65	3.52	8.50	8.25

续表

社区单元名称	行政区	2年一遇		5年一遇		50年一遇	
		农作物受灾面积	直接总经济损失	农作物受灾面积	直接总经济损失	农作物受灾面积	直接总经济损失
06-08 五缘湾	湖里区	161.32	51.44	257.50	136.38	302.79	294.11
06-10 湖边水库	湖里区	0.00	0.00	0.00	0.00	0.00	0.00
06-11 五通-高林	湖里区	2.38	0.76	7.46	3.95	12.17	11.82
06-09 后埔	湖里区	0.00	0.00	0.00	0.00	0.00	0.00
11-02	集美区	53.66	17.11	141.59	74.99	178.19	173.08
11-03 机械工业集中区	集美区	11.89	3.79	19.87	10.53	27.54	26.75
11-04 软件园三期	集美区	351.93	112.23	397.02	210.28	429.37	417.06
11-05 后溪	集美区	463.70	147.87	509.71	269.97	606.68	589.30
11-07 北站	集美区	121.91	38.88	123.27	65.29	129.49	125.78
11-08B 杏滨	集美区	101.60	32.40	101.60	53.81	151.40	147.06
11-09 中亚城	集美区	137.04	43.70	137.04	72.58	137.04	133.12
11-10 杏林	集美区	0.00	0.00	0.00	0.00	0.00	0.00
11-12 大学城	集美区	451.59	144.01	451.59	239.18	451.59	438.65
11-14 侨英街道	集美区	28.01	8.93	28.01	14.83	28.01	27.21
11-13 集美学村	集美区	108.45	34.59	108.45	57.44	108.45	105.35
11-08A 杏滨西	集美区	347.47	110.81	347.47	184.04	665.35	646.29
12-01 莲花	同安区	902.23	287.72	922.75	488.73	1013.58	984.54
12-06 城北	同安区	0.00	0.00	0.00	0.00	194.30	188.73
12-15 西柯南街道	同安区	269.35	85.90	309.16	163.74	404.18	392.60
12-08 凤南	同安区	0.00	0.00	0.00	0.00	0.00	0.00
12-11 城东	同安区	554.37	176.79	576.87	305.54	707.31	687.05
12-10 西湖	同安区	398.14	126.96	398.14	210.87	603.35	586.06
12-05 祥平	同安区	0.00	0.00	0.00	0.00	94.47	91.76
12-14 西柯北	同安区	1063.65	339.19	1075.05	569.40	1191.96	1157.81
12-09 城南	同安区	0.24	0.08	0.24	0.13	8.87	8.62
12-03 西山	同安区	0.00	0.00	0.00	0.00	15.02	14.59
03-08 前埔	思明区	0.00	0.00	0.00	0.00	0.00	0.00
11-01	集美区	22.23	7.09	27.72	14.68	40.60	39.44
11-11 园博苑	集美区	762.83	243.26	762.83	404.03	762.83	740.97
06-03 东渡	湖里区						
全市总计		10320.3	3291.1	11757.6	6227.4	14915.0	14487.7

（注：所有计算结果在统计时仅保留小数点后2位）

厦门市社区单元相对综合风险指数测算结果 　　附表 10

社区单元名称	行政区	多灾种综合风险 （标准值）	灾害风险应对能力 （标准值）	相对综合风险 指数
13-01A 大帽山	翔安区	0.00	0.06	0.07
13-02 新圩	翔安区	0.01	0.15	0.04
13-04 下潭尾北	翔安区	0.11	0.16	0.70
13-05 黎安	翔安区	0.04	0.23	0.19
13-08A 内厝	翔安区	0.01	0.21	0.06
13-07A 马巷南	翔安区	0.08	0.06	1.44
13-06 下潭尾南	翔安区	0.02	0.06	0.37
13-09A 东坑湾	翔安区	0.03	0.03	0.85
13-09B 湖头	翔安区	0.00	0.04	0.03
13-10 下许	翔安区	0.00	0.13	0.01
13-11 洪厝	翔安区	0.00	0.04	0.03
13-12A 后山岩	翔安区	0.03	0.25	0.12
13-12B 新店	翔安区	0.03	0.24	0.14
13-13A 香山	翔安区	0.03	0.18	0.18
13-14A 刘五店	翔安区	0.00	0.03	0.06
13-15A 翔安新城	翔安区	0.01	0.07	0.18
13-16 澳头	翔安区	0.01	0.05	0.15
13-18 西溪	翔安区	0.00	0.05	0.01
13-17 蔡厝	翔安区	0.01	0.04	0.31
13-19 莲河	翔安区	0.01	0.10	0.11
13-20A 大嶝	翔安区	0.01	0.13	0.06
13-20B 翔安机场	翔安区	0.00	0.01	0.05
12-02 汀溪	同安区	0.04	0.19	0.20
12-04 竹坝	同安区	0.00	0.07	0.05
12-07 五显·布塘	同安区	0.01	0.25	0.03
12-12 洪塘北	同安区	0.00	0.08	0.03
12-13 洪塘南	同安区	0.04	0.20	0.18
03-01 筼筜	思明区	0.51	0.93	0.54
03-03 鹭江	思明区	0.84	1.00	0.84
03-02 筼筜东	思明区	0.67	0.71	0.94
06-04 湖里	湖里区	0.92	0.76	1.21
03-04 湖光	思明区	0.99	0.67	1.48

续表

社区单元名称	行政区	多灾种综合风险（标准值）	灾害风险应对能力（标准值）	相对综合风险指数
03-05 嘉莲	思明区	0.72	0.60	1.20
03-07 观音山	思明区	0.61	0.67	0.91
03-06 半兰山	思明区	0.49	0.50	0.97
03-12 莲前南	思明区	0.56	0.61	0.92
03-11 火车站-浦南	思明区	0.56	0.63	0.90
03-10 万寿	思明区	0.38	0.71	0.54
03-09 中华	思明区	0.66	0.70	0.94
03-14B 黄厝	思明区	0.20	0.42	0.47
03-15 万石山	思明区	0.27	0.29	0.94
03-16 鼓浪屿	思明区	0.09	0.63	0.15
03-14A 曾厝垵	思明区	0.22	0.41	0.54
03-13 厦港	思明区	0.36	0.69	0.52
05-10 新市区北	海沧区	0.77	0.83	0.93
05-11 新市区南	海沧区	0.59	0.51	1.15
05-12A 临港新城	海沧区	0.10	0.26	0.36
05-08 新阳东	海沧区	0.22	0.37	0.60
05-09 吴冠	海沧区	0.20	0.26	0.79
05-02 东孚北	海沧区	0.00	0.19	0.01
05-01 天竺	海沧区	0.00	0.10	0.00
05-03 东孚东	海沧区	0.11	0.32	0.35
05-13 海沧港区	海沧区	0.71	0.26	2.78
05-04 东孚西	海沧区	0.01	0.23	0.03
05-05 一农	海沧区	0.00	0.17	0.03
05-06 马銮湾	海沧区	0.13	0.13	0.96
05-07 新阳西	海沧区	0.02	0.34	0.07
05-12B 南部新城	海沧区	0.19	0.20	0.97
06-01 殿前	湖里区	0.76	0.55	1.37
06-02 航空城	湖里区	0.42	0.37	1.14
06-05 马垅江头	湖里区	0.98	0.80	1.22
06-06 县后	湖里区	0.96	0.42	2.32
06-07 枋湖	湖里区	0.62	0.77	0.80
06-08 五缘湾	湖里区	0.90	0.46	1.97

续表

社区单元名称	行政区	多灾种综合风险（标准值）	灾害风险应对能力（标准值）	相对综合风险指数
06-10 湖边水库	湖里区	0.45	0.46	0.99
06-11 五通-高林	湖里区	0.44	0.38	1.14
06-09 后埔	湖里区	0.54	0.64	0.84
11-02	集美区	0.02	0.05	0.51
11-03 机械工业集中区	集美区	0.21	0.21	1.00
11-04 软件园三期	集美区	0.07	0.12	0.58
11-05 后溪	集美区	0.11	0.34	0.33
11-07 北站	集美区	0.13	0.27	0.47
11-08B 杏滨	集美区	0.90	0.33	2.72
11-09 中亚城	集美区	0.54	0.28	1.95
11-10 杏林	集美区	0.70	0.35	2.00
11-12 大学城	集美区	0.59	0.17	3.49
11-14 侨英街道	集美区	1.00	0.23	4.30
11-13 集美学村	集美区	0.72	0.67	1.08
11-08A 杏滨西	集美区	0.05	0.17	0.27
12-01 莲花	同安区	0.12	0.27	0.44
12-06 城北	同安区	0.09	0.30	0.28
12-15 西柯南街道	同安区	0.17	0.16	1.02
12-08 凤南	同安区	0.01	0.16	0.05
12-11 城东	同安区	0.13	0.13	1.05
12-10 西湖	同安区	0.15	0.43	0.35
12-05 祥平	同安区	0.13	0.21	0.63
12-14 西柯北	同安区	0.16	0.15	1.06
12-09 城南	同安区	0.07	0.15	0.45
12-03 西山	同安区	0.00	0.12	0.02
03-08 前埔	思明区	0.64	0.57	1.13
11-01	集美区	0.00	0.06	0.06
11-11 园博苑	集美区	0.66	0.15	4.32
06-03 东渡	湖里区	0.25	0.77	0.33
均值		0.28	0.32	0.88

（注：所有计算结果在统计时仅保留小数点后 2 位）